全国科学技术名词审定委员会

公　布

科学技术名词·工程技术卷（全藏版）

8

电 子 学 名 词

CHINESE TERMS IN ELECTRONICS

电子学名词审定委员会

国家自然科学基金资助项目

科 学 出 版 社

北 京

内 容 简 介

　　本书是全国科学技术名词审定委员会审定公布的电子学名词。全书分总论，静电与静磁，电子线路与网络，微波技术与天线，信息论与信号处理技术，电子陶瓷、压电、铁电与磁性元件，电阻、电容、电感及敏感元件，机电元件及其他电子元件，电源，真空电子学，显示器件与技术，电子光学与真空技术，半导体物理与半导体材料，半导体器件与集成电路，电子元器件工艺与分析技术，量子电子学与光电子学，电子测量与仪器，可靠性和质量控制，雷达与电子对抗，导航，通信，广播电视，自控与三遥技术，核电子学，生物医学电子学等 25 章，共 5313 条。这些名词是科研、教学、生产、经营、新闻出版等部门使用的电子学规范名词。

图书在版编目（CIP）数据

科学技术名词. 工程技术卷：全藏版 / 全国科学技术名词审定委员会审定.
—北京：科学出版社，2016.01
ISBN 978-7-03-046873-4

I. ①科⋯　Ⅱ. ①全⋯　Ⅲ. ①科学技术–名词术语　②工程技术–名词术语
Ⅳ. ①N-61　②TB-61

中国版本图书馆 CIP 数据核字（2015）第 307218 号

责任编辑：梁际翔 / 责任校对：陈玉凤
责任印制：张　伟 / 封面设计：铭轩堂

科　学　出　版　社　出版
北京东黄城根北街 16 号
邮政编码：100717
http://www.sciencep.com
北京厚诚则铭印刷科技有限公司印刷
科学出版社发行　各地新华书店经销
＊
2016 年 1 月第　一　版　　开本：787×1092 1/16
2016 年 1 月第一次印刷　　印张：21
字数：472 000
定价：7800.00 元（全 44 册）
（如有印装质量问题，我社负责调换）

全国自然科学名词审定委员会
第二届委员会委员名单

主　任：卢嘉锡

副主任：章　综　　林　泉　　王冀生　　林振申　　胡兆森
　　　　鲁绍曾　　刘　杲　　苏世生　　黄昭厚

委　员（以下按姓氏笔画为序）：

马大猷	马少梅	王大珩	王子平	王平宇
王民生	王伏雄	王树岐	石元春	叶式烨
叶连俊	叶笃正	叶蜚声	田方增	朱弘复
朱照宣	任新民	庄孝德	李　竞	李正理
李茂深	杨　凯	杨泰俊	吴　青	吴大任
吴中伦	吴凤鸣	吴本玢	吴传钧	吴阶平
吴钟灵	吴鸿适	宋大祥	张　伟	张光斗
张青莲	张钦楠	张致一	阿不力孜·牙克夫	
陈鉴远	范维唐	林盛然	季文美	周明镇
周定国	郑作新	赵凯华	侯祥麟	姚贤良
钱伟长	钱临照	徐士珩	徐乾清	翁心植
席泽宗	谈家桢	梅镇彤	黄成就	黄胜年
曹先擢	康文德	章基嘉	梁晓天	程开甲
程光胜	程裕淇	傅承义	曾呈奎	蓝　天
豪斯巴雅尔		潘际銮	魏佑海	

电子学名词审定委员会委员名单

序

科技名词术语是科学概念的语言符号。人类在推动科学技术向前发展的历史长河中,同时产生和发展了各种科技名词术语,作为思想和认识交流的工具,进而推动科学技术的发展。

我国是一个历史悠久的文明古国,在科技史上谱写过光辉篇章。中国科技名词术语,以汉语为主导,经过了几千年的演化和发展,在语言形式和结构上体现了我国语言文字的特点和规律,简明扼要,蓄意深切。我国古代的科学著作,如已被译为英、德、法、俄、日等文字的《本草纲目》、《天工开物》等,包含大量科技名词术语。从元、明以后,开始翻译西方科技著作,创译了大批科技名词术语,为传播科学知识,发展我国的科学技术起到了积极作用。

统一科技名词术语是一个国家发展科学技术所必须具备的基础条件之一。世界经济发达国家都十分关心和重视科技名词术语的统一。我国早在1909年就成立了科技名词编订馆,后又于1919年中国科学社成立了科学名词审定委员会,1928年大学院成立了译名统一委员会。1932年成立了国立编译馆,在当时教育部主持下先后拟订和审查了各学科的名词草案。

新中国成立后,国家决定在政务院文化教育委员会下,设立学术名词统一工作委员会,郭沫若任主任委员。委员会分设自然科学、社会科学、医药卫生、艺术科学和时事名词五大组,聘任了各专业著名科学家、专家,审定和出版了一批科学名词,为新中国成立后的科学技术的交流和发展起到了重要作用。后来,由于历史的原因,这一重要工作陷于停顿。

当今,世界科学技术迅速发展,新学科、新概念、新理论、新方法不断涌现,相应地出现了大批新的科技名词术语。统一科技名词术语,对科学知识的传播,新学科的开拓,新理论的建立,国内外科技交流,学科和行业之间的沟通,科技成果的推广、应用和生产技术的发展,科技图书文献的编纂、出版和检索,科技情报的传递等方面,都是不可缺少的。特别是计算机技术的推广使用,对统一科技名词术语提出了更紧迫的要求。

为适应这种新形势的需要,经国务院批准,1985年4月正式成立了全国自然科学名词审定委员会。委员会的任务是确定工作方针,拟定科技名词术语审定工作计划、实施方案和步骤,组织审定自然科学各学科名词术语,并予以公布。根据国务院授权,委员会审定公布的名词术语,科研、教学、生产、经营以及新闻出版等各部门,均应遵照使用。

全国自然科学名词审定委员会由中国科学院、国家科学技术委员会、国家教育委员会、中国科学技术协会、国家技术监督局、国家新闻出版署、国家自然科学基金委员会分别委派了正、副主任担任领导工作。在中国科协各专业学会密切配合下,逐步建立各专业审定分委员会,并已建立起一支由各学科著名专家、学者组成的近千人的审定队伍,负责审定本学科的名词术语。我国的名词审定工作进入了一个新的阶段。

这次名词术语审定工作是对科学概念进行汉语订名,同时附以相应的英文名称,既有我国语言特色,又方便国内外科技交流。通过实践,初步摸索了具有我国特色的科技名词术语审定的原则与方法,以及名词术语的学科分类、相关概念等问题,并开始探讨当代术语学的理论和方法,以期逐步建立起符合我国语言规律的自然科学名词术语体系。

统一我国的科技名词术语,是一项繁重的任务,它既是一项专业性很强的学术性工作,又涉及到亿万人使用习惯的问题。审定工作中我们要认真处理好科学性、系统性和通俗性之间的关系;主科与副科间的关系;学科间交叉名词术语的协调一致;专家集中审定与广泛听取意见等问题。

汉语是世界五分之一人口使用的语言,也是联合国的工作语言之一。除我国外,世界上还有一些国家和地区使用汉语,或使用与汉语关系密切的语言。做好我国的科技名词术语统一工作,为今后对外科技交流创造了更好的条件,使我炎黄子孙,在世界科技进步中发挥更大的作用,作出重要的贡献。

统一我国科技名词术语需要较长的时间和过程,随着科学技术的不断发展,科技名词术语的审定工作,需要不断地发展、补充和完善。我们将本着实事求是的原则,严谨的科学态度作好审定工作,成熟一批公布一批,提供各界使用。我们特别希望得到科技界、教育界、经济界、文化界、新闻出版界等各方面同志的关心、支持和帮助,共同为早日实现我国科技名词术语的统一和规范化而努力。

全国自然科学名词审定委员会主任

钱 三 强

1990 年 2 月

前　　言

　　电子学是近半个世纪以来发展最迅速、应用最广泛的技术学科之一。由于历史原因，我国的电子科学起步较晚，所使用的术语大多由国外引入。过去由于译名工作缺乏统一原则，故学术名词的定名比较混乱。近十几年来，随着我国改革、开放政策的实施，新的电子学名词大量涌现，迫切需要统一，以利于科研、生产、教学以及信息交流、国际交往和术语数据库的建立等。

　　在全国自然科学名词审定委员会和中国电子学会的领导下，1987年3月在北京成立了电子学名词审定委员会。其任务就是遵循自然科学名词定名的原则与方法，从学科的科学概念出发，确定规范的汉文名，使其符合我国的科学体系和汉语习惯，以达到我国电子学名词的统一。经过在五年多时间内召开两次全体委员的审定大会，多次主任、副主任和秘书的工作会议，以及和有关学科的协调会议，并将第二稿广泛征求了280多个有关电子学科研、教学、情报和出版单位和专家们的意见，四易其稿，于1991年10月提出复审稿（第四稿）。罗沛霖、张煦、李志坚、沈宜春、陈太一等先生接受全国自然科学名词审定委员会的委托，对全稿进行了复审，提出许多宝贵意见和建议，由电子学名词审定委员会进行了认真讨论，再次做了修改。并进一步与有关学科进行了协调。现经全国名委批准，予以公布。

　　这次公布的名词是电子学中的基本词（不含电子计算机部分，因其另有专门审定）。全文共25章，5313词条。每个词条都给出了国外通用的相应英文词。汉文词根据电子学基础理论，电子元件，电子器件，电子材料和工艺，电子仪器和设备以及新兴、交叉、边缘、共用等学科分类和相关概念排序。章节划分主要是为了便于从学科概念体系进行审定，并非严谨的学科分类。同一词条可能与多个专业概念相关，但作为公布的规范词编排时只出现一次，不重复列出。本书检索可使用正文后的英汉和汉英索引。

　　根据定名的"科学性、系统性、简明通俗性"以及服从主科和约定俗成等原则，在这批公布的名词中，有些需加以说明：

　　1.原则上尽量服从主科物理，但碰到一些在电子学界已习用多年、影响深远不便更改的，则采用又称的办法加以兼顾。如对应英文词 electric potential 在此订为"电位"，又称

"电势"；medium 在此订为"媒质"，又称"介质"；dielectric 在此订为"[电]介质"，在复合词中也称"介质"或"介电"。

2. 尽量与已审定公布的相关学科名词取得一致。如对应英文 robustness 的概念，在自动化名词中定名为"鲁棒性"，本书中订为"坚韧性"，又称"鲁棒性"。simulation 一词对应的汉文词较多，经反复协商，采用社会上已习用的"仿真"，以与"analog"相对应的"模拟"有所区分。

3. sensor 与 transducer 二词无论在中外文书上使用都较含混，其实它们是多义词。本书中对应 sensor 一词订为"敏感器"，又称"敏感元件"；对应 transducer 一词订为"传感器"，"换能器"和"变换器"诸术语，分别用于不同领域。

4. 为了避免繁琐的汉文书写，尽量采用了为群众所习用的缩写词，如 MOS(金属－氧化物－半导体)，CVD(化学汽相淀积)，VOR(甚高频全向无线电信标)，LORAN(远程[无线电]导航)等，在对应的中文词中就直接引用英文缩写词或其音译，如 VOR 为"伏尔"，LORAN 为"罗兰"。

5. 根据国家无线电管理委员会的规定，very, ultra, super 和 extreme 四个词用于描述高、低频率等，分别定以甚、特、超、极四字。

6. on, off 对应于通、断，不用"开"、"关"，这样更符合科学性，减少了概念混乱。

7. 外国科学家译名按音译规范化及协调统一的原则。例如其中 Shannon 用"香农"，而不用"仙农"。

在五年多的审定过程中，电子学名词审定委员会全体委员，特别是各位主任委员、学术秘书以及梁际翔同志做了大量认真细致的工作，为本学科名词的最后定稿做出了很大贡献。此外，国内电子学界及有关学科的专家、学者也给予了热情支持，提出了许多有益的意见和建议。田志仁、关晓光、王世博、李书涛、陈家源、郑环、刁育才、陈家骅、高元华、付淑英以及李东妹等同志为名词审定做了大量工作，还有其他一些同志就不一一列举。在此谨向他们表示衷心的感谢。

电子学名词审定委员会

1992 年 8 月

编 排 说 明

一、 本书公布的是电子学科的基本词。

二、 本书正文根据电子学的概念系统和利于词条的归类与排序而分为以下 25 章:总论,静电与静磁,电子线路与网络,微波技术与天线,信息论与信号处理技术,电子陶瓷、压电、铁电与磁性元件,电阻、电容、电感及敏感元件,机电元件及其他电子元件,电源,真空电子学,显示器件与技术,电子光学与真空技术,半导体物理与半导体材料,半导体器件与集成电路,电子元器件工艺与分析技术,量子电子学与光电子学,电子测量与仪器,可靠性和质量控制,雷达与电子对抗,导航,通信,广播电视,自控与三遥技术,核电子学和生物医学电子学。

三、 每章汉文名词按学科的相关概念排列,并附有与该词概念对应的英文名。

四、 一个汉文名对应几个英文同义词时,一般取最常用的两个英文,并用","分开。

五、 英文缩写词一般放在英文全名后,并用","分开。

六、 英文词的首字母大、小写均可时,一律小写。英文词除必须用复数者,一般用单数。

七、 对某些新词和概念易混淆的词,给出简明的定义性注释。

八、 主要异名列在注释栏内,其中"又称"为不推荐用名,"曾用名"为不再使用的旧名。

九、 词条中[ ]部分的字使用时可省略。

十、 书末所附的英汉索引,按英文词字母顺序排列;汉英索引,按名词汉语拼音顺序排列。所示号码为该词在正文中的序码。索引中带"＊"者为注释栏内的异名。

目　　录

01. 总 论

序 码	汉 文 名	英 文 名	注 释
01.001	电子学	electronics	
01.002	无线电电子学	radioelectronics	
01.003	无线电技术	radiotechnics	
01.004	电子工程学	electronic engineering	
01.005	电子物理学	electron physics	
01.006	物理电子学	physical electronics	
01.007	低温电子学	cryoelectronics	
01.008	量子电子学	quantum electronics	
01.009	光电子学	optoelectronics, photoelectronics	
01.010	电子光学	electron optics	
01.011	真空电子学	vacuum electronics	
01.012	微波电子学	microwave electronics	
01.013	生物电子学	bioelectronics	
01.014	生物医学电子学	biomedical electronics	
01.015	生物分子电子学	biomolecular electronics	
01.016	分子电子学	molecular electronics	
01.017	固体电子学	solid electronics	
01.018	微电子学	microelectronics	
01.019	真空微电子学	vacuum microelectronics	
01.020	超导电子学	superconducting electronics	
01.021	机械电子学	mechatronics	
01.022	功率电子学	power electronics	又称"电力电子学"。
01.023	航空电子学	avionics	
01.024	医学电子学	medical electronics	
01.025	空间电子学	space electronics	
01.026	核电子学	nuclear electronics	
01.027	工业电子学	industrial electronics	
01.028	电子计算机	electronic computer	又称"电脑"。
01.029	信息科学	information science	
01.030	信息技术	information technology	

02. 静 电 与 静 磁

序 码	汉 文 名	英 文 名	注 释
02.001	原子	atom	
02.002	质子	proton	
02.003	中子	neutron	
02.004	电子	electron	
02.005	分子	molecule	
02.006	离子	ion	
02.007	光子	photon	
02.008	正电子	positron	
02.009	电荷	electric charge	
02.010	电导	conductance	
02.011	电导率	conductivity, specific conductance	
02.012	[电]介质	dielectric	
02.013	绝缘体	insulator	
02.014	绝缘电阻	insulation resistance	
02.015	介电常数	dielectric constant, permittivity	又称"电容率"。
02.016	介质强度	dielectric strength	又称"介电强度"。
02.017	介质吸收	dielectric absorption	
02.018	介质极化	dielectric polarization	
02.019	介电损耗	dielectric loss	
02.020	极化	polarization	又称"偏振"。
02.021	击穿	breakdown, puncture	
02.022	击穿电压	breakdown voltage	
02.023	击穿强度	breakdown strength	
02.024	电离	ionization	
02.025	消电离	deionization	
02.026	电晕	corona	
02.027	电场	electric field	
02.028	电场强度	electric field strength	
02.029	电位	electric potential	又称"电势"。
02.030	等位面	equipotential surface	
02.031	电位差	potential difference	
02.032	电动势	electromotive force, EMF	

序 码	汉 文 名	英 文 名	注 释
02.033	[电]源	power source, power supply	
02.034	电位降	potential drop	
02.035	电流	current	
02.036	电阻	resistance	
02.037	电阻率	resistivity	
02.038	电路	electric circuit	
02.039	欧姆定律	Ohm's law	
02.040	电压	voltage	
02.041	电位梯度	electric potential gradient	
02.042	电容	capacitance	
02.043	充电	charge	
02.044	放电	discharge	
02.045	寄生电容	parasitic capacitance	
02.046	分布电容	distributed capacitance	
02.047	磁场	magnetic field	
02.048	磁场强度	magnetic field strength	
02.049	磁感应	magnetic induction	
02.050	磁感[应]强度	magnetic induction	又称"磁通密度(magnetic flux density)"。
02.051	电感	inductance	
02.052	磁极	magnetic pole	
02.053	磁矩	magnetic moment	
02.054	顺磁性	paramagnetism	
02.055	抗磁性	diamagnetism	
02.056	铁磁性	ferromagnetism	
02.057	反铁磁性	anti-ferromagnetism	
02.058	亚铁磁性	ferrimagnetism	
02.059	居里温度	Curie temperature, Curie point	又称"居里点"。
02.060	奈耳温度	Neel temperature, Neel point	又称"奈耳点"。
02.061	磁畴	magnetic domain	
02.062	磁致伸缩	magnetostriction	
02.063	磁化	magnetization	
02.064	磁化强度	magnetization	
02.065	磁化率	magnetic susceptibility, susceptibility	
02.066	磁导率	magnetic permeability,	

序　码	汉　文　名	英　文　名	注　释
		permeability	
02.067	表观磁导率	apparent permeability	
02.068	复数磁导率	complex permeability	
02.069	环磁导率	toroidal permeability	
02.070	回复磁导率	recoil permeability	
02.071	有效磁导率	effective permeability	
02.072	磁滞[现象]	magnetic hysteresis	
02.073	磁滞回线	magnetic hysteresis loop	
02.074	剩磁	residual magnetism	
02.075	退磁曲线	demagnetization curve	
02.076	矫顽[磁]力	coercive force	
02.077	磁滞损耗	magnetic hysteresis loss	
02.078	磁路	magnetic circuit	
02.079	磁通势	magnetomotive force, MMF	曾用名"磁动势"。
02.080	磁阻	reluctance	
02.081	磁能积	magnetic energy product	
02.082	静磁波	magnetostatic wave	
02.083	磁后效	magnetic after effect	
02.084	畴壁共振	domain wall resonance	
02.085	热电效应	thermoelectric effect	又称"温差电效应"。
02.086	压电效应	piezoelectric effect	
02.087	光电效应	photoelectric effect	

03.　电子线路与网络

序　码	汉　文　名	英　文　名	注　释
03.001	直流	direct current, DC	
03.002	交流	alternating current, AC	
03.003	周期	period	
03.004	频率	frequency	
03.005	波长	wavelength	
03.006	振幅	amplitude	
03.007	有效值	effective value	
03.008	相位	phase	
03.009	相移	phase shift	
03.010	滞后	lag	

序 码	汉 文 名	英 文 名	注 释
03.011	超前	lead	
03.012	容抗	capacitive reactance	
03.013	感抗	inductive reactance	
03.014	电抗	reactance	
03.015	阻抗	impedance	
03.016	电纳	susceptance	
03.017	导纳	admittance	
03.018	导抗	immittance, adpedance	
03.019	负载	load	
03.020	衰减	attenuation	
03.021	增益	gain	
03.022	匹配	match	
03.023	失配	mismatch	
03.024	功率	power	
03.025	脉冲功率	pulse power	
03.026	瞬时功率	instantaneous power	
03.027	平均功率	average power	
03.028	效率	efficiency	
03.029	谐振	resonance	又称"共振"。
03.030	半功率点	half-power point	
03.031	耦合度	degree of coupling	
03.032	调谐	tuning	
03.033	失谐	detuning	又称"失调"。
03.034	带宽	bandwidth	
03.035	频谱	frequency spectrum	
03.036	基波	fundamental wave	
03.037	谐波	harmonic	
03.038	谐波分析	harmonic analysis	
03.039	瞬态	transient state	又称"暂态"。
03.040	时间常数	time constant	
03.041	放大	amplification	
03.042	输入电阻	input resistance	
03.043	输入阻抗	input impedance	
03.044	输出电阻	output resistance	
03.045	输出阻抗	output impedance	
03.046	频率特性	frequency characteristic	
03.047	幅频特性	amplitude-frequency characteristic	

序　码	汉　文　名	英　文　名	注　释
03.048	相频特性	phase-frequency characteristic	
03.049	反馈	feedback	
03.050	负反馈	negative feedback	
03.051	正反馈	positive feedback	
03.052	寄生反馈	parasitic feedback	
03.053	直流放大器	direct current amplifier	
03.054	差分放大器	differential amplifier	
03.055	失调电压	offset voltage	
03.056	共模抑制比	common-mode rejection ratio	又称"同相抑制比"。
03.057	斩波器	chopper	
03.058	低频放大器	low frequency amplifier	
03.059	功率放大器	power amplifier	
03.060	甲类放大器	class A amplifier	
03.061	乙类放大器	class B amplifier	
03.062	丙类放大器	class C amplifier	
03.063	丁类放大器	class D amplifier	
03.064	戊类放大器	class E amplifier	
03.065	限幅放大器	limiting amplifier	
03.066	推挽功率放大器	push-pull power amplifier	
03.067	音频放大器	audio frequency amplifier	
03.068	电压放大器	voltage amplifier	
03.069	电流放大器	current amplifier	
03.070	前置放大器	preamplifier	
03.071	阻容耦合放大器	RC coupling amplifier	
03.072	变压器耦合放大器	transformer coupling amplifier	
03.073	负反馈放大器	negative feedback amplifier	
03.074	缓冲放大器	buffer amplifier	
03.075	阴极输出器	cathode follower	
03.076	射极输出器	emitter follower	
03.077	隔离放大器	isolated amplifier	
03.078	直接耦合放大器	direct coupled amplifier	简称"直耦放大器"。
03.079	对数放大器	logarithmic amplifier	
03.080	运算放大器	operational amplifier	
03.081	相敏放大器	phase sensitive amplifier	
03.082	低噪声放大器	low noise amplifier	
03.083	选频放大器	frequency selective amplifier	

序　码	汉　文　名	英　文　名	注　释
03.084	调谐放大器	tuned amplifier	
03.085	高频放大器	high frequency amplifier	
03.086	射频放大器	radio frequency amplifier	
03.087	中频放大器	intermediate frequency amplifier	
03.088	宽带放大器	wide-band amplifier	
03.089	窄带放大器	narrow-band amplifier	
03.090	视频放大器	video amplifier	
03.091	脉冲放大器	pulse amplifier	
03.092	参量放大器	parametric amplifier	
03.093	伺服放大器	servo amplifier	
03.094	脉泽	maser, microwave amplification by stimulated emission of radiation	又称"微波激射 [器]"。
03.095	振荡	oscillation	
03.096	自激振荡	self-oscillation	
03.097	自由振荡	free oscillation	
03.098	阻尼振荡	damped oscillation	
03.099	强迫振荡	forced oscillation	
03.100	寄生振荡	parasitic oscillation	
03.101	频率牵引	frequency pulling	
03.102	他激振荡器	driven oscillator	
03.103	负阻振荡器	negative resistance oscillator	
03.104	晶体振荡器	crystal oscillator	
03.105	调谐振荡器	tuned oscillator	
03.106	张弛振荡器	relaxation oscillator	
03.107	多谐振荡器	multivibrator	
03.108	移相振荡器	phase shift oscillator	
03.109	扫频振荡器	sweep frequency oscillator	
03.110	拍频振荡器	beat frequency oscillator	
03.111	音频振荡器	audio frequency oscillator	
03.112	分子振荡器	molecular oscillator	
03.113	返波振荡器	backward wave oscillator	
03.114	耿[氏]效应振荡器	Gunn effect oscillator	
03.115	原子频标	atomic frequency standard	
03.116	脉冲	pulse	
03.117	矩形脉冲	rectangular pulse	

序　码	汉　文　名	英　文　名	注　释
03.118	方波	square wave	
03.119	脉冲幅度	pulse amplitude	
03.120	上升时间	rise time	
03.121	脉冲前沿	pulse front edge	
03.122	下降时间	fall time	
03.123	脉冲后沿	pulse back edge	
03.124	脉冲宽度	pulse width	
03.125	平顶降落	flattop decline	
03.126	上冲	overshoot	又称"过冲"。
03.127	下冲	undershoot	
03.128	吉布斯现象	Gibbs phenomenon	
03.129	占空比	duty ratio	又称"负载比"。
03.130	阶跃电压	step voltage	
03.131	开关电路	switching circuit	
03.132	反相器	inverter, invertor	又称"倒相器"。
03.133	逆变器	inverter, invertor	
03.134	加速电容	speed-up capacitor	
03.135	整形电路	shaping circuit	
03.136	成形电路	forming circuit	
03.137	微分电路	differential circuit	
03.138	积分电路	integrating circuit	
03.139	限幅	amplitude limiting, limiting	
03.140	限幅器	amplitude limiter, limiter	
03.141	削波	clipping	
03.142	削波器	clipper	
03.143	箝位	clamping	
03.144	箝位器	clamper	
03.145	锯齿波形	sawtooth waveform	
03.146	扫描	sweep, scan	
03.147	扫描时间	sweep time	
03.148	回扫时间	flyback time, retrace time	
03.149	恢复时间	recovery time	
03.150	逆程率	retrace ratio	
03.151	扫描发生器	sweeping generator	
03.152	时基电路	time-base circuit	
03.153	米勒积分电路	Miller integrating circuit	
03.154	梯形波	trapezoidal wave	

序　码	汉　文　名	英　文　名	注　释
03.155	峰化器	peaker	
03.156	间歇振荡器	blocking oscillator	
03.157	准稳态	quasi-stable state	
03.158	双稳[触发]电路	flip-flop circuit, bistable trigger-action circuit	
03.159	单稳[触发]电路	monostable trigger-action circuit	
03.160	施密特触发器	Schmidt trigger	
03.161	计数触发器	trigger flip-flop	
03.162	置位－复位触发器	set-reset flip-flop	
03.163	无险触发器	hazard-free flip-flop	
03.164	主从触发器	master-slave flip-flop	
03.165	计数器	counter	又称"计数管"。
03.166	脉冲引导电路	pulse steering circuit	
03.167	回差现象	backlash phenomena	
03.168	数字电路	digital circuit	
03.169	逻辑电路	logical circuit	
03.170	真值表	truth table	
03.171	禁[止]门	inhibit gate	
03.172	符[合]门	coincidence gate	
03.173	与门	AND gate	
03.174	与非门	NAND gate	
03.175	与或门	AND-OR gate	
03.176	非门	negation gate, NOT gate	
03.177	或非门	NOR gate	
03.178	记忆电路	memory circuit	
03.179	寄存器	register	
03.180	移位寄存器	shift register	
03.181	时钟脉冲	clock pulse	
03.182	数模转换器	digital to analog converter, D/A converter	又称"D/A 转换器"。
03.183	模数转换器	analog to digital converter, A/D converter	又称"A/D 转换器"。
03.184	扩展器	expander	
03.185	分频	frequency division	
03.186	分频器	frequency divider	
03.187	倍频	frequency multiplication	

序 码	汉 文 名	英 文 名	注 释
03.188	倍频器	frequency multiplier	
03.189	倍频链	frequency multiplier chain	
03.190	倍频程	octave	
03.191	混频	mixing	
03.192	混频器	mixer	
03.193	平衡混频器	balanced mixer	
03.194	参量混频器	parametric mixer	
03.195	晶体混频器	crystal mixer	
03.196	本机振荡器	local oscillator	又称"本地振荡器"。
03.197	外差振荡器	heterodyne oscillator	
03.198	变频	frequency conversion	
03.199	变频器	frequency converter	
03.200	上变频	up-conversion	
03.201	下变频	down-conversion	
03.202	频率稳定度	frequency stability	
03.203	频率抖动	frequency jitter	
03.204	相位抖动	phase jitter	
03.205	调制	modulation	
03.206	调幅	amplitude modulation, AM	
03.207	寄生调幅	parasitic amplitude modulation	
03.208	调角	angle modulation	
03.209	调频	frequency modulation, FM	
03.210	调相	phase modulation, PM	
03.211	调制器	modulator	
03.212	调幅器	amplitude modulator	
03.213	调相器	phase modulator	
03.214	通断键控	on-off keying, OOK	
03.215	幅移键控	amplitude shift keying, ASK	
03.216	频移键控	frequency shift keying, FSK	
03.217	相移键控	phase shift keying, PSK	
03.218	正交调制	quadrature modulation, QAM	
03.219	载波	carrier	
03.220	边带	sideband	
03.221	上边带	upper sideband	
03.222	下边带	lower sideband	
03.223	残留边带	residual sideband	
03.224	包络	envelope	

序　码	汉　文　名	英　文　名	注　释
03.225	频偏	frequency deviation	
03.226	调制指数	modulation index	
03.227	线性调制	linear modulation	
03.228	单边带调制	single-sideband modulation, SSB modulation	
03.229	双边带调制	double-sideband modulation	
03.230	连续波调制	continuous wave modulation	
03.231	脉冲调制	pulse modulation	
03.232	脉幅调制	pulse-amplitude modulation, PAM	
03.233	脉宽调制	pulse-width modulation, PWM, pulse duration modulation, PDM	
03.234	脉位调制	pulse-position modulation, PPM	
03.235	脉时调制	pulse-time modulation	
03.236	脉码调制	pulse-code modulation, PCM	
03.237	自适应差分脉码调制	adaptive differential pulse-code modulation, ADPCM	
03.238	增量调制	delta modulation	
03.239	自适应增量调制	adaptive delta modulation	
03.240	解调	demodulation	
03.241	检测	detection	又称"检波"。
03.242	线性检波	linear detection	
03.243	幅度检波	amplitude detection	
03.244	包络检波	envelope detection	
03.245	峰值检波	peak detection	
03.246	脉冲检波	pulse detection	
03.247	平方律检波	square-law detection	
03.248	相干检波器	coherent detector	
03.249	相关检测器	correlation detector	
03.250	乘积检波器	product detector	
03.251	零交叉检测器	zero crossing detector	
03.252	同步检波器	synchronous detector	
03.253	平衡检波器	balanced detector	
03.254	环形解调器	ring demodulator	
03.255	鉴频	frequency discrimination	
03.256	鉴频器	frequency discriminator	曾用名"甄频器"。

序　码	汉　文　名	英　文　名	注　释
03.257	斜率鉴频器	slope discriminator	
03.258	相移鉴频器	phase-shift discriminator	
03.259	比率鉴频器	ratio discriminator	
03.260	锁相鉴频器	phase-locked frequency discriminator	
03.261	检相	phase detection	曾用名"鉴相"。
03.262	检相器	phase detector	曾用名"鉴相器"。
03.263	相位比较器	phase comparator	
03.264	锁相	phase-lock	
03.265	锁相环[路]	phase-locked loop, PLL	
03.266	压控振荡器	voltage controlled oscillator, VCO	
03.267	锁定	lock-in	
03.268	失锁	losing lock	
03.269	跟踪	tracking	
03.270	捕捉	pull-in	
03.271	捕捉带	pull-in range	
03.272	同步带	hold-in range	
03.273	跳周	cyclic skipping	
03.274	同步	synchronism, synchronization	
03.275	同步器	synchronizer	
03.276	频率阶跃	frequency step	
03.277	相位阶跃	phase step	
03.278	闭环	closed loop	
03.279	开环	open loop	
03.280	发射机	transmitter	
03.281	调幅发射机	amplitude modulated transmitter, AM transmitter	
03.282	调频发射机	frequency modulated transmitter, FM transmitter	
03.283	调相发射机	phase modulated transmitter, PM transmitter	
03.284	脉冲发射机	pulse transmitter	
03.285	连续波发射机	continuous wave transmitter, CW transmitter	
03.286	基带频率	base band frequency	
03.287	石英谐振器	quartz resonator	
03.288	锁相振荡器	phase-locked oscillator	

序 码	汉 文 名	英 文 名	注 释
03.289	电平	level	
03.290	接收机	receiver	
03.291	直接检波式接收机	direct-detection receiver	
03.292	来复接收机	reflex receiver	
03.293	再生接收机	regenerative receiver	
03.294	自差接收机	autodyne receiver	
03.295	超再生接收机	superregeneration receiver	
03.296	外差接收机	heterodyne receiver	
03.297	超外差接收机	superheterodyne receiver	
03.298	灵敏度	sensitivity	
03.299	噪声系数	noise factor, noise figure	
03.300	噪声温度	noise temperature	
03.301	选择性	selectivity	
03.302	保真度	fidelity	又称"逼真度"。
03.303	中频抑制比	IF rejection ratio	
03.304	镜象抑制比	image rejection ratio	
03.305	镜频干扰	image frequency interference	
03.306	交叉调制	cross modulation	又称"交调"。
03.307	互调	intermodulation	
03.308	干扰哨声	interference squealing	
03.309	自动音量控制	automatic volume control, AVC	
03.310	自动增益控制	automatic gain control, AGC	
03.311	自动频率控制	automatic frequency control, AFC	
03.312	二端网络	two-terminal network	
03.313	三端网络	three-terminal network	
03.314	四端网络	four-terminal network	
03.315	多端网络	multi-terminal network	
03.316	二口网络	two-port network	又称"双口网络"，曾用名"二端对网络"。
03.317	多口网络	multi-port network	曾用名"多端对网络"。
03.318	网络函数	network function	
03.319	激励函数	excitation function	
03.320	响应函数	response function	
03.321	单位阶跃函数	unit step function	

序 码	汉 文 名	英 文 名	注 释
03.322	单位冲激函数	unit impulse function	
03.323	复频率	complex frequency	
03.324	极点	pole	
03.325	零点	zero	
03.326	奇点	singularity	
03.327	单向[性]	unilateral	
03.328	双向[性]	bilateral	
03.329	对偶[性]	duality	
03.330	基尔霍夫定律	Kirchhoff's law	
03.331	等效电源定理	equivalent source theorem	
03.332	戴维宁定理	Thevenin's theorem	
03.333	互易定理	reciprocity theorem	
03.334	叠加定理	superposition theorem	
03.335	补偿定理	compensation theorem	
03.336	最大功率传输定理	maximum power transfer theorem	
03.337	电抗定理	reactance theorem	
03.338	中剖定理	bisection theorem	又称"中分定理"。
03.339	卷积定理	convolution theorem	
03.340	半节网络	half-section network	
03.341	梯型网络	ladder network	
03.342	等效网络	equivalent network	
03.343	对称网络	symmetrical network	
03.344	对偶网络	dual network	
03.345	平面网络	planar network	
03.346	非平面网络	nonplanar network	
03.347	无源网络	passive network	
03.348	有源网络	active network	
03.349	冲激响应	impulse response	
03.350	传递函数	transfer function	
03.351	反射系数	reflection coefficient	
03.352	散射系数	scattering coefficient	
03.353	插入损耗	insertion loss	又称"介入损耗"。
03.354	特征参数	characteristic parameter	
03.355	影象参数	image parameter	又称"镜象参数"。
03.356	品质因数	quality factor, Q-factor	
03.357	耗散因数	dissipation factor	

序　码	汉　文　名	英　文　名	注　释
03.358	重复阻抗	iterative impedance	又称"累接阻抗"。
03.359	特性阻抗	characteristic impedance	
03.360	线性失真	linear distortion	
03.361	非线性失真	nonlinear distortion	
03.362	电抗网络	reactance network	
03.363	无耗网络	lossless network	
03.364	互易网络	reciprocal network	
03.365	非互易网络	nonreciprocal network	
03.366	线性网络	linear network	
03.367	非线性网络	nonlinear network	
03.368	集总参数网络	lumped parameter network	
03.369	分布参数网络	distributed parameter network	
03.370	校正网络	correcting network	
03.371	相移网络	phase-shift network	
03.372	全通网络	all-pass network	
03.373	开关网络	switching network	
03.374	微波网络	microwave network	
03.375	预加重网络	preemphasis network	
03.376	环路	loop	
03.377	节点	node	用于波。
03.378	结点	node	用于网络。
03.379	信号流图	signal flow graph	
03.380	状态变量	state variable	
03.381	多余因数	surplus factor	
03.382	网络综合	network synthesis	
03.383	零点移位法	zero-shifting technique	
03.384	级联综合法	cascade synthesis	又称"链接综合法"。
03.385	最平幅度逼近	maximally flat amplitude approximation	
03.386	最小二乘[方]逼近	least square error approximation	
03.387	等波纹逼近	equal ripple approximation	
03.388	半无限斜线逼近	approximation by semi-infinite slopes	
03.389	最平时延逼近	maximally flat delay approximation	
03.390	传输	transmission	

序　码	汉　文　名	英　文　名	注　释
03.391	传输线	transmission line	
03.392	波参数	wave parameter	
03.393	波阻抗	wave impedance	
03.394	传播常数	propagation constant	
03.395	衰减常数	attenuation constant	
03.396	相移常数	phase-shift constant	
03.397	时延常数	delay constant	
03.398	传播	propagation	
03.399	传播速度	propagation velocity	
03.400	相速	phase velocity	
03.401	群速	group velocity	
03.402	相时延	phase delay	
03.403	群时延	group delay	
03.404	均匀线	uniform line	
03.405	开路线	open-circuit line	
03.406	短路线	short-circuit line	
03.407	长线	long line	
03.408	指数线	exponential line	
03.409	滤波器	filter	
03.410	晶体滤波器	crystal filter	
03.411	通带	pass band	
03.412	阻带	stop band	
03.413	过渡带	transition band	
03.414	截止频率	cut-off frequency	
03.415	格型滤波器	lattice filter	
03.416	曲折滤波器	zigzag filter	
03.417	数字滤波器	digital filter	
03.418	波数字滤波器	wave digital filter	
03.419	开关电容滤波器	switching capacity filter	
03.420	横向滤波器	transversal filter	
03.421	线性相位滤波器	linear phase filter	
03.422	理想频域滤波器	ideal frequency domain filter, IFDF	
03.423	理想时域滤波器	ideal time domain filter, ITDF	
03.424	低通滤波器	low pass filter	
03.425	高通滤波器	high pass filter	
03.426	带通滤波器	band pass filter	

序 码	汉 文 名	英 文 名	注 释
03.427	带阻滤波器	band stop filter	
03.428	窄带滤波器	narrow band filter	
03.429	方向滤波器	directional filter	
03.430	原型滤波器	prototype filter	
03.431	导[出]型滤波器	derived type filter	
03.432	去耦滤波器	decoupling filter	
03.433	匹配滤波器	matched filter	
03.434	动态滤波器	dynamic filter	
03.435	梳齿滤波器	comb filter	
03.436	切比雪夫滤波器	Chebyshev filter	
03.437	巴特沃思滤波器	Butterworth filter	
03.438	均衡器	equalizer	
03.439	仿真线	simulated line, artificial line	
03.440	衰减器	attenuator	
03.441	差接变量器	differential transformer	
03.442	回旋器	gyrator	又称"回转器"。
03.443	零子	nullator	一种两端子元件，其电流、电压的约束为 $i=0, u=0$。
03.444	任意子	norator	一种两端子元件，其电流、电压的约束为 i 任意，u 任意。
03.445	零任偶	nullor	一种双口元件，它是零子和任意子的组合，是一种理想运算放大器的模型。
03.446	电路仿真	circuit simulation	
03.447	电路拓扑[学]	circuit topology	
03.448	混沌	chaos	
03.449	神经网络	neural net, neural network	
03.450	人工神经网络	artificial neural net, artificial neural network, ANN	

04. 微波技术与天线

序　码	汉　文　名	英　文　名	注　释
04.001	电磁场	electromagnetic field	
04.002	电磁谱	electromagnetic spectrum	
04.003	自感[应]	self induction	
04.004	互感[应]	mutual induction	
04.005	涡流	eddy current	
04.006	趋肤效应	skin effect	又称"集肤效应"。
04.007	传导电流	conduction current	
04.008	位移电流	displacement current	
04.009	运流电流	convection current	
04.010	媒质	medium	又称"介质"。
04.011	电磁波	electromagnetic wave	
04.012	天波	sky wave	
04.013	地波	ground wave	
04.014	对流层传播	tropospheric propagation	
04.015	电离层传播	ionospheric propagation	
04.016	平流层传播	stratospheric propagation	
04.017	理想媒质	perfect medium	
04.018	各向同性媒质	isotropic medium	
04.019	各向异性媒质	anisotropic medium	
04.020	旋磁媒质	gyromagnetic medium	
04.021	旋电媒质	gyroelectric medium	
04.022	反射	reflection	
04.023	散射	scatter	
04.024	折射	refraction	
04.025	双折射	birefringence	
04.026	辐射	radiation	
04.027	镜象原理	image theory	
04.028	玻印亭矢[量]	Poynting vector	又称"能流密度矢[量]"。
04.029	平面极化	plane polarization	
04.030	线极化	linear polarization	
04.031	圆极化	circular polarization	

序　码	汉　文　名	英　文　名	注　释
04.032	椭圆极化	elliptical polarization	
04.033	共极化	co-polarization	
04.034	交叉极化	cross polarization	
04.035	水平极化	horizontal polarization	
04.036	正交极化	orthogonal polarization	
04.037	平行极化	parallel polarization	
04.038	垂直极化	perpendicular polarization	
04.039	退极化	depolarization	又称"去极化"。
04.040	复极化比	complex polarization ratio	
04.041	等相面	equiphase surface	
04.042	等幅面	equiamplitude surface	
04.043	球面波	spherical wave	
04.044	平面波	plane wave	
04.045	柱面波	cylindrical wave	
04.046	表面波	surface wave	
04.047	横波	transversal wave	
04.048	纵波	longitudinal wave	
04.049	波前	wave front	
04.050	驻波	standing wave	
04.051	导波	guided wave	
04.052	行波	traveling wave	
04.053	腹点	antinode	
04.054	驻波比	standing-wave ratio, SWR	
04.055	阻抗圆图	impedance chart	
04.056	导纳圆图	admittance chart	
04.057	史密斯圆图	Smith chart	
04.058	微波	microwave	
04.059	分米波	decimeter wave	
04.060	厘米波	centimeter wave	
04.061	毫米波	millimeter wave	
04.062	亚毫米波	submillimeter wave, SMMW	
04.063	模[式]	mode	
04.064	主模[式]	dominant mode	
04.065	基本模式	fundamental mode	简称"基模"。
04.066	简并模[式]	degenerate mode	
04.067	隐失模[式]	evanescent mode	曾用名"消失模"、"凋落模"、"衰逝

序 码	汉 文 名	英 文 名	注 释
			模"等。
04.068	横电磁模	transverse electric and magnetic mode, TEM mode	又称"TEM 模"。
04.069	横电模	transverse electric mode, TE mode	又称"TE 模"、"H 模"。
04.070	横磁模	transverse magnetic mode, TM mode	又称"TM 模"、"E 模"。
04.071	临界频率	critical frequency	
04.072	临界功率	critical power	
04.073	临界波长	critical wavelength	
04.074	截止波长	cut-off wavelength	
04.075	波导波长	guide wavelength	
04.076	归一化阻抗	normalized impedance	
04.077	隔离度	isolation	
04.078	谐振腔	resonant cavity	又称"共振腔"。
04.079	波导	waveguide	
04.080	矩形波导	rectangular waveguide	
04.081	圆[形]波导	circular waveguide	
04.082	椭圆波导	elliptic waveguide	
04.083	[波]束波导	beam waveguide	
04.084	隔膜波导	septate waveguide	
04.085	脊[形]波导	ridge waveguide	
04.086	介质波导	dielectric waveguide	
04.087	截止波导	cut-off waveguide	
04.088	软波导	flexible waveguide	
04.089	同轴线	coaxial line	
04.090	同轴电缆	coaxial cable	
04.091	漏泄同轴电缆	leaky coaxial cable	
04.092	带[状]线	strip line	
04.093	微带	microstrip	
04.094	鳍线	fin line	
04.095	径向线	radial transmission line	
04.096	渐变[截面]波导	tapered waveguide	又称"锥面波导"。
04.097	波导法兰[盘]	waveguide flange	
04.098	平板法兰[盘]	flat flange, plain flange	
04.099	扼流法兰[盘]	choke flange	
04.100	平接关节	plain joint	

序 码	汉 文 名	英 文 名	注 释
04.101	扼流关节	choke joint	
04.102	T 接头	T junction	
04.103	Y 接头	Y junction	
04.104	扭波导	waveguide twist	
04.105	开槽线	slotted line	
04.106	四分之一波长变换器	quarter-wave transformer	
04.107	纵横杆式变换器	crossbar transformer	
04.108	步进阻抗变换器	stepped-impedance transformer	
04.109	活塞	piston, plunger	
04.110	接触式活塞	contact piston, contact plunger	
04.111	延迟线	delay line	
04.112	延伸线	line stretcher	
04.113	短截线	stub	
04.114	端口	port	
04.115	开路终端	open circuit termination	
04.116	短路终端	short circuit termination	
04.117	失配终端	mismatched termination	
04.118	匹配终端	matched termination	
04.119	假负载	dummy load	
04.120	滑动负载	sliding load	
04.121	水负载	water load	
04.122	截止式衰减器	cut-off attenuator	
04.123	劈	wedge	
04.124	劈形终端	wedge termination	
04.125	波导调配器	waveguide tuner	
04.126	滑动螺钉调配器	slide screw tuner	
04.127	E－H 调配器	E-H tuner	
04.128	匹配段	matching section	
04.129	沟槽	ditch groove	
04.130	波导膜片	waveguide iris	
04.131	波导窗	waveguide window	
04.132	耦合环	coupling loop	
04.133	耦合孔	coupling aperture, coupling hole	
04.134	耦合探针	coupling probe	
04.135	定向耦合器	directional coupler	
04.136	混合接头	hybrid junction	

序　码	汉　文　名	英　文　名	注　释
04.137	魔 T	magic T	
04.138	模式变换器	mode converter, mode transducer	
04.139	模式滤波器	mode filter	
04.140	膜环滤波器	diaphragm-ring filter	
04.141	混合环	hybrid ring	
04.142	回波箱	echo box	
04.143	移相器	phase shifter	
04.144	非互易移相器	nonreciprocal phase-shifter	
04.145	双工器	duplexer	
04.146	波导开关	waveguide switch	
04.147	功率分配器	power divider, power splitter	
04.148	旋转关节	rotary joint, rotating joint	
04.149	旋磁器件	gyromagnetic device	
04.150	环行器	circulator	
04.151	结环行器	junction circulator	
04.152	隔离器	isolator	
04.153	天线	antenna	
04.154	远场区	far-field region	
04.155	近场区	near-field region	
04.156	自由空间损耗	free-space loss	
04.157	菲涅耳等值线	Fresnel contour	
04.158	菲涅耳区	Fresnel region	
04.159	可视区	visible range	
04.160	不可视区	invisible range	
04.161	辐射效率	radiation efficiency	
04.162	辐射强度	radiation intensity	
04.163	[立体]波束效率	solid-beam efficiency	
04.164	阵[单]元	array element	
04.165	激励[单]元	driving element	
04.166	无源[单]元	parasitic element	又称"寄生[单]元"。
04.167	单极子	monopole	
04.168	偶极子	dipole	
04.169	电偶极子	electric dipole	
04.170	磁偶极子	magnetic dipole	
04.171	微带偶极子	microstrip dipole	
04.172	惠更斯源	Huygens source	
04.173	线源	line source	

序 码	汉 文 名	英 文 名	注 释
04.174	辐射器	radiator	
04.175	初级辐射器	primary radiator	
04.176	各向同性辐射器	isotropic radiator	
04.177	引向[器单]元	director element	
04.178	折合振子	folded dipole	又称"折合天线 (folded antenna)"。
04.179	反射器	reflector	
04.180	喇叭	horn	
04.181	脊形喇叭	ridged horn	
04.182	波纹喇叭	corrugated horn	
04.183	玻特喇叭	Potter horn	
04.184	偶极子天线	dipole antenna	
04.185	对称振子天线	doublet antenna	
04.186	喇叭天线	horn antenna	
04.187	帚状喇叭天线	hoghorn antenna	
04.188	角锥喇叭天线	pyramidal horn antenna	
04.189	套筒偶极子天线	sleeve-dipole antenna	
04.190	套筒短柱天线	sleeve-stub antenna	
04.191	缝隙天线	slot antenna	
04.192	基平面	cardinal plane	
04.193	基间平面	intercardinal plane	
04.194	波瓣	lobe	
04.195	主瓣	main lobe	
04.196	副瓣	minor lobe	
04.197	旁瓣	side lobe	曾用名"边瓣"。
04.198	栅瓣	grating lobe	
04.199	和波束	sum beam	
04.200	时序波瓣控制	sequential lobing	
04.201	差波束	difference beam	
04.202	波束角	beam angle	
04.203	差波束零深	null depth of difference beam	
04.204	波束立体角	beam solid angle	
04.205	差波束分离角	separated angle of difference beam	
04.206	波束调向	beam steering	
04.207	波束形状因数	beam shape factor	
04.208	波束宽度	beamwidth	
04.209	电子扫描	electronic scanning	

序 码	汉 文 名	英 文 名	注 释
04.210	圆扫描	circular scanning	
04.211	扫描角	scan angle	
04.212	机械扫描	mechanical scanning	
04.213	扫描扇形	scan sector	
04.214	角跟踪	angle tracking	
04.215	阵因子	array factor	
04.216	视轴	boresight	
04.217	斜视	squint	
04.218	无惯性扫描	inertialess scanning	
04.219	天线方向图	antenna pattern	
04.220	机电调向	electronic mechanically steering	
04.221	天线基准轴	reference boresight of antenna	
04.222	电轴	electrical boresight	
04.223	合成孔径	synthetic aperture	曾用名"综合孔径"。
04.224	方向性	directivity	又称"指向性"。
04.225	方向性增益	directive gain	
04.226	庞加莱球	Poincare sphere	
04.227	馈线	feed line	
04.228	馈源	feed source	
04.229	非周期天线	aperiodic antenna	
04.230	背射天线	backfire antenna	
04.231	贝弗里奇天线	Beverage antenna	
04.232	双锥天线	biconical antenna	
04.233	刀形天线	blade antenna	
04.234	笼形天线	cage antenna	
04.235	同轴天线	coaxial antenna	
04.236	定向天线	directional antenna	
04.237	盘锥天线	discone antenna	
04.238	鱼骨天线	fishbone antenna	
04.239	平顶天线	flattop antenna	
04.240	对数周期天线	logarithm periodic antenna	
04.241	长线天线	long-wire antenna	
04.242	环天线	loop antenna	
04.243	微带天线	microstrip antenna	
04.244	全向天线	omnidirectional antenna	
04.245	倒向天线	retrodirective antenna	
04.246	行波天线	traveling-wave antenna	

序 码	汉 文 名	英 文 名	注 释
04.247	驻波天线	standing-wave antenna	
04.248	绕杆式天线	turnstile antenna	
04.249	伞形天线	umbrella antenna	
04.250	V 形天线	V antenna	
04.251	鞭状天线	whip antenna	
04.252	线天线	wire antenna	
04.253	面天线	surface antenna	
04.254	八木天线	Yagi antenna	
04.255	阵天线	array antenna	
04.256	接地平面	ground plane	
04.257	镜象平面	imaging plane	
04.258	天线阵	antenna array	
04.259	相控阵	phase array	
04.260	圆锥阵	conical array	
04.261	柱面阵	cylindrical array	
04.262	微带阵	microstrip array	
04.263	平面阵	planar array	
04.264	环形阵	ring array	
04.265	球面阵	spherical array	
04.266	[直]线阵	linear array	
04.267	有源阵	active array	
04.268	自[动定]相阵	self-phasing array	
04.269	变距阵	space-tapered array	
04.270	共形阵天线	conformal array antenna	
04.271	共形天线	conformal antenna	
04.272	密度递减阵天线	density-tapered array antenna	
04.273	端射阵天线	end-fire array antenna	
04.274	圆顶相控阵天线	dome phase array antenna	
04.275	螺旋相位天线	spiral-phase antenna	
04.276	疏化阵天线	thinned array antenna	
04.277	环形缝隙天线	annular slot antenna	
04.278	干涉仪天线	interferometer antenna	
04.279	米尔斯交叉天线	Mills cross antenna	
04.280	乌兰韦伯天线	Wullenweber antenna	
04.281	波束天线	beam antenna	
04.282	多波束天线	multi-beam antenna	
04.283	赋形波束天线	shaped-beam antenna	

序 码	汉 文 名	英 文 名	注 释
04.284	扇形波束天线	fan-beam antenna	
04.285	盒形天线	cheese antenna	
04.286	消旋天线	despun antenna	
04.287	介质天线	dielectric antenna	
04.288	平嵌天线	flush-mounted antenna	
04.289	短程透镜天线	geodesic lens antenna	
04.290	漏波天线	leaky-wave antenna	
04.291	透镜天线	lens antenna	
04.292	笔形波束天线	pencil-beam antenna	
04.293	潜望镜天线	periscope antenna	
04.294	枕盒天线	pillbox antenna	
04.295	平方余割天线	cosecant-squared antenna	
04.296	阶梯天线	stepped antenna	
04.297	表面波天线	surface wave antenna	
04.298	线栅透镜天线	wire-grid lens antenna	
04.299	抛物面天线	parabolic antenna	
04.300	抛物环面天线	parabolic torus antenna	
04.301	卡塞格伦反射面天线	Cassegrain reflector antenna	
04.302	格雷戈里反射面天线	Gregorian reflector antenna	
04.303	喇叭反射天线	horn reflector antenna	
04.304	伞形反射天线	umbrella reflector antenna	
04.305	扼流式活塞	choke piston, choke plunger	
04.306	主反射器	main reflector	
04.307	抛物面反射器	paraboloidal reflector	
04.308	副反射器	subreflector	
04.309	环面反射器	toroidal reflector	
04.310	角[形]反射器	corner reflector	
04.311	功率反射率	power reflectance	
04.312	功率透射率	power transmittance	
04.313	天线罩	radome	
04.314	贝里斯分布	Bayliss distribution	
04.315	多尔夫－切比雪夫分布	Dolph-Chebyshev distribution	
04.316	线性泰勒分布	linear Taylor distribution	
04.317	孔径	aperture	

序　码	汉　文　名	英　文　名	注　释
04.318	电磁透镜	electromagnetic lens	
04.319	次级辐射器	secondary radiator	又称"次级辐射体"。
04.320	漏失	spillover	
04.321	辐射电阻	radiation resistance	

05.　信息论与信号处理技术

序　码	汉　文　名	英　文　名	注　释
05.001	信息论	information theory	
05.002	多用户信息论	multiple-user information theory	
05.003	统计通信理论	statistical communication theory	
05.004	香农理论	Shannon theory	
05.005	香农熵	Shannon entropy	
05.006	消息	message	
05.007	信号	signal	
05.008	符号	symbol	
05.009	信息	information	
05.010	定性信息	qualitative information	
05.011	主观信息	subjective information	
05.012	模糊信息	fuzzy information	
05.013	冗余信息	redundant information	
05.014	信息量	amount of information	
05.015	熵	entropy	信息论的熵和热力学的熵互为负量。
05.016	熵功率	entropy power	
05.017	负熵	negentropy	
05.018	互熵	cross-entropy	
05.019	条件熵	conditional entropy	
05.020	自信息	self information	
05.021	互信息	mutual information	
05.022	冗余[度]	redundancy	
05.023	疑义度	equivocation	
05.024	多义度	prevarication	
05.025	模糊度	ambiguity	
05.026	信[息]源	information source	
05.027	遍历信源	ergodic source	

序 码	汉 文 名	英 文 名	注 释
05.028	伴随信源	adjoint source	
05.029	对称信源	symmetric source	
05.030	无记忆信源	memoryless source	
05.031	零记忆信源	zero-memory source	
05.032	信宿	information sink	
05.033	信源编码	source coding	
05.034	编码定理	coding theorem	
05.035	无噪编码定理	noiseless coding theorem	
05.036	码	code	
05.037	伪随机序列	pseudo-random sequence	
05.038	伪噪声码	pseudo noise code, PN code	又称"PN 码"。
05.039	m 序列	m-sequence	
05.040	M 序列	M-sequence	
05.041	码本	codebook	
05.042	码率	code rate	
05.043	码长	code length	
05.044	变长码	variable length code	
05.045	无逗点码	comma-free code	
05.046	算术码	arithmetic code	
05.047	抽象码	abstract code	
05.048	可达信息率	achievable rate	
05.049	码树	code tree	
05.050	逆信道	inverse channel	
05.051	可达区域	achievable region	
05.052	随机码	random code	
05.053	试验信道	test channel	
05.054	失真	distortion	
05.055	失真测度	distortion measure	
05.056	失真信息率函数	distortion rate function	
05.057	[信息]率失真函数	rate distortion function	
05.058	[信息]率失真理论	rate distortion theory	
05.059	对称信道	symmetric channel	
05.060	多接入信道	multiple access channel	
05.061	简约信道	reduced channel	
05.062	零记忆信道	zero-memory channel	

序　码	汉　文　名	英　文　名	注　　释
05.063	平稳信道	stationary channel	
05.064	非平稳信道	non-stationary channel	
05.065	删除信道	erasure channel	
05.066	无差错信道	error free channel	
05.067	无噪信道	noiseless channel	
05.068	信道容量	channel capacity	
05.069	信息容量	information capacity	
05.070	吞吐量	throughput	又称"流量"。
05.071	容量区域	capacity region	
05.072	疑符	erasure	
05.073	误符	erratum	
05.074	编码	encoding	
05.075	译码	decoding	又称"解码"。
05.076	译码器	decoder	又称"解码器"。
05.077	纠错编码	error correction coding	
05.078	检错码	error detection code	
05.079	纠错码	error correcting code	
05.080	纠突发错误码	burst [error] correcting code	
05.081	校验位	check digit	
05.082	奇偶校验	parity check	
05.083	错误型	error pattern	
05.084	校正子	syndrome	
05.085	错误定位子	error-locator	
05.086	本原码	primitive code	
05.087	差集码	difference-set code	
05.088	超码	supercode	
05.089	差错	error	
05.090	代数码	algebraic code	
05.091	大数判决译码	majority decoding	又称"择多译码"。
05.092	对偶码	dual code	
05.093	恶性码	catastrophic code	
05.094	分组码	block code	
05.095	割集码	cutset code	
05.096	格码	trellis code	
05.097	后继	successor	
05.098	后缀码	suffix code	
05.099	汉明界	Hamming bound	

序 码	汉文名	英 文 名	注 释
05.100	汉明距离	Hamming distance	
05.101	汉明码	Hamming code	
05.102	汉明权[重]	Hamming weight	
05.103	级联码	cascaded code	
05.104	几何码	geometric code	
05.105	交替码	alternate code	
05.106	交织码	interlaced code, interleaved code	
05.107	紧充码	closely-packed code	
05.108	卷积码	convolution code	
05.109	扩展码	extended code	
05.110	连环码	recurrent code	
05.111	链接码	concatenated code	
05.112	列表码	list code	
05.113	链码	chain code	
05.114	码生成器	code generator	
05.115	码矢[量]	code vector	
05.116	码字	code word	
05.117	陪集首	coset leader	
05.118	前导	predecessor	
05.119	前缀码	prefix code	
05.120	删信码	expurgated code	
05.121	增信码	augmented code	
05.122	树码	tree code	
05.123	突发长度	burst length	
05.124	序贯译码	sequential decoding	
05.125	线性码	linear code	
05.126	循环乘积码	cyclic product code	
05.127	循环码	cyclic code	
05.128	延长码	lengthened code	
05.129	阈译码	threshold decoding	
05.130	约束长度	constraint length	
05.131	差错传播	error propagation	
05.132	自动检错重发	automatic error request, ARQ	
05.133	重量枚举器	weight enumerator	
05.134	最小熵译码	minimum-entropy decoding	
05.135	误码率	error rate	
05.136	误比特率	bit error rate	

序 码	汉 文 名	英 文 名	注 释
05.137	误字概率	word error probability	
05.138	误句概率	sentence error probability	
05.139	信息提取	information extraction	
05.140	估计	estimation	
05.141	参量估计	parameter estimation	
05.142	判决	decision	又称"决策"。
05.143	统计判决	statistical decision	
05.144	相干检测	coherent detection	
05.145	非相干检测	incoherent detection	
05.146	参量型检测	parametric detection	
05.147	坚韧性	robustness	又称"鲁棒性"。
05.148	似然比	likelihood ratio	
05.149	自动检测器	automatic detector	
05.150	序贯检测器	sequential detector	
05.151	自适应检测器	adaptive detector	
05.152	阈	threshold	
05.153	辨识	identification	
05.154	识别	recognition	
05.155	保密学	cryptology	
05.156	密码学	cryptography	
05.157	保密量	amount of secrecy	
05.158	保密容量	secrecy capacity	
05.159	保密系统	secrecy system	
05.160	保密体制	secrecy system	与保密系统相似，但指数学或抽象模型。
05.161	密码	cipher code, cipher	
05.162	密码体制	cryptographic system	又称"密码系统"。
05.163	分组密码	block cipher	
05.164	加密	enciphering	
05.165	加密钥	encrypting key	
05.166	解密	deciphering	
05.167	流密码	stream cipher	
05.168	密码分析	cryptanalysis	
05.169	密钥	cipher key	
05.170	秘密密钥	privacy key	
05.171	密钥分级结构	key hierarchy	
05.172	破译时间	break time	

序　码	汉　文　名	英　文　名	注　释
05.173	窃听	eavesdropping	
05.174	密文	cryptogram	
05.175	置乱	scrambling	
05.176	证实	authentication, verification	
05.177	信息处理	information processing	
05.178	信息守恒	conservation of information	
05.179	信号处理	signal processing	
05.180	实时信号处理	real time signal processing	
05.181	模拟信号	analog signal	
05.182	数字信号	digital signal	
05.183	周期序列	periodic sequence	
05.184	单位取样序列	unit-sample sequence	
05.185	脉冲串	pulse train	
05.186	单边序列	one-sided sequence	
05.187	双边序列	two-sided sequence	
05.188	取样	sampling	又称"抽样"、"采样"。
05.189	舍入	rounding	
05.190	移不变系统	shift invariant system	
05.191	混叠	aliasing	
05.192	Z变换	Z-transform	
05.193	因果律	causality	又称"因果性"。
05.194	因果系统	causal system	
05.195	卷积	convolution	曾用名"褶积"。
05.196	解卷积	deconvolution	又称"退卷积"。
05.197	循环卷积	circular convolution	
05.198	互谱	cross spectrum	
05.199	循环图	cycle graph	
05.200	有限冲激响应	finite impulse response, FIR	
05.201	无限冲激响应	infinite impulse response, IIR	
05.202	冲激不变法	impulse invariance	
05.203	正交变换	orthogonal transform	
05.204	离散傅里叶变换	discrete Fourier transform, DFT	
05.205	快速傅里叶变换	fast Fourier transform, FFT	
05.206	离散时域信号	discrete-time signal	
05.207	离散余弦变换	discrete cosine transform, DCT	
05.208	离散哈特莱变换	discrete Hartley transform, DHT	

序 码	汉 文 名	英 文 名	注 释
05.209	离散沃尔什变换	discrete Walsh transform, DWT	
05.210	希尔伯特变换	Hilbert transform, HT	
05.211	离散希尔伯特变换	discrete Hilbert transform	
05.212	线性调频 Z 变换	chirp Z-transform	
05.213	双线性变换	bilinear transformation	
05.214	倒序	bit-reversed order	
05.215	成组浮点	block floating point	
05.216	蝶式运算	butterfly operation	
05.217	同址计算	in-place computation	
05.218	窗函数	window function	
05.219	三角[形]窗	triangular window	
05.220	汉明窗	Hamming window	
05.221	矩形窗	rectangular window	
05.222	周期图	periodogram	
05.223	谱估计	spectrum estimation	
05.224	功率谱估计	power spectrum estimation	
05.225	相位谱估计	phase spectrum estimation	
05.226	线性预测	linear prediction	
05.227	伯格算法	Burg's algorithm	
05.228	最大熵估计	maximum entropy estimation	
05.229	最小熵估计	minimum entropy estimation	
05.230	倒谱	cepstrum	
05.231	交错定理	alternation theorem	
05.232	语声信号处理	speech signal processing	
05.233	共振峰	formant	
05.234	数据处理	data processing	
05.235	卡尔曼滤波器	Kalman filter	
05.236	维纳滤波器	Weiner filter	
05.237	逆滤波器	inverse filter	
05.238	最大相位系统	maximum phase system	
05.239	最小相位系统	minimum phase system	
05.240	非最小相位系统	non-minimum phase system	
05.241	同态	homomorphy	
05.242	同态系统	homomorphic system	
05.243	同态处理	homomorphic processing	

序　码	汉　文　名	英　文　名	注　释
05.244	最佳滤波器	optimum filter	
05.245	最佳接收机	optimum receiver	
05.246	相关接收机	correlation receiver	
05.247	景物	scene	
05.248	图象平均	image averaging	
05.249	图象处理	image processing	
05.250	图象编码	image encoding	
05.251	图象变换	image transform	
05.252	图象旋转	image rotation	
05.253	图象平滑	image smoothing	
05.254	图象退化	image degradation	
05.255	图象分割	image segmentation	
05.256	图象压缩	image compression	
05.257	图象重建	image reconstruction	
05.258	图象形成	image formation	
05.259	图象增强	image enhancement	
05.260	图象锐化	image sharpening	
05.261	图象恢复	image restoration	
05.262	区域描绘	region description	
05.263	伪彩色	pseudo-color	
05.264	伪彩色[密度]分割	pseudo-color slicing	
05.265	纹理分析	texture analysis	
05.266	模式识别	pattern recognition	
05.267	模式匹配	pattern matching	
05.268	模式基元	pattern primitives	
05.269	匹配模板	matching template	
05.270	梯度模板	gradient template	
05.271	特征提取	feature extraction	又称"特征抽取"。
05.272	决策函数	decision function	
05.273	判别函数	discriminant function	
05.274	自然语言	natural language	
05.275	形式语言	formal language	
05.276	递归语言	recursive language	
05.277	自动机	automaton	
05.278	串	string	
05.279	空串	empty string	

序 码	汉 文 名	英 文 名	注 释
05.280	串语言	string language	
05.281	串文法	string grammar	
05.282	起始符	starting symbol	
05.283	终结符	terminal character	
05.284	非终结符	nonterminal character	
05.285	产生式规则	production rule	
05.286	有向图	directed graph	
05.287	边图	edge graph	
05.288	多重图	multigraph	
05.289	点图	point graph	
05.290	特征文法	characteristic grammar	
05.291	图文法	graph grammar	
05.292	树文法	tree grammar	
05.293	树语言	tree language	
05.294	网文法	web grammar	
05.295	交织文法	plex grammar	
05.296	递归文法	recursive grammar	
05.297	规范文法	canonical grammar	
05.298	正常文法	regular grammar	
05.299	上下文有关文法	context constraint grammar	
05.300	上下文无关文法	context free grammar	
05.301	文法推断	grammatical inference	
05.302	树结构	tree structure	
05.303	树表示	tree representation	
05.304	树	tree	
05.305	树根	tree root	
05.306	树叶	tree leaves	
05.307	树缘	tree frontier	
05.308	机器智能	machine intelligence	
05.309	机器语言	machine language	

06. 电子陶瓷、压电、铁电与磁性元件

序 码	汉 文 名	英 文 名	注 释
06.001	功能材料	functional material	
06.002	功能效应	functional effect	

序 码	汉 文 名	英 文 名	注 释
06.003	钡长石瓷	celsian ceramic	
06.004	功能陶瓷	functional ceramic	
06.005	电子陶瓷	electronic ceramic	
06.006	装置瓷	ceramic for mounting purposes	
06.007	介电陶瓷	dielectric ceramic	
06.008	压电晶体	piezoelectric crystal	
06.009	压电陶瓷	piezoelectric ceramic	
06.010	铁电晶体	ferroelectric crystal	
06.011	铁电陶瓷	ferroelectric ceramic	
06.012	透明铁电陶瓷	transparent ferroelectric ceramic	
05.013	反铁电晶体	antiferroelectric crystal	
06.014	反铁电陶瓷	antiferroelectric ceramic	
06.015	半导体陶瓷	semiconductive ceramic	
06.016	铁电半导体釉	ferroelectric semiconducting glaze	
06.017	半导体玻璃	semiconducting glass	
06.018	多孔陶瓷	porous ceramic	
06.019	多孔玻璃	porous glass	
06.020	电光晶体	electrooptic crystal	
06.021	电光陶瓷	electrooptic ceramic	
06.022	声光晶体	acoustooptic crystal	
06.023	声光陶瓷	acoustooptic ceramic	
06.024	热[释]电晶体	pyroelectric crystal	
06.025	热[释]电陶瓷	pyroelectric ceramic	
06.026	透红外晶体	infrared transmitting crystal	
06.027	透红外陶瓷	infrared transmitting ceramic	
06.028	透明陶瓷	transparent ceramic	
06.029	电致伸缩陶瓷	electrostrictive ceramic	
06.030	低碱瓷	low-alkali ceramic	
06.031	刚玉－莫来石瓷	corundum-mullite ceramic	
06.032	锆钛酸铅陶瓷	lead zirconate titanate ceramic	
06.033	金红石瓷	rutile ceramic	
06.034	镁橄榄石瓷	forsterite ceramic	
06.035	镁－镧－钛系陶瓷	magnesia-lanthana-titania system ceramic	
06.036	铌酸盐系陶瓷	niobate system ceramic	
06.037	钛酸钡陶瓷	barium titanate ceramic	
06.038	氧化铝瓷	alumina ceramic	

序码	汉文名	英文名	注释
06.039	氧化铍瓷	beryllia ceramic	
06.040	氮化铝瓷	àluminium nitride ceramic	
06.041	石英晶体	quartz crystal	
06.042	对位黄碲矿晶体	para-tellurite crystal	又称"聚合亚碲酸晶体"。
06.043	碘酸锂晶体	lithium iodate, LI	
06.044	钽酸锂晶体	lithium tantalate, LT	
06.045	罗谢尔盐	Rochelle salt, RS	又称"酒石酸钾钠(potassium sodium tartrate)"、"塞格涅特盐(Seignette salt)"。
06.046	磷酸二氘钾	potassium dideuterium phosphate, DKDP	
06.047	磷酸二氢钾	potassium dihydrogen phosphate, KDP	
06.048	磷酸二氢铵	ammonium dihydrogen phosphate, ADP	
06.049	硫酸三甘肽	triglycine sulfide, TGS	
06.050	铌钽酸钾	potassium tantalate-niobate, KTN	
06.051	铌酸钾	potassium niobate, KN	
06.052	铌酸锂	lithium niobate, LN	
06.053	铌酸钡钠	barium sodium niobate, BNN	
06.054	铌酸钡锶	strontium barium niobate, SBN	
06.055	砷酸二氘铯	cesium dideuterium arsenate, DCSDA	
06.056	钛酸钡	barium titanate, BT	
06.057	钛酸镧	lanthanium titanate, LT	
06.058	锗酸锂	lithium germanate	
06.059	锗锂氧化物	lithium germanium oxide, LGO	
06.060	锗酸铋	bismuth germanate	
06.061	锗铋氧化物	bismuth germanium oxide, BGO	
06.062	陶瓷滤波器	ceramic filter	
06.063	陶瓷换能器	ceramic transducer	
06.064	压电音叉	piezoelectric tuning fork	
06.065	压电压力敏感器	piezoelectric pressure sensor	
06.066	压电陀螺	piezoelectric gyroscope	

序 码	汉 文 名	英 文 名	注 释
06.067	压电陶瓷延迟线	piezoelectric ceramic delay line	
06.068	压电加速度计	piezoelectric accelerometer	
06.069	压电流量计	piezoelectric flowmeter	
06.070	压电常量	piezoelectric constant	
06.071	压电振子	piezoelectric vibrator	
06.072	光敏微晶玻璃	photaceram	
06.073	光致变色性	photochromism	
06.074	光致变色玻璃	photochromic glass	
06.075	机械品质因数	mechanical quality factor	
06.076	寄生频率	parasitic frequency	
06.077	机电耦合系数	electromechanical coupling factor	
06.078	零温度系数点	zero temperature coefficient point	
06.079	受夹介电常量	clamped dielectric constant	
06.080	弹性顺服常量	elastic compliance constant	
06.081	弹性劲度常量	elastic stiffness constant	
06.082	铁电电滞回线	ferroelectric hysteresis loop	
06.083	等静压	isostatic pressing	
06.084	水热法	hydro-thermal method	
06.085	焰熔法	Verneuil's method	
06.086	熔盐法	molten-salt growth method	
06.087	助熔剂提拉法	flux pulling technique	又称"基鲁普罗斯法（Kyropoulos method)"。
06.088	助熔剂法	flux growth method	
06.089	磁性材料	magnetic material	
06.090	永磁材料	permanent magnetic material	
06.091	永磁体	permanent magnet	
06.092	半永磁材料	semi-permanent magnetic material	
06.093	复合永磁体	composite permanent magnet	
06.094	铝镍钴永磁体	Al-Ni-Co permanent magnet	
06.095	粘结磁体	bonded permanent magnet	
06.096	铁氧体永磁体	ferrite permanent magnet	
06.097	钐钴磁体	samarium-cobalt magnet	
06.098	稀土磁体	rare earth magnet	
06.099	稀土钴永磁体	rare earth-cobalt permanent magnet	

序　码	汉　文　名	英　文　名	注　释
06.100	工作点	working point	
06.101	软磁材料	soft magnetic material	
06.102	软磁铁氧体材料	soft magnetic ferrite	
06.103	尺寸共振	dimensional resonance	
06.104	功率损耗	power loss	
06.105	比损耗因数	relative loss factor	
06.106	磁老化	magnetic aging	
06.107	减落因数	disaccommodation factor	
06.108	瑞利区	Rayleigh region	
06.109	金属软磁材料	metal soft magnetic material	
06.110	羰基铁	carbonyl iron	
06.111	工业纯铁	Armco iron	又称"阿姆可铁"。
06.112	热补偿合金	thermal compensation alloy	
06.113	磁心	magnetic core	
06.114	铁氧体天线	ferrite antenna	
06.115	磁放大器	magnetic amplifier	
06.116	记录头	recording head	
06.117	磁头	magnetic head	
06.118	重放头	reproducing head	
06.119	擦除头	erasing head	
06.120	磁头缝隙	magnetic head gap	
06.121	磁记录媒质	magnetic recording medium	又称"磁记录媒体"。
06.122	磁盘	magnetic disk	
06.123	磁带	magnetic tape	
06.124	磁卡	magnetic card	
06.125	带基	tape base	
06.126	磁层	magnetic coating	
06.127	磁粉	magnetic powder	
06.128	磁迹	magnetic track	
06.129	擦除	erasure	又称"消磁"。
06.130	偏磁	biasing	
06.131	盘[式磁]带	open reel tape	
06.132	盒[式磁]带	cassette tape	
06.133	退磁器	demagnetizer	又称"消磁器"。
06.134	金属带	metal tape	
06.135	铁氧磁带	ferrooxide tape	
06.136	铬氧磁带	chromium-oxide tape	又称"铬带"。

序 码	汉 文 名	英 文 名	注 释
06.137	磁鼓	magnetic drum	
06.138	视频磁头	video head	
06.139	录象头	video recording head	
06.140	放象头	video reproducing head	
06.141	录象带	video tape	
06.142	视频磁迹	video track	
06.143	磁存储器	magnetic memory	
06.144	铁氧体磁芯存储器	ferrite core memory	
06.145	铁氧体记忆磁芯	ferrite memory core	
06.146	磁光盘	magneto-optical disk	
06.147	热磁写入	thermomagnetic writing	
06.148	磁泡	magnetic bubble	
06.149	泡径	bubble diameter	
06.150	泡迁移率	bubble [domain] mobility	
06.151	硬泡	hard bubble	
06.152	微波磁学	microwave magnetics	
06.153	微波铁氧体	microwave ferrite	
06.154	旋磁效应	gyromagnetic effect	
06.155	旋磁比	gyromagnetic ratio	
06.156	张量磁导率	tensor permeability	
06.157	铁磁共振线宽	ferromagnetic resonance linewidth	
06.158	正向损耗	forward loss	
06.159	反向损耗	reverse loss	
06.160	静磁表面波	magnetostatic surface wave	
06.161	钇铁石榴石单晶器件	yttrium iron garnet single crystal device, YIG single crystal device	
06.162	旋磁滤波器	gyromagnetic filter	
06.163	旋磁限幅器	gyromagnetic limiter	
06.164	旋磁振荡器	gyromagnetic oscillator	
06.165	电调滤波器	electrically tunable filter	
06.166	电调振荡器	electrically tunable oscillator	
06.167	磁光调制器	magneto-optical modulator	
06.168	铁氧体	ferrite	
06.169	磁铅石型铁氧体	magneto plumbite type ferrite	
06.170	单轴型铁氧体	uniaxial ferrite	

序　码	汉　文　名	英　文　名	注　释
06.171	尖晶石型铁氧体	spinel type ferrite	
06.172	六角晶系铁氧体	hexagonal ferrite	
06.173	平面型铁氧体	planar ferrite	
06.174	正铁氧体	orthoferrite	
06.175	压磁效应	piezomagnetic effect	
06.176	压磁材料	piezomagnetic material	
06.177	热敏铁氧体	heat sensitive ferrite	
06.178	非晶磁性材料	amorphous magnetic material	
06.179	铁磁弹性体	ferromagneto-elastic	
06.180	磁光效应	magneto-optical effect	
06.181	光磁效应	photomagnetic effect	
06.182	法拉第效应	Faraday effect	
06.183	克尔效应	Kerr effect	
06.184	磁阻效应	magneto-resistance effect	
06.185	磁热效应	magneto-caloric effect	
06.186	磁致伸缩效应	magnetostrictive effect	
06.187	铁磁共振	ferromagnetic resonance	
06.188	磁共振	magnetic resonance	
06.189	磁化器	magnetizer	
06.190	磁轭	magnet yoke	
06.191	超导磁体	superconducting magnet	
06.192	磁秤	magnetic balance	
06.193	磁流体	magnetic fluid	
06.194	磁分离	magnetic separation	
06.195	磁悬浮	magnetic suspension	
06.196	磁浮轴承	magnetic bearing	
06.197	磁耦合	magnetic coupling	
06.198	磁致冷	magnetic cooling	
06.199	磁聚焦	magnetic focusing	
06.200	特斯拉计	teslameter	
06.201	铁磁示波器	ferrograph	
06.202	磁转矩计	torque magnetometer	

07. 电阻、电容、电感及敏感元件

序　码	汉　文　名	英　文　名	注　释
07.001	类别电压	category voltage	
07.002	上限类别温度	upper category temperature	
07.003	下限类别温度	lower category temperature	
07.004	片式元件	chip component	
07.005	表面安装元件	surface mounted component, SMC	
07.006	表面安装器件	surface mounted device	
07.007	电阻器	resistor	
07.008	固定电阻器	fixed resistor	
07.009	片式电阻器	chip resistor	
07.010	精密电阻器	precision resistor	
07.011	金属膜电阻器	metal film resistor	
07.012	碳膜电阻器	carbon film resistor	
07.013	合成电阻器	composition resistor	
07.014	高压电阻器	high voltage resistor	
07.015	金属玻璃釉电阻器	metal glaze resistor	
07.016	熔断电阻器	fusing resistor	
07.017	电位器	potentiometer	
07.018	非线绕电位器	non-wire wound potentiometer	
07.019	金属膜电位器	metal film potentiometer	
07.020	金属玻璃釉电位器	metal glaze potentiometer	
07.021	精密电位器	precision potentiometer	
07.022	合成碳膜电位器	carbon composition film potentiometer	
07.023	螺旋电位器	helical potentiometer	
07.024	微调电位器	trimmer potentiometer	
07.025	直滑电位器	linear sliding potentiometer	
07.026	标称电阻值	normal resistance	
07.027	降负荷曲线	derating curve	
07.028	膜电阻	film resistance	
07.029	阻值微调	resistance trimming	

序　码	汉　文　名	英　文　名	注　　释
07.030	阻值允差	resistance tolerance	
07.031	电容器	capacitor	
07.032	固定电容器	fixed capacitor	
07.033	片式电容器	chip capacitor	
07.034	可变电容器	variable capacitor	
07.035	微调电容器	trimmer capacitor	
07.036	温度补偿电容器	temperature compensating capacitor	
07.037	隔直流电容器	blocking capacitor	又称"隔离电容器"。
07.038	储能电容器	energy storage capacitor	
07.039	差动电容器	differential capacitor	
07.040	抑制射频干扰电容器	RFI suppression capacitor	
07.041	滤波电容器	filtering capacitor	
07.042	耦合电容器	coupling capacitor	
07.043	脉冲电容器	pulse capacitor	
07.044	旁路电容器	by-pass capacitor	
07.045	穿心电容器	feed-through capacitor	
07.046	预调电容器	pre-set capacitor	
07.047	电解电容器	electrolytic capacitor	
07.048	极性电容器	polar capacitor	
07.049	铝电解电容器	aluminium electrolytic capacitor	
07.050	固体钽电解电容器	solid tantalum electrolytic capacitor	
07.051	复合介质电容器	composite dielectric capacitor	
07.052	金属化纸介电容器	metalized paper capacitor	
07.053	双电层电容器	double electric layer capacitor	
07.054	塑料膜电容器	plastic film capacitor	
07.055	陶瓷电容器	ceramic capacitor	
07.056	独石陶瓷电容器	monolithic ceramic capacitor	
07.057	真空电容器	vacuum capacitor	
07.058	标称电容	normal capacitance	
07.059	比电容	specific capacitance	
07.060	电容量允差	capacitance tolerance	
07.061	额定电压	rated voltage	
07.062	浪涌电压	surge voltage	

序　码	汉　文　名	英　文　名	注　释
07.063	剩余电压	residual voltage	
07.064	纹波电压	ripple voltage	
07.065	浪涌电流	surge current	
07.066	纹波电流	ripple current	
07.067	边缘效应	edge effect	
07.068	电感器	inductor	
07.069	表面安装电感器	surface mounting inductor	
07.070	固定电感器	fixed inductor	
07.071	高 Q 电感器	high Q inductor	
07.072	薄膜电感器	film inductor	
07.073	片式电感器	chip inductor	
07.074	集成电感器	integrated inductor	
07.075	可变电感器	variable inductor, variometer	
07.076	微调电感器	trimming inductor	
07.077	扼流圈	choke	
07.078	电抗器	reactor	
07.079	饱和电抗器	saturable reactor	
07.080	变压器	transformer	
07.081	阻抗匹配变压器	impedance matching transformer	
07.082	隔离变压器	isolating transformer	
07.083	电源变压器	power transformer	
07.084	灯丝变压器	filament transformer	
07.085	调压器	voltage regulator	
07.086	调压自耦变压器	regulating autotransformer	
07.087	高频变压器	high frequency transformer	
07.088	开关电源变压器	switching mode power supply transformer	
07.089	脉冲变压器	pulse transformer	
07.090	稳压变压器	voltage stabilizing transformer	
07.091	行输出变压器	line output transformer	
07.092	线间变压器	line transformer	
07.093	音频变压器	audio frequency transformer	
07.094	帧输出变压器	frame output transformer	
07.095	中频变压器	intermediate frequency transformer, IF transformer	
07.096	自耦变压器	autotransformer	
07.097	整流变压器	rectifier transformer	

序　码	汉　文　名	英　文　名	注　释
07.098	漏感	leakage inductance	
07.099	自感	self inductance	
07.100	匝比	turn ratio	
07.101	敏感器	sensor	又称"敏感元件"。
07.102	敏感元	sensing element	
07.103	传感器	transducer	
07.104	换能器	transducer	
07.105	转换器	transducer	
07.106	探测器	detector	
07.107	执行器	actuator	又称"驱动器"。
07.108	固态敏感器	solid state sensor	
07.109	结构式传感器	structural type transducer	
07.110	光纤敏感器	optical fiber sensor, fiberoptic sensor	
07.111	物理敏感器	physical sensor	
07.112	化学敏感器	chemical sensor	
07.113	离子敏感器	ion sensor	
07.114	生物敏感器	biosensor	
07.115	半导体敏感器	semiconductor sensor	
07.116	陶瓷敏感器	ceramic sensor	
07.117	集成敏感器	integrated sensor	
07.118	灵巧敏感器	smart sensor	
07.119	智能敏感器	intelligent sensor	
07.120	光敏感器	photo-sensor, optical sensor	
07.121	力敏感器	force sensor	
07.122	压力敏感器	pressure sensor	
07.123	磁敏感器	magnetic sensor	
07.124	霍耳效应器件	Hall-effect device	
07.125	热敏电阻	thermistor	
07.126	[电]压敏电阻器	varistor	
07.127	温度敏感器	temperature sensor	
07.128	声敏感器	acoustic sensor	
07.129	电压敏感器	voltage sensor	
07.130	气[体]敏感器	gas sensor	
07.131	湿[度]敏感器	humidity sensor	
07.132	离子敏场效晶体管	ion sensitive FET, ISFET	

序　码	汉　文　名	英　文　名	注　释
07.133	pH 敏感器	pH sensor	
07.134	酶敏感器	enzyme sensor	
07.135	免疫敏感器	immune sensor	
07.136	微生物敏感器	microbial sensor	
07.137	酶电极	enzyme electrode	
07.138	L－B 膜	Langmuir-Blodgett film	
07.139	参比电极	reference electrode	
07.140	磁尺	magnescale	
07.141	压电式敏感器	piezoelectric sensor	
07.142	光纤陀螺	optic fiber gyroscope	
07.143	位移传感器	displacement transducer	
07.144	位置传感器	position transducer	
07.145	尺度传感器	dimension transducer	
07.146	辐射传感器	radiation transducer	

08.　机电元件及其他电子元件

序　码	汉　文　名	英　文　名	注　释
08.001	连接器	connector	
08.002	转接连接器	adaptor connector	
08.003	板装连接器	board-mounted connector	
08.004	固定连接器	fixed connector	
08.005	浮动安装连接器	float mounting connector	
08.006	自由端连接器	free connector	
08.007	无极性连接器	hermaphroditic connector	
08.008	机柜连接器	rack-and-panel connector	
08.009	印制板连接器	printed board connector	
08.010	边缘插座连接器	edge-socket connector	
08.011	自动脱落连接器	umbilical connector	
08.012	分离连接器	snatch-disconnect connector, break-away connector	
08.013	防斜插连接器	scoop-proof connector	
08.014	插座	socket	
08.015	插口	jack	
08.016	插塞	plug	
08.017	接触件	contact	

序 码	汉 文 名	英 文 名	注 释
08.018	阴接触件	female contact	
08.019	阳接触件	male contact	
08.020	无极性接触件	hermaphroditic contact	
08.021	压接接触件	crimp contact	
08.022	绕接接触件	wrap contact	
08.023	啮合力	engaging force	
08.024	分离力	separating force	
08.025	插入力	insertion force	
08.026	拔出力	withdrawal force	
08.027	连接力矩	coupling torque	
08.028	电啮合长度	electrical engagement length	
08.029	开关	switch	
08.030	旋转开关	rotary switch	
08.031	钮子开关	toggle switch	
08.032	微动开关	sensitive switch	
08.033	按钮开关	push-button switch	
08.034	成列直插封装开关	in-line package switch	
08.035	键盘开关	keyboard switch	
08.036	按钮	button	
08.037	触点	contact	
08.038	触点负载	contact load	
08.039	转换时间	transit time	
08.040	接触电阻	contact resistance	
08.041	通	on	
08.042	断	off	
08.043	极	pole	又称"刀"。
08.044	掷	throw	
08.045	位	position	
08.046	驱动力	actuating force	
08.047	释放力	release force	
08.048	复位力	reset force	
08.049	继电器	relay	
08.050	电磁继电器	electromagnetic relay	
08.051	直流继电器	direct current relay	
08.052	极化继电器	polarized relay	
08.053	自保持继电器	latching relay	

序　码	汉　文　名	英　文　名	注　释
08.054	磁保持继电器	magnetic latching relay	
08.055	磁电式继电器	magneto-electric relay	
08.056	热继电器	thermal relay	
08.057	真空继电器	vacuum relay	
08.058	同轴继电器	coaxial relay	
08.059	步进继电器	stepping relay	
08.060	固体继电器	solid state relay	
08.061	混合继电器	hybrid relay	
08.062	时间继电器	time relay	
08.063	舌簧继电器	reed relay	
08.064	触点粘结	contact adhesion	
08.065	触点熔接	contact weld	
08.066	微电机	electrical micro-machine	
08.067	自整角机	synchro	
08.068	力矩式自整角机	torque synchro	
08.069	控制式自整角机	control synchro	
08.070	自整角发送机	synchro transmitter	
08.071	自整角接收机	synchro receiver	
08.072	自整角变压器	synchro transformer	
08.073	旋转变压器	revolver	
08.074	正余弦旋转变压器	sine-cosine revolver	
08.075	比例式旋转变压器	proportional revolver	
08.076	线性旋转变压器	linear revolver	
08.077	感应移相器	induction phase shifter	
08.078	感应同步器	inductosyn	
08.079	测速发电机	tachogenerator	
08.080	伺服电[动]机	servomotor	
08.081	惯性阻尼伺服电[动]机	inertial damping servomotor	
08.082	步进电[动]机	stepping motor	
08.083	磁滞同步电动机	hysteresis synchronous motor	
08.084	力矩电[动]机	torque motor	
08.085	有限力矩电[动]机	limited torque motor	
08.086	励磁电压	exciting voltage	

序 码	汉 文 名	英 文 名	注 释
08.087	相位基准电压	phase reference voltage	
08.088	零位电压	null voltage	
08.089	交轴电压	quadrature-axis voltage	
08.090	电压梯度	voltage gradient	
08.091	变压比	transformation ratio	
08.092	交轴输出阻抗	quadrature-axis output impedance	
08.093	堵转特性	locked-rotor characteristic	
08.094	堵转励磁电流	locked-rotor exciting current	
08.095	堵转励磁功率	locked-rotor exciting power	
08.096	峰值堵转电流	peak current at locked-rotor	
08.097	峰值堵转控制功率	peak control power at locked-rotor	
08.098	连续堵转电流	continuous current at locked-rotor	
08.099	堵转转矩	locked-rotor torque	
08.100	整步转矩	synchronizing torque	
08.101	静态整步转矩特性	static synchronizing torque characteristic	
08.102	协调位置	aligned position	
08.103	零位误差	electrical error of null position	
08.104	角位移	angular displacement	又称"失调角"。
08.105	静摩擦力矩	static friction torque	
08.106	自制动时间	self breaking time	
08.107	滑行时间	slipping time	
08.108	反转时间	reversing time	
08.109	电枢控制	armature control	
08.110	幅值控制	amplitude control	
08.111	矩角位移特性	torque-angular displacement characteristic	
08.112	起动矩频特性	starting torque-frequency characteristic	
08.113	运行矩频特性	running torque-frequency characteristic	
08.114	起动惯频特性	starting inertial-frequency characteristic	
08.115	步进频率	step frequency	
08.116	步距	step pitch	

序　码	汉　文　名	英　文　名	注　释
08.117	步进角	step angle	
08.118	失步	[falling] out of synchronism	
08.119	导线	conductor	
08.120	裸导线	plain conductor	
08.121	实心导线	solid conductor	
08.122	绞合导线	stranded conductor	
08.123	软导线	flexible conductor	
08.124	空心导线	hollow conductor	
08.125	同心导线	concentric conductor	
08.126	箔线	tinsel conductor	
08.127	带状电缆	flat cable, ribbon cable	又称"扁平电缆"。
08.128	光纤	optical fiber	
08.129	突变光纤	step index fiber	
08.130	渐变光纤	graded index fiber	
08.131	单模光纤	monomode fiber	
08.132	多模光纤	multimode fiber	
08.133	纤芯	fiber core	
08.134	光纤包层	fiber cladding	
08.135	光缆	optical fiber cable	
08.136	分支光缆	branched optical cable	
08.137	分支点	breakout	
08.138	模[式]耦合	mode coupling	
08.139	有效纤芯	effective core	
08.140	光纤色散	optical fiber dispersion	
08.141	光纤连接器	optical fiber connector	
08.142	光缆连接器	optical cable connector	
08.143	光纤固定接头	optical fiber splice	
08.144	光耦合器	optical coupler	
08.145	分路器	splitter	
08.146	合路器	mixer	
08.147	光注入器	optical injector	
08.148	光开关	optical switch	
08.149	光衰减器	optical attenuator	
08.150	光滤波器	optical filter	
08.151	波分复用器	wavelength division multiplexer	
08.152	光隔离器	optical isolator	
08.153	包层模消除器	cladding mode stripper	

序　码	汉　文　名	英　文　名	注　释
08.154	搅模器	mode scrambler	
08.155	印制电路	printed circuit	
08.156	印制线路	printed wiring	
08.157	印制板	printed board	
08.158	单面板	single sided board	
08.159	双面板	double sided board	
08.160	多层印制板	multilayer printed board	
08.161	柔韧印制板	flexible printed board	
08.162	印制板组装件	printed board assembly	
08.163	网格栅	grid	
08.164	导电图形	conductive pattern	
08.165	印制元件	printed component	
08.166	板边插头	edge board contacts	
08.167	覆箔板	metal-clad plate	
08.168	导电箔	conductive foil	
08.169	元件面	component side	
08.170	焊接面	solder side	
08.171	金属化孔	plated-through hole	
08.172	连接盘	land	
08.173	通导孔	access hole	
08.174	隔离孔	clearance hole	
08.175	定位孔	location hole	
08.176	定位槽	location notch	
08.177	拉脱强度	pull-off strength	
08.178	抗剥强度	peel strength	
08.179	分层	delamination	
08.180	弓度	bow	
08.181	翘曲	warp	
08.182	扭曲	twist	
08.183	薄膜[集成]电路	thin film [integrated] circuit	
08.184	厚膜[集成]电路	thick film [integrated] circuit	
08.185	混合集成电路	hybrid integrated circuit	
08.186	薄膜混合集成电路	thin film hybrid integrated circuit	
08.187	厚膜混合集成电路	thick film hybrid integrated circuit	
08.188	表面安装技术	surface mounting technology,	

序　码	汉 文 名	英 文 名	注　释
		SMT	
08.189	多层布线	multilayer wiring	
08.190	基片	substrate	
08.191	通孔	via hole, through hole	
08.192	丝网印刷	screen printing	
08.193	厚膜浆料	thick film ink	
08.194	组装技术	packaging technology, mounting technology, assembling technology	
08.195	组装密度	packaging density	
08.196	再流焊	reflow welding	

09. 电　源

序　码	汉 文 名	英 文 名	注　释
09.001	化学电源	electrochemical power source, electrochemical cell	
09.002	比功率	specific power	
09.003	比能量	specific energy	
09.004	比容量	specific capacity	
09.005	体积比功率	volumetric specific power	
09.006	体积比能量	volumetric specific energy	
09.007	重量比功率	gravimetric specific power	
09.008	重量比能量	gravimetric specific energy	
09.009	正极	positive electrode	
09.010	负极	negative electrode	
09.011	基板	plaque	
09.012	隔板	separator	
09.013	隔膜	membrane	
09.014	骨架	grid	
09.015	活性物质	active material	
09.016	激活	activation	
09.017	记忆效应	memory effect	
09.018	贮藏寿命	shelf life	
09.019	循环寿命	cycle life	
09.020	充电保持能力	charge retention	

序　码	汉　文　名	英　文　名	注　释
09.021	充电接收能力	charge acceptance	
09.022	涓流充电	trickle charge	
09.023	常规充电	normal charge	
09.024	快速充电	quick charge	
09.025	高速充电	fast charge	
09.026	瞬间充电	momentary charge	
09.027	充电效率	charge efficiency	
09.028	初充电	initial charge	
09.029	浮充电	floating charge	
09.030	脉冲充电	pulse current charge	
09.031	不对称交流充电	asymmetric alternating current charge	
09.032	温度－电压切转充电	temperature voltage cut-off charge	
09.033	自放电	self-discharge	
09.034	放电率	discharge rate	
09.035	放电特性曲线	discharge characteristic curve	
09.036	定电流放电	constant-current discharge	
09.037	定电阻放电	constant-resistance discharge	
09.038	间歇放电	intermittent discharge	
09.039	端电压	terminal voltage	
09.040	终端电压	end voltage	
09.041	标称电压	nominal voltage	
09.042	标称容量	nominal capacity	
09.043	负载电压	load voltage	
09.044	开路电压	open circuit voltage	
09.045	蓄电池	storage battery, secondary battery	
09.046	碱性蓄电池	alkaline storage battery	
09.047	方形蓄电池	prismatic cell	
09.048	圆柱形蓄电池	cylindrical cell	
09.049	扁形电池	button cell	又称"扣式电池"。
09.050	镉镍蓄电池	cadmium-nickel storage battery	
09.051	镉银蓄电池	cadmium-silver storage battery	
09.052	锌银蓄电池	zinc-silver storage battery	
09.053	铁镍蓄电池	iron-nickel storage battery	
09.054	碱性锌空气电池	alkaline zinc-air battery	
09.055	碱性锌锰电池	alkaline zinc-manganese dioxide	

序　码	汉　文　名	英　文　名	注　释
		cell	
09.056	镉汞电池	cadmium-mercuric oxide cell	
09.057	锂电池	lithium battery	
09.058	锂蓄电池	lithium storage battery	
09.059	锂碘电池	lithium-iodine cell	
09.060	酸性蓄电池	acid storage battery	
09.061	铅蓄电池	lead accumulator, lead storage battery	
09.062	固定型铅蓄电池	stationary lead-acid storage battery	
09.063	金属空气电池	metal-air cell	
09.064	铝空气电池	aluminum-air cell	
09.065	燃料电池	fuel cell	
09.066	肼空气燃料电池	hydrazine-air fuel cell	
09.067	离子交换膜氢氧燃料电池	ion-exchange membrane hydrogen-oxygen fuel cell	
09.068	再生燃料电池	regenerative fuel cell	
09.069	氨空气燃料电池	ammonia-air fuel cell	
09.070	磷酸燃料电池	phosphoric acid fuel cell	
09.071	氧化还原电池	redox cell	
09.072	干放电电池	dry discharged battery	
09.073	干充电电池	dry charged battery	
09.074	双极型电池	bipolar cell	
09.075	末端电池	end cell	
09.076	储备电池	reserve cell	
09.077	一次电池	primary cell	
09.078	原电池	galvanic cell	
09.079	叠层干电池	layer-built dry cell	
09.080	氯化锌型干电池	zinc chloride type dry cell	
09.081	纸板干电池	paper-lined dry cell	
09.082	热激活电池	thermally activated battery	
09.083	自动激活电池	automatically activated battery	
09.084	海水激活电池	sea-water activated battery	
09.085	机械激活电池	mechanically activated battery	
09.086	物理电源	physical power source	
09.087	光电转换效率	photoelectric conversion efficiency	
09.088	填充因数	fill factor	

序 码	汉 文 名	英 文 名	注 释
09.089	太阳[能]电池	solar cell	
09.090	标准太阳电池	standard solar cell	
09.091	背反射太阳电池	back surface reflection solar cell, BSR solar cell	
09.092	背场背反射太阳电池	back surface reflection and back surface field solar cell	
09.093	背场太阳电池	back surface field solar cell, BSF solar cell	
09.094	薄膜太阳电池	thin film solar cell	
09.095	垂直结太阳电池	vertical junction solar cell	
09.096	多结太阳电池	multijunction solar cell	
09.097	多晶硅太阳电池	polycrystalline silicon solar cell	
09.098	非晶硅太阳电池	amorphous silicon solar cell	
09.099	硅太阳电池	silicon solar cell	
09.100	聚光太阳电池	concentrator solar cell	
09.101	硫化镉太阳电池	cadmium sulfide solar cell	
09.102	砷化镓太阳电池	gallium arsenide solar cell	
09.103	肖特基太阳电池	Schottky solar cell	
09.104	同质结太阳电池	homojunction solar cell	
09.105	紫光太阳电池	violet solar cell	
09.106	异质结太阳电池	heterojunction solar cell	
09.107	集成二极管太阳电池	integrated diode solar cell	
09.108	卷包式太阳电池	wrap-around type solar cell	
09.109	点接触太阳电池	point contact solar cell	
09.110	化合物半导体太阳电池	compound semiconductor solar cell	
09.111	太阳级硅太阳电池	solar grade silicon solar cell	
09.112	金属-绝缘体-半导体太阳电池	metal-isolator-semiconductor solar cell, MIS solar cell	
09.113	带状硅太阳电池	ribbon silicon solar cell	
09.114	定向太阳电池阵	oriented solar cell array	
09.115	壳体太阳电池阵	body mounted type solar cell array	
09.116	折叠式太阳电池阵	fold-out type solar cell array	
09.117	刚性太阳电池阵	rigid solar cell array	

序　码	汉　文　名	英　文　名	注　释
09.118	柔性太阳电池阵	flexible solar cell array	
09.119	太阳电池组合板	solar cell panel	
09.120	太阳电池组合件	solar cell module	
09.121	光电化学电池	photoelectrochemical cell	
09.122	绒面电池	textured cell	
09.123	光伏型太阳能源系统	solar photovoltaic energy system	
09.124	光伏器件	photovoltaic device	
09.125	热光伏器件	thermo-photovoltaic device	
09.126	半导体温差制冷电堆	semiconductor thermoelectric cooling module	
09.127	调节控制器	conditioning controller	
09.128	温差发电器	thermoelectric generator	
09.129	核电池	nuclear battery	
09.130	热离子发电器	thermionic energy generator	

10.　真空电子学

序　码	汉　文　名	英　文　名	注　释
10.001	电子发射	electron emission	
10.002	场致发射	field emission	
10.003	光电发射	photoelectric emission	
10.004	次级电子发射	secondary electron emission	
10.005	寄生发射	parasitic emission	
10.006	欠热发射	underheated emission	
10.007	原电子	primary electron	
10.008	次级电子	secondary electron	
10.009	次级电子导电	secondary electron conduction, SEC	
10.010	空间电荷	space charge	
10.011	小岛效应	island effect	
10.012	逸出功	work function	又称"功函数"。
10.013	逸出深度	escaped depth	
10.014	阈值波长	threshold wavelength	
10.015	阴极	cathode	
10.016	热离子阴极	thermionic cathode	

序　码	汉　文　名	英　文　名	注　释
10.017	直热[式]阴极	directly-heated cathode	
10.018	间热[式]阴极	indirectly-heated cathode	又称"旁热[式]阴极"。
10.019	热屏阴极	heat-shielded cathode	又称"保温阴极"。
10.020	光[电]阴极	photocathode	
10.021	半透明光阴极	semitransparent photocathode	
10.022	不透明光阴极	opaque photocathode	
10.023	多碱光阴极	multialkali photocathode	
10.024	薄膜阴极	film cathode	
10.025	汞池阴极	mercury-pool cathode	
10.026	敷粉阴极	coated powder cathode, CPC	
10.027	储备式阴极	dispenser cathode	
10.028	冷阴极	cold cathode	
10.029	海绵镍阴极	nickel matrix cathode	
10.030	负电子亲和势阴极	negative electron affinity cathode, NEA cathode	
10.031	网状阴极	mesh cathode	
10.032	氧化物阴极	oxide coated cathode	
10.033	虚阴极	virtual cathode	
10.034	中间层	intermediate layer	
10.035	阴极疲劳	cathode fatigue	
10.036	阴极寿命	cathode life	
10.037	阴极有效系数	cathode active coefficient	
10.038	阴极中毒	poisoning of cathode	
10.039	真空电子器件	vacuum electron device	
10.040	TR 管	TR tube	又称"保护放电管"。
10.041	ATR 管	ATR tube	又称"阻塞放电管"。
10.042	闸流管	thyratron	
10.043	氢闸流管	hydrogen thyratron	
10.044	触发管	trigger tube	
10.045	充气电涌放电器	gas-filled surge arrester	
10.046	荧光数码管	fluorescent character-display tube	
10.047	X 射线管	X-ray tube	
10.048	倍增系统	dynode system, multiplier system	
10.049	微通道板	microchannel plate, MCP	
10.050	光管	light pipe	
10.051	离子管	ionic tube	

序　码	汉　文　名	英　文　名	注　释
10.052	充气管	gas filled tube, gaseous tube	
10.053	气体放电管	gas discharge tube	
10.054	晕光放电管	corona discharge tube	
10.055	辉光放电管	glow discharge tube	
10.056	弧光放电管	arc discharge tube	
10.057	励弧管	excitron	
10.058	充气整流管	gas-filled rectifier tube	
10.059	汞弧整流管	mercury-arc rectifier	
10.060	汞池整流管	mercury-pool rectifier	
10.061	汞气管	mercury-vapor tube	
10.062	引燃管	ignitron	
10.063	前置保护放电管	pre-TR tube	
10.064	插入式放电管	plug-in discharge tube	
10.065	微波管	microwave tube	
10.066	M 型器件	M-type device	
10.067	O 型器件	O-type device	
10.068	E 型器件	E-type device	
10.069	电子束参量放大器	electron beam parametric amplifier	
10.070	速调管	klystron	
10.071	直射速调管	straight advancing klystron	
10.072	反射速调管	reflex klystron	
10.073	行波速调管	twystron	
10.074	分布作用速调管	extended interaction klystron, distributed interaction klystron	
10.075	静电聚焦速调管	electrostatically focused klystron	
10.076	漂移速调管	drift klystron	
10.077	行波管	travelling wave tube, TWT	
10.078	光电行波管	traveling wave phototube	
10.079	双模行波管	dual mode traveling wave tube	
10.080	储频行波管	storage traveling wave tube	
10.081	返波管	backward wave tube, BWT	
10.082	正交场器件	crossed-field device, CFD	
10.083	磁控管	magnetron	
10.084	多腔磁控管	multicavity magnetron	
10.085	脉冲磁控管	pulsed magnetron	
10.086	连续波磁控管	continuous wave magnetron	

序　码	汉　文　名	英　文　名	注　　释
10.087	精调同轴磁控管	accutuned coaxial magnetron	
10.088	捷变频磁控管	frequency agile magnetron	
10.089	旋转调谐磁控管	spin tuned magnetron	
10.090	抖动调谐磁控管	dither tuned magnetron	
10.091	电压调谐磁控管	voltage-tuned magnetron, VTM	
10.092	同轴磁控管	coaxial magnetron	
10.093	反同轴磁控管	inverse coaxial magnetron	
10.094	正交场放大管	crossed-field amplifier, CFA	
10.095	束注入正交场放大管	beam-injected crossed-field amplifier	
10.096	分布发射式正交场放大管	distributed emission crossed-field amplifier	
10.097	卡皮管	carpitron	由 M 型返波振荡管衍生的一种同步振荡器。
10.098	泊管	platinotron	
10.099	增幅管	amplitron	
10.100	稳频管	stabilitron	
10.101	脉动场磁控管	rippled field magnetron	
10.102	固态磁控管	solid state magnetron	
10.103	微波气体放电天线开关	microwave gas discharge duplexer	
10.104	奥罗管	orotron	
10.105	潘尼管	peniotron	
10.106	回旋管	gyrotron, electron cyclotron maser, ECM	又称"电子回旋脉泽"。
10.107	回旋放大管	gyro amplifier	
10.108	回旋振荡管	gyro oscillator	
10.109	回旋速调管	gyroklystron	
10.110	回旋行波放大管	gyro-TWA	
10.111	回旋磁控管	gyro-magnetron	
10.112	回旋潘尼管	gyro-peniotron	
10.113	轨道管	orbitron	
10.114	聚束管	rebatron	又称"黎帕管"。
10.115	相对论磁控管	relativistic magnetron	
10.116	噪声管	noise tube	
10.117	分布作用振荡器	extended interaction oscillator,	

序　码	汉　文　名	英　文　名	注　释
		EIO	
10.118	分布作用放大器	extended interaction amplifier, EIA	
10.119	回旋频率	cyclotron frequency	
10.120	回旋共振加热	cyclotron resonance heating	
10.121	杂化频率	hybridization frequency	
10.122	轫致辐射	bremsstrahlung	
10.123	朗道阻尼	Landau damping	
10.124	欧姆加热	ohmic heating	
10.125	拉莫尔旋动	Larmor rotation	
10.126	劳森判据	Lawson criterion	
10.127	等离子体	plasma	
10.128	等离子体频率	plasma frequency	
10.129	等离子体诊断	plasma diagnostic	
10.130	等离子体不稳定性	plasma instability	
10.131	离子声激波	ion-sound shock-wave	
10.132	有质动力	ponderomotive force	
10.133	拉曼效应	Raman effect	
10.134	康普顿效应	Compton effect	
10.135	磁摆动器	magnetic wiggler	
10.136	史密斯－珀塞尔效应	Smith-Purcell effect	
10.137	切连科夫辐射	Cerenkov radiation	
10.138	韦伯效应	Weber effect	
10.139	静磁泵	magnetostatic pump	
10.140	电磁泵	electromagnetic pump	
10.141	孤[子]波	solitary wave	
10.142	弗拉索夫方程	Vlasov equation	
10.143	电离张弛振荡	ionization relaxation oscillation	
10.144	静电控制	electrostatic control	
10.145	小信号分析	small-signal analysis	
10.146	大信号分析	large-signal analysis	
10.147	渡越时间	transit time	
10.148	电子群聚	electron bunching	
10.149	相对论群聚	relativistic bunching	
10.150	相位群聚	phase bunching	

序　码	汉　文　名	英　文　名	注　　释
10.151	过群聚	overbunching	
10.152	电子块	electron block	
10.153	群聚空间	bunching space	
10.154	漂移空间	drift space	
10.155	反射空间	reflection space	
10.156	等效隙缝	equivalent gap	
10.157	空间电荷波	space charge wave	
10.158	快波	fast wave	
10.159	振荡模[式]	oscillation mode	
10.160	跳模	mode jump	
10.161	模[式]分隔	mode separation	
10.162	离子振荡	ion oscillation	
10.163	电子回轰	electron back bombardment	
10.164	慢波线	slow wave line	
10.165	慢波结构	slow wave structure	
10.166	布里渊图	Brillouin diagram	
10.167	色散特性	dispersion characteristics	
10.168	耦合阻抗	coupling impedance	
10.169	慢波比	delay ratio	
10.170	空间谐波	space harmonics	
10.171	主波	principal wave	
10.172	前向波	forward wave	
10.173	返波	backward wave	
10.174	同步速度	synchronizing speed	
10.175	速度跳变	velocity jump	
10.176	速度渐变	velocity tapering	
10.177	次同步层	sub-synchronous layer	
10.178	螺旋慢波线	helix slow wave line	
10.179	曲折线慢波线	folded slow wave line, zigzag slow wave line	
10.180	分离折叠波导	split-folded wave guide	
10.181	卡普线	Karp line	
10.182	螺旋线耦合叶片线路	helix-coupled vane circuit	
10.183	耦合腔慢波线	coupled cavity slow wave line	
10.184	三叶草慢波线	cloverleaf slow wave line	
10.185	集中衰减器	concentrated attenuator	

序 码	汉 文 名	英 文 名	注 释
10.186	终端衰减器	terminal attenuator	
10.187	重入式谐振腔	reentrant cavity	
10.188	主腔	main cavity	
10.189	辅助腔	compensated cavity, auxiliary cavity	
10.190	获能腔	catcher resonator	
10.191	输出腔	output cavity	
10.192	旭日式谐振腔系统	rising-sun resonator system	
10.193	孔槽形谐振腔	hole and slot resonator	
10.194	固有品质因数	intrinsic quality factor	
10.195	表观品质因数	apparent quality factor	
10.196	有载品质因数	loaded quality factor	
10.197	参差调谐	stagger tuning	
10.198	调谐销钉	tuning screw pin	
10.199	气体放电	gas discharge	
10.200	气体电离电位	gas ionization potential	
10.201	气体放大	gas amplification	
10.202	气体电离	gas ionization	
10.203	自持放电	self-maintained discharge	
10.204	非自持放电	non-self-maintained discharge	
10.205	暗放电	dark discharge	
10.206	汤森放电	Townsend discharge	
10.207	辉光放电	glow discharge	
10.208	正常辉光放电	normal glow discharge	
10.209	异常辉光放电	abnormal glow discharge	
10.210	弧光放电	arc discharge	
10.211	电晕放电	corona discharge	
10.212	高频放电	high-frequency discharge	
10.213	阴极辉光	cathode glow	
10.214	熄火	extinction	
10.215	着火电压	firing voltage, ignition voltage	
10.216	着火时间	ignition time	
10.217	光电离	photo ionization	
10.218	真空击穿	vacuum breakdown	
10.219	帕邢曲线	Paschen curve	
10.220	起动隙缝	starter gap, trigger gap	

序　码	汉　文　名	英　文　名	注　　释
10.221	电极	electrode	
10.222	灯丝	filament	
10.223	阳极	anode	
10.224	控制栅极	control grid	
10.225	空间电荷栅极	space-charge grid	
10.226	屏栅极	screen grid	
10.227	抑制栅极	suppressor grid	
10.228	偏转电极	deflecting electrode	
10.229	触发极	trigger electrode	
10.230	引燃极	ignitor	
10.231	引燃电流	ignition current	
10.232	引燃时间	ignitor firing time	
10.233	荫栅	aperture grille	
10.234	荫罩	shadow mask	
10.235	热子	heater	
10.236	玻壳	glass bulb, glass envelope	
10.237	极间电容	interelectrode capacitance	
10.238	芯柱	stem	
10.239	束射屏	beam confining electrode	
10.240	荧光屏	phosphor screen	
10.241	多色穿透屏	multichrome penetration screen	
10.242	多余辉穿透荧光屏	multipersistence penetration screen	
10.243	暗电流	dark current	
10.244	暗电平	black level	
10.245	暗影	shading	
10.246	电流分配比	current division ratio	
10.247	电子效率	electronic efficiency	
10.248	电阻海	resistance sea	
10.249	负阻效应	dynatron effect	
10.250	固有滤过	inherent filtration	
10.251	拐点灵敏度	knee sensitivity	
10.252	黑底	black matrix	
10.253	光晕	halation, halo	
10.254	黑晕	black halo	
10.255	基色单元	primary color unit	
10.256	开花	blooming	

序　码	汉　文　名	英　文　名	注　释
10.257	跨导	transconductance	
10.258	内阻	internal resistance	
10.259	偏压	bias	
10.260	屏蔽系数	shielding factor	
10.261	清晰度	definition	
10.262	色场	color field	
10.263	色元	color cell	
10.264	色纯度容差	color purity allowance	
10.265	信噪比	signal to noise ratio	
10.266	余脉冲	after pulse	
10.267	右特性	right characteristic	
10.268	截止电压	cut-off voltage	
10.269	余象	after image	
10.270	左特性	left characteristic	
10.271	波尖漏过能量	spike leakage energy	
10.272	反峰电压	inverse peak voltage	
10.273	峰包功率	envelope power	
10.274	耗散功率	dissipation power	
10.275	漏过功率	leakage power	
10.276	暗伤	dark burn	
10.277	束点	spot	
10.278	离子斑	ion burn	
10.279	磷光	phosphorescence	
10.280	阴极射线致发光	cathodeluminescence	
10.281	荧光	fluorescence	
10.282	余辉	persistence, after glow	

11. 显示器件与技术

序　码	汉　文　名	英　文　名	注　释
11.001	显示器件	display device	
11.002	等离子[体]显示	plasma display, PD	
11.003	液晶显示	liquid crystal display, LCD	
11.004	电致发光	electroluminescence, EL	
11.005	电致发光显示	electroluminescent display, ELD	
11.006	真空荧光显示	vacuum fluorescent display, VFD	

序　码	汉　文　名	英　文　名	注　释
11.007	电致变色	electrochromism	
11.008	电致变色显示	electrochromic display, ECD	
11.009	激光显示	laser display	
11.010	磁光显示	magneto-optic display	
11.011	铁电显示	ferroelectric display	
11.012	铁磁显示	ferromagnetic display	
11.013	白炽显示	incandescent display	
11.014	电泳显示	electrophoretic display, EPD	
11.015	信息显示	information display	
11.016	字符显示	alphanumeric display	
11.017	数字显示	digital display	
11.018	图象显示	image display	
11.019	全息显示	holographical display	
11.020	平板显示	[flat] panel display	
11.021	大屏幕显示	large scale display	
11.022	巨屏幕显示	giant scale display	
11.023	等离子[体]显示板	plasma display panel, PDP	
11.024	单色显示	monochrome display	
11.025	彩色显示	color display	
11.026	全色显示	full color display	
11.027	二维显示	two dimensional display	
11.028	三维显示	three dimensional display	
11.029	立体显示	stereo display	
11.030	笔划显示	segment display	
11.031	矩阵显示	matrix display	
11.032	图形显示	graphical display	
11.033	表格显示	tabular display	
11.034	主动显示	active display	
11.035	被动显示	passive display	
11.036	头盔显示	helmet-mounted display	
11.037	条柱显示	bargraph display	
11.038	色度学	colorimetry	
11.039	象素	pixel, picture element	
11.040	闪烁	flicker, scintillation	
11.041	响应时间	response time	
11.042	线扩展函数	line spread function	

序 码	汉 文 名	英 文 名	注 释
11.043	点扩展函数	point spread function	
11.044	阴极射线致变色	cathodochromism	
11.045	电化致变色	electrochemichromism	
11.046	宾主效应	guest-host effect, GH effect	
11.047	粉末电致发光	powder electroluminescence, PEL	
11.048	薄膜电致发光	thin film electroluminescence, TFEL	
11.049	本征电致发光	intrinsic electroluminescence	
11.050	注入电致发光	injection electroluminescence	
11.051	调制传递函数	modulation transfer function, MTF	
11.052	近贴聚焦	proximity focusing	
11.053	光电导效应	photoconductive effect	
11.054	明视觉	photopic vision	
11.055	暗视觉	scotopic vision	
11.056	中介视觉	mesomeric vision	
11.057	光视效能	luminous efficacy	
11.058	快离子导电	fast ion conduction	
11.059	热致变色	thermochromism	
11.060	人机通信	man-machine communication	
11.061	黑底屏	black matrix screen	
11.062	光度学	photometry	
11.063	光通量	luminous flux	
11.064	发光强度	luminous intensity	
11.065	线对	line pairs	
11.066	灰度级	gray scale	
11.067	发光效率	luminous efficiency	又称"光视效率"。
11.068	会聚	convergence	
11.069	失会聚	misconvergence	
11.070	自会聚	auto-convergence	
11.071	亮度	luminance	
11.072	引火	priming	
11.073	着火	firing	
11.074	维持	sustaining	
11.075	写入	writing	
11.076	保活	keep alive	
11.077	零散	spread	

序　码	汉　文　名	英　文　名	注　释
11.078	记忆裕度	memory margin	
11.079	声光调制	acoustooptic modulation	
11.080	电光调制	electrooptic modulation	
11.081	动态散射模式	dynamic scattering mode, DSM	
11.082	扭曲向列模式	twisted nematic mode, TN mode	
11.083	垂直排列相畸变模式	deformation of vertically aligned phase mode	
11.084	超扭曲双折射效应	supertwisted birefringent effect, SBE effect	
11.085	阴极射线管	cathode-ray tube, CRT	
11.086	发光二极管	light-emitting diode, LED	
11.087	显象管	picture tube, kinescope	
11.088	彩色显象管	color picture tube, color kinescope	
11.089	黑白显象管	black and white picture tube	
11.090	摄象管	camera tube, pickup tube	
11.091	视象管	vidicon	
11.092	硫化锑视象管	antimony sulfide vidicon	
11.093	硅靶视象管	silicon target vidicon	
11.094	热[释]电视象管	pyroelectric vidicon	
11.095	象增强器	image intensifier	
11.096	变象管	image converter tube	
11.097	寻象管	view finder tube	
11.098	投影管	projection tube	
11.099	存储管	storage tube	
11.100	直观存储管	direct viewing storage tube	
11.101	扫描转换管	scan converter tube	
11.102	静电存储管	electrostatic storage tube	
11.103	微通道板示波管	microchannel plate cathode-ray tube, MCPCRT	
11.104	方角平屏显象管	flat squared picture tube, FS picture tube	
11.105	示波管	oscilloscope tube	
11.106	指示管	indicator tube	
11.107	束引示管	beam index tube	
11.108	扁平阴极射线管	flat cathode-ray tube	
11.109	显示板	display panel	
11.110	显示屏	display screen	

序　码	汉　文　名	英　文　名	注　释
11.111	光阀	light valve, LV	
11.112	油膜光阀	oil film light valve	
11.113	电光晶体光阀	electrooptic crystal light valve	
11.114	液晶光阀	liquid crystal light valve, LCLV	
11.115	通道[式]电子倍增器	channel electron multiplier	
11.116	倍增极	dynode	
11.117	电控双折射模式	electrically controlled birefringence mode, ECB mode	
11.118	混合排列向列模式	hybrid aligned nematic display structure mode, HAN display structure mode	
11.119	近晶相液晶	smectic liquid crystal	
11.120	向列相液晶	nematic liquid crystal	
11.121	胆甾相液晶	cholesteric liquid crystal	
11.122	沿面排列	homogeneous alignment	
11.123	准沿面排列	quasi-homogeneous alignment	
11.124	垂面排列	homeotropic alignment	
11.125	面阵	area array	
11.126	多路驱动	multiplexing	
11.127	有源矩阵	active matrix	
11.128	氧化铟锡	tin indium oxide	
11.129	四极透镜	quadrupole lens	
11.130	盒式透镜	box lens	
11.131	扫描扩展透镜	scan expansion lens	
11.132	矢量发生器	vector generator	
11.133	字符发生器	character generator	
11.134	操纵杆	joy stick	
11.135	光笔	light pen	
11.136	标图板	plotting tablet	
11.137	键盘	keyboard	
11.138	游标	vernier	

12. 电子光学与真空技术

序　码	汉　文　名	英　文　名	注　　释
12.001	强流电子光学	high density electron beam optics	
12.002	弱流电子光学	low density electron beam optics	
12.003	电子枪	electron gun	
12.004	磁屏蔽电子枪	magnetic shielded gun	
12.005	浸没式电子枪	immersed electron gun	
12.006	磁控注入电子枪	magnetic injection gun, MIG	
12.007	速度跳变电子枪	velocity jump gun	
12.008	层流电子枪	laminar gun	
12.009	一列式电子枪	in-line gun	
12.010	泛射式电子枪	flood gun	
12.011	二极管电子枪	diode gun	
12.012	抗彗尾枪	anti-comet-tail gun, ACT gun	
12.013	电子束	electron beam	又称"电子注"。
12.014	实心电子束	solid electron beam	
12.015	空心电子束	hollow electron beam	
12.016	层流电子束	laminar electron beam	
12.017	电子透镜	electron lens	
12.018	浸没透镜	immersion lens	
12.019	浸没物镜	immersion objective lens	
12.020	静电透镜	electrostatic lens	
12.021	磁透镜	magnetic lens	
12.022	单透镜	einzel lens, simple lens	
12.023	准直透镜	collimating lens	
12.024	螺旋透镜	spiral lens	
12.025	针孔透镜	pinhole lens	
12.026	双曲透镜	hyperbolic lens	
12.027	电子轨迹	electron trajectory	
12.028	聚焦	focusing	
12.029	暴力式聚焦	brute force focusing	
12.030	倒向场聚焦	reversed field focusing	
12.031	过会聚	over-convergence	
12.032	欠会聚	under-convergence	

序 码	汉文名	英文名	注 释
12.033	散焦	defocusing	
12.034	偏转	deflection	
12.035	偏转后加速	post-deflection acceleration	
12.036	偏转畸变	deflection distortion	
12.037	色[象]差	chromatic aberration	
12.038	球差	spherical aberration	
12.039	象差	aberration	
12.040	象散	astigmation	
12.041	彗差	coma aberration	又称"彗形象差"。
12.042	场曲	curvature of field	
12.043	梯形畸变	trapezoidal distortion, keystone distortion	
12.044	桶形畸变	barrel distortion	
12.045	图象畸变	picture distortion	
12.046	枕形畸变	pincushion distortion	
12.047	导流系数	perveance	
12.048	束着屏误差	beam-landing screen error	
12.049	真空	vacuum	
12.050	超高真空	ultra-high vacuum	
12.051	高真空	high vacuum	
12.052	低真空	low vacuum	
12.053	粗真空	rough vacuum	
12.054	极限真空	ultimate vacuum	
12.055	清洁真空	clean vacuum	
12.056	无油真空	oil-free vacuum	
12.057	分压力	partial pressure	
12.058	总压力	total pressure	
12.059	真空度	degree of vacuum	
12.060	真空泵	vacuum pump	
12.061	粗抽泵	roughing vacuum pump	
12.062	主泵	main pump	
12.063	维持真空泵	holding vacuum pump	
12.064	变容真空泵	positive displacement pump	
12.065	定片真空泵	rotary piston vacuum pump	又称"旋转活塞真空泵"。
12.066	动量传输泵	kinetic vacuum pump	
12.067	往复真空泵	piston vacuum pump	

序　码	汉　文　名	英　文　名	注　释
12.068	旋片真空泵	sliding vane rotary vacuum pump	
12.069	液环真空泵	liquid ring vacuum pump	
12.070	油封真空泵	oil-sealed vacuum pump	
12.071	液封真空泵	liquid-sealed vacuum pump	
12.072	余摆线真空泵	trochoidal vacuum pump	
12.073	气镇真空泵	gas ballast vacuum pump	
12.074	干封真空泵	dry-sealed vacuum pump	
12.075	增压真空泵	booster vacuum pump	
12.076	罗茨真空泵	Roots vacuum pump	
12.077	喷射真空泵	ejector vacuum pump	
12.078	分子泵	molecular pump	
12.079	牵引分子泵	molecular drag pump	
12.080	涡轮分子泵	turbomolecular pump	
12.081	扩散泵	diffusion pump	
12.082	吸附泵	sorption pump	
12.083	吸气剂离子泵	getter ion pump	
12.084	蒸发离子泵	evaporation ion pump	
12.085	溅射离子泵	sputter ion pump	
12.086	吸气剂泵	getter pump	
12.087	升华泵	sublimation pump	
12.088	低温泵	cryopump	又称"冷凝泵"。
12.089	泵工作液	pump fluid	
12.090	无油真空系统	oil-free pump system	
12.091	真空系统	vacuum system	
12.092	粗抽管路	roughing line	
12.093	前级管路	backing line	
12.094	前级压力	backing pressure	
12.095	压缩比	compression ratio	
12.096	真空计	vacuum gauge	又称"真空规"。
12.097	分压真空计	partial pressure vacuum gauge	
12.098	分压分析器	partial pressure analyser	
12.099	气压计	manometer	
12.100	液位压力计	liquid level manometer	
12.101	绝对真空计	absolute vacuum gauge	
12.102	相对真空计	relative vacuum gauge	
12.103	压差式真空计	differential vacuum gauge	
12.104	压缩式真空计	compression vacuum gauge	

序 码	汉 文 名	英 文 名	注 释
12.105	隔膜真空计	diaphragm gauge	
12.106	粘滞真空计	viscosity vacuum gauge	
12.107	磁悬浮转子真空计	magnetic suspension spinning rotor vacuum gauge	
12.108	热分子真空计	thermo-molecular vacuum gauge	又称"克努森真空计"。
12.109	热传导真空计	thermal conductivity vacuum gauge	
12.110	皮氏计	Pirani gauge	又称"皮拉尼真空规"。
12.111	热偶真空计	thermocouple vacuum gauge	又称"温差热偶真空规"。
12.112	电离真空计	ionization vacuum gauge	
12.113	放射性[电离]真空计	radioactive ionization gauge	
12.114	热阴极电离真空计	hot cathode ionization gauge	
12.115	潘宁真空计	Penning vacuum gauge	
12.116	B-A真空计	Bayard-Alpert vacuum gauge	
12.117	调制型[电离]真空计	modulator vacuum gauge	
12.118	分离型[电离]真空计	extractor vacuum gauge	
12.119	抑制型[电离]真空计	suppressor vacuum gauge	
12.120	弯束型[电离]真空计	bent beam ionization gauge	
12.121	热阴极磁控真空计	hot cathode magnetron gauge	
12.122	冷阴极磁控真空计	cold cathode magnetron gauge	
12.123	裸规	nude gauge	
12.124	漏	leak	
12.125	漏率	leak rate	
12.126	检漏	leak detection	
12.127	检漏仪	leak detector	
12.128	火花检漏仪	spark leak detector	

序 码	汉 文 名	英 文 名	注 释
12.129	卤素检漏仪	halide leak detector	
12.130	校准漏孔	calibrated leak	
12.131	检漏气体	search gas	
12.132	插板阀	gate valve	又称"闸阀"。
12.133	充气阀	charge valve	
12.134	挡板阀	baffle valve	
12.135	电磁阀	electromagnetically operated valve	
12.136	电动阀	valve with electrically motorized operation	
12.137	蝶[形]阀	butterfly valve	
12.138	翻板阀	flap valve	
12.139	截止阀	break valve	
12.140	旁通阀	by-pass valve	
12.141	微调阀	micro-adjustable valve	
12.142	挡板	baffle	又称"障板"。
12.143	喷嘴	nozzle	
12.144	阱	trap	
12.145	冷阱	cold trap	
12.146	吸附阱	sorption trap	
12.147	分子筛阱	molecular sieve trap	
12.148	冷冻升华阱	cryosublimation trap	
12.149	爆腾	bumping	又称"暴沸"。泵工作液在泵炉内由于局部过热产生的不稳定蒸发。
12.150	反扩散	back-diffusion	
12.151	返流	back-streaming	
12.152	流导	flow conductance	
12.153	流导法	flow conductance method	
12.154	流率	flow rate	
12.155	流阻	flow resistance	
12.156	粗抽时间	time for roughing	
12.157	传输概率	transmission probability	
12.158	分子流	molecular flow	
12.159	克努森数	Knudsen number	
12.160	分子泻流	molecular effusion, effusive flow	
12.161	粘滞流	viscous flow	

序 码	汉 文 名	英 文 名	注 释
12.162	中间流	intermediate flow	
12.163	热流逸	thermal transpiration	
12.164	除气	degassing	
12.165	出气	outgassing	
12.166	虚漏	virtual leak	
12.167	渗透	permeation	
12.168	渗透率	permeability	
12.169	收附	sorption	
12.170	吸附	adsorption	
12.171	吸收	absorption	
12.172	解吸	desorption	又称"脱附"。
12.173	电子感生解吸	electron-induced desorption, EID	
12.174	适应系数	accommodation factor	
12.175	滞留时间	residence time	
12.176	粘附概率	sticking probability	
12.177	迁徙	migration	

13. 半导体物理与半导体材料

序 码	汉 文 名	英 文 名	注 释
13.001	半导体	semiconductor	
13.002	本征半导体	intrinsic semiconductor	
13.003	非本征半导体	extrinsic semiconductor	
13.004	非晶态半导体	amorphous semiconductor	
13.005	简并半导体	degenerate semiconductor	
13.006	直接带隙半导体	direct gap semiconductor	又称"直接禁带半导体"。
13.007	间接带隙半导体	indirect gap semiconductor	
13.008	窄带隙半导体	narrow gap semiconductor	
13.009	零带隙半导体	zero gap semiconductor	
13.010	N 型半导体	N type semiconductor	
13.011	P 型半导体	P type semiconductor	
13.012	重掺杂半导体	heavily-doped semiconductor	
13.013	有机半导体	organic semiconductor	
13.014	元素半导体	elemental semiconductor	
13.015	化合物半导体	compound semiconductor	

序　码	汉 文 名	英 文 名	注　释
13.016	Ⅲ－Ⅴ族化合物半导体	Ⅲ-Ⅴ compound semiconductor	
13.017	金属间化合物半导体	intermetallic compound semiconductor	
13.018	离子晶体半导体	ionic crystal semiconductor	
13.019	玻璃半导体	glass semiconductor	
13.020	氧化物半导体	oxide semiconductor	
13.021	稀土半导体	rare earth semiconductor	
13.022	磁性半导体	magnetic semiconductor	
13.023	极性半导体	polar semiconductor	
13.024	固溶体半导体	solid solution semiconductor	
13.025	单晶	monocrystal	
13.026	多晶	polycrystal	
13.027	非晶硅	amorphous silicon	
13.028	晶胞	unit cell	
13.029	晶格	lattice	
13.030	晶格常数	lattice constant	
13.031	晶格缺陷	lattice defect	
13.032	晶格匹配	lattice match	
13.033	晶体	crystal	
13.034	晶体生长	crystal growth	
13.035	晶向	lattice orientation	
13.036	晶面	lattice plane	
13.037	空间点阵	space lattice	
13.038	晶格结构	lattice structure	
13.039	超晶格	superlattice	
13.040	闪锌矿晶格结构	zinc blende lattice structure	
13.041	伯格斯矢量	Burgers vector	
13.042	点阵曲率	lattice curvature	
13.043	共格晶界	coherent grain boundary	
13.044	非共格晶界	incoherent grain boundary	
13.045	带隙	band gap	又称"禁带"。
13.046	导带	conduction band	
13.047	价带	valence band	
13.048	空穴	hole	
13.049	浅能级	shallow energy level	
13.050	深能级	deep energy level	

序 码	汉 文 名	英 文 名	注 释
13.051	深能级中心	deep level center	
13.052	杂质带	impurity band	
13.053	杂质能级	impurity energy level	
13.054	杂质团	impurity cluster	
13.055	两性杂质	amphoteric impurity	
13.056	替位杂质	substitutional impurity	
13.057	施主	donor	
13.058	受主	acceptor	
13.059	等电子中心	isoelectronic center	
13.060	电离能	ionization energy	
13.061	电子亲和势	electron affinity	
13.062	方块电阻	square resistance	
13.063	薄层电阻	sheet resistance	
13.064	负电子亲和势	negative electron affinity, NEA	
13.065	载流子	carrier	
13.066	本征载流子	intrinsic carrier	
13.067	多数载流子	majority carrier	
13.068	少数载流子	minority carrier	
13.069	平衡载流子	equilibrium carrier	
13.070	非平衡载流子	non-equilibrium carrier	
13.071	过剩载流子	excess carrier	
13.072	表面反型层	surface inversion layer	
13.073	表面沟道	surface channel	
13.074	表面耗尽层	surface depletion layer	
13.075	表面积累层	surface accumulation layer	
13.076	表面势	surface potential	
13.077	表面态	surface state	
13.078	界面态	interfacial state	
13.079	迁移率	mobility	
13.080	霍耳迁移率	Hall mobility	
13.081	漂移迁移率	drift mobility	
13.082	微分迁移率	differential mobility	
13.083	负微分迁移率	negative differential mobility	
13.084	注入	injection	
13.085	复合	recombination	
13.086	直接复合	direct recombination	
13.087	间接复合	indirect recombination	

序　码	汉　文　名	英　文　名	注　释
13.088	表面复合	surface recombination	
13.089	体内复合	bulk recombination	
13.090	无辐射复合	nonradiative recombination	
13.091	电子陷阱	electron trap	
13.092	空穴陷阱	hole trap	
13.093	空位	vacancy	
13.094	空位团	vacancy cluster	
13.095	完美晶体	perfect crystal	
13.096	无位错晶体	dislocation free crystal	
13.097	微坑	dimple	
13.098	位错	dislocation	
13.099	位错环	dislocation loop	
13.100	位错密度	dislocation density	
13.101	完全位错	perfect dislocation	
13.102	不全位错	partial dislocation	
13.103	刃形位错	edge dislocation	
13.104	螺形位错	screw dislocation	
13.105	棱柱形位错环	prismatic dislocation loop	
13.106	层错	fault	
13.107	堆垛层错	stacking fault	
13.108	孪晶	twin crystal	
13.109	孪晶间界	twin boundary	
13.110	滑移带	slip band	
13.111	滑移面	slip plane	
13.112	损伤	damage	
13.113	辐射损伤	radiation damage	
13.114	小平面	facet	
13.115	缺陷	defect	
13.116	点缺陷	point defect	
13.117	面缺陷	planar defect	
13.118	可动缺陷	mobile defect	
13.119	线缺陷	line defect	
13.120	微缺陷	microdefect	
13.121	热点缺陷	thermal point defect	
13.122	漩涡缺陷	swirl defect	
13.123	解理	cleavage	
13.124	间隙	interstice	

序　码	汉　文　名	英　文　名	注　释
13.125	间隙[缺陷]团	interstitial cluster	
13.126	液封技术	liquid encapsulation technique	
13.127	液封直拉法	liquid encapsulation Czochralski method, LEC method	又称"液封丘克拉斯基法"。
13.128	直拉法	Czochralski method	又称"丘克拉斯基法"、"晶体生长提拉法"。
13.129	磁场直拉法	magnetic field Czochralski method	又称"磁场丘克拉斯基法"。
13.130	区域熔炼	zone melting	
13.131	移动溶液区熔法	traveling solvent zone method	
13.132	悬浮区熔法	floating-zone method	
13.133	悬浮区熔硅	floating-zone grown silicon, FZ-Si	
13.134	布里奇曼方法	Bridgman method	
13.135	斯蒂潘诺夫方法	Stepanov method	
13.136	籽晶	seed crystal	
13.137	冶金级硅	metallurgical-grade silicon	
13.138	正常凝固	normal freezing	
13.139	倒角	edge rounding	
13.140	晶锭研磨	ingot grinding	
13.141	簇形晶体	cluster crystal	
13.142	蹼状晶体	web crystal	
13.143	枝状生长晶体	dendritic crystal	又称"枝蔓晶体"。
13.144	生成态晶体	as-grown crystal	
13.145	生长丘	growth hillock	
13.146	生长取向	growth orientation	
13.147	限边馈膜生长	edge defined film-fed growth, EFG	
13.148	硅带生长	silicon ribbon growth	
13.149	惯态面	habit face	
13.150	多带生长	multiple ribbon growth	
13.151	弯月面	meniscus	
13.152	固溶体	solid solution	
13.153	固溶度	solid solubility	
13.154	固相线	solidus	
13.155	退缩性溶解度	retrograde solubility	

序 码	汉 文 名	英 文 名	注 释
13.156	分凝系数	segregation coefficient	
13.157	化学计量	stoichiometry	
13.158	络合物	complex	
13.159	热对流	thermal convection	
13.160	热量输运	heat transportation	
13.161	质量输运	mass transportation	
13.162	边界层	boundary layer	
13.163	雷诺数	Reynolds number	
13.164	格拉斯霍夫数	Grashof number	
13.165	马兰戈尼数	Marangoni number	
13.166	瑞利数	Rayleigh number	
13.167	磁粘滞性	magnetic viscosity	
13.168	外延	epitaxy	
13.169	同质外延	homoepitaxy	
13.170	异质外延	heteroepitaxy	
13.171	选择外延	selective epitaxy	
13.172	汽相外延	vapor phase epitaxy, VPE	
13.173	液相外延	liquid phase epitaxy, LPE	
13.174	固相外延	solid phase epitaxy	
13.175	分子束外延	molecular beam epitaxy, MBE	
13.176	正外延	regular epitaxy	
13.177	原子层外延	atomic layer epitaxy, ALE	
13.178	热解外延	thermal decomposition epitaxy	
13.179	外延缺陷	epitaxy defect	
13.180	外延堆垛层错	epitaxy stacking fault, ESF	
13.181	化学汽相淀积	chemical vapor deposition, CVD	
13.182	金属有机[化合物]CVD	metallorganic CVD, MOCVD	
13.183	物理汽相淀积	physical vapor deposition, PVD	
13.184	匀相成核	homogeneous nucleation	
13.185	非匀相成核	heterogeneous nucleation	又称"异相成核"。
13.186	染色	decoration	
13.187	双探针法	two-probe method	
13.188	三探针法	three-probe method	
13.189	四探针法	four-probe method	
13.190	热探针法	thermoprobe method	
13.191	反射形貌法	reflection topography	

序　码	汉　文　名	英　文　名	注　释
13.192	X 射线形貌法	X-ray topography	
13.193	异常透射法	anomalous transmission method	
13.194	衍衬象	diffraction contrast image	
13.195	场效应	field effect	
13.196	体效应	bulk effect	
13.197	耿[氏]效应	Gunn effect	
13.198	内光电效应	internal photoelectric effect	
13.199	外光电效应	external photoelectric effect	
13.200	隧道效应	tunnel effect	
13.201	光伏效应	photovoltaic effect	
13.202	丹倍效应	Dember effect	
13.203	光电导	photoconduction	
13.204	光电导衰退	photoconductivity decay	
13.205	PN 结	PN junction	
13.206	突变结	abrupt junction	
13.207	线性缓变结	linear graded junction	
13.208	单边突变结	single-side abrupt junction	
13.209	场感应结	field induced junction	
13.210	自建电场	built-in field	
13.211	势垒	potential barrier	
13.212	耗尽近似	depletion approximation	
13.213	强反型	strong inversion	
13.214	空间电荷限制电流	space-charge-limited current	
13.215	德拜长度	Debye length	
13.216	平带电压	flat-band voltage	
13.217	齐纳击穿	Zener breakdown	
13.218	隧穿	tunneling	
13.219	雪崩击穿	avalanche breakdown	
13.220	肖特基势垒	Schottky barrier	
13.221	欧姆接触	ohmic contact	
13.222	异质结	heterojunction	
13.223	异质结构	heterostructure	
13.224	热电子	hot electron	

14. 半导体器件与集成电路

序　码	汉　文　名	英　文　名	注　释
14.001	二极管	diode	
14.002	合金二极管	alloy diode	
14.003	开关二极管	switching diode	
14.004	平面二极管	planar diode	
14.005	反向二极管	backward diode	
14.006	双向二极管	bidirectional diode	
14.007	整流二极管	rectifier diode	
14.008	稳压二极管	voltage stabilizing didoe	
14.009	箝位二极管	clamping diode	
14.010	PN 结二极管	PN junction diode	
14.011	PIN 结二极管	PIN junction diode	
14.012	点接触二极管	point contact diode	
14.013	面接触二极管	surface contact diode	
14.014	电荷存储二极管	charge storage diode	
14.015	变容二极管	variable capacitance diode, varactor diode	
14.016	阶跃恢复二极管	step recovery diode	
14.017	热载流子二极管	hot carrier diode	
14.018	肖特基势垒二极管	Schottky barrier diode	
14.019	隧道二极管	tunnel diode	
14.020	光电二极管	photodiode	
14.021	耿[氏]二极管	Gunn diode	
14.022	里德二极管	Read diode	
14.023	齐纳二极管	Zener diode	
14.024	崩越二极管	impact avalanche transit time diode, IMPATT diode	又称"碰撞雪崩渡越时间二极管"。
14.025	势越二极管	barrier injection and transit time diode, BARITT diode	
14.026	俘越二极管	trapped plasma avalanche triggered transit time diode, TRAPATT diode	又称"俘获等离子体雪崩触发渡越时间二极管"。

序 码	汉 文 名	英 文 名	注 释
14.027	电平漂移二极管	level-shifting diode	
14.028	晶体管	transistor	
14.029	合金晶体管	alloy transistor	
14.030	开关晶体管	switching transistor	
14.031	平面晶体管	planar transistor	
14.032	单结晶体管	unijunction transistor	
14.033	单极晶体管	unipolar transistor	
14.034	双极晶体管	bipolar transistor	
14.035	台面晶体管	mesa transistor	
14.036	塑封晶体管	epoxy transistor	
14.037	薄膜晶体管	thin film transistor, TFT	
14.038	弹道晶体管	ballistic transistor	
14.039	光电晶体管	phototransistor	
14.040	横向寄生晶体管	lateral parasitic transistor	
14.041	可渗基区晶体管	permeable base transistor	
14.042	热电子晶体管	hot electron transistor	
14.043	异质结晶体管	heterojunction transistor	
14.044	异质结双极晶体管	heterojunction bipolar transistor, HBT	
14.045	多晶硅发射极晶体管	polysilicon emitter transistor, PET	
14.046	超 β 晶体管	super β transistor	
14.047	达林顿功率管	Darlington power transistor	
14.048	晶闸管	thyristor	
14.049	双向晶闸管	bidirectional thyristor	
14.050	场效[应]晶体管	field effect transistor, FET	
14.051	绝缘栅场效晶体管	insulated gate field effect transistor, IGFET	
14.052	结型场效晶体管	junction field effect transistor	
14.053	耗尽型场效晶体管	depletion mode field effect transistor	
14.054	高电子迁移率场效晶体管	high electron mobility transistor, HEMT	
14.055	双栅场效晶体管	dual gate field effect transistor	
14.056	调制掺杂场效晶体管	modulation-doped field effect transistor, MODFET	
14.057	铁电场效晶体管	ferro-electric field effect	

序 码	汉 文 名	英 文 名	注 释
		transistor, FEFET	
14.058	增强型场效晶体管	enhancement mode field effect transistor	
14.059	MOS 场效晶体管	metal-oxide-semiconductor field effect transistor, MOSFET	又称"金属-氧化物-半导体场效晶体管"。
14.060	浮栅雪崩注入MOS 场效晶体管	floating gate avalanche injection MOSFET	
14.061	V 形槽 MOS 场效晶体管	V-groove MOS field effect transistor, VMOSFET	
14.062	埋沟 MOS 场效晶体管	buried-channel MOSFET	
14.063	金属－半导体场效晶体管	metal-semiconductor field effect transistor, MESFET	
14.064	金属－氮化物－氧化物－半导体场效晶体管	metal-nitride-oxide-semicon-ductor field effect transistor, MNOSFET	
14.065	金属－氧化铝－氧化物－半导体场效晶体管	metal-Al_2O_3-oxide-semicon-ductor field effect transistor, MAOSFET	
14.066	量子阱异质结激光器	quantum well heterojunction laser	
14.067	PNPN 负阻激光器	PNPN negative resistance laser	
14.068	转移电子器件	transferred electron device, TED	
14.069	热电器件	thermoelectric device	
14.070	等离子体耦合器件	plasma-coupled device, PCD	
14.071	电子束半导体器件	electron beam semiconductor device, EBS device	
14.072	高压硅堆	high voltage silicon stack	
14.073	光电池	photocell	
14.074	可控硅整流器	silicon controlled rectifier	
14.075	温差电致冷器	thermoelectric refrigerator	
14.076	发射结	emitter junction	
14.077	发射区	emitter region	
14.078	耗尽层	depletion layer	

序　码	汉　文　名	英　文　名	注　释
14.079	合金结	alloy junction	
14.080	基极	base	
14.081	基区	base region	
14.082	集电极	collector	
14.083	集电结	collector junction	
14.084	结电容	junction capacitance	
14.085	结电阻	junction resistance	
14.086	集电区	collector region	
14.087	反向击穿电压	reverse breakdown voltage	
14.088	夹断电压	pinch-off voltage	
14.089	阈值电压	threshold voltage	
14.090	阈值电流	threshold current	
14.091	开关时间	switching time	
14.092	开关损耗	switching loss	
14.093	抗烧毁能量	burn-out energy	
14.094	扩散电容	diffusion capacitance	
14.095	扩散激活能	activation energy of diffusion	
14.096	扩散势	diffusion potential	
14.097	扩散系数	diffusion coefficient	
14.098	热击穿	thermal breakdown	
14.099	势垒高度	barrier height	
14.100	特征频率	characteristic frequency	
14.101	内量子效率	internal quantum efficiency	
14.102	外量子效率	external quantum efficiency	
14.103	限累模式	limited space charge accumulation mode, LSA mode	
14.104	高场畴雪崩振荡	high-field domain avalanche oscillation	
14.105	正切灵敏度	tangential sensitivity	
14.106	内建势	built-in potential	
14.107	粒子数反转分布	distribution for population inversion	
14.108	漂移区	drift region	
14.109	MOS工艺	MOS process technology	
14.110	标准单元	standard cell	
14.111	集成电路	integrated circuit, IC	
14.112	小规模集成电路	small scale integrated circuit,	

序 码	汉 文 名	英 文 名	注 释
		SSI	
14.113	中规模集成电路	medium scale integrated circuit, MSI	
14.114	大规模集成电路	large scale integrated circuit, LSI	
14.115	超大规模集成电路	very lagre scale integrated circuit, VLSI	
14.116	超高速集成电路	very high speed integrated circuit, VHSI	
14.117	数字集成电路	digital integrated circuit	
14.118	模拟集成电路	analog integrated circuit	
14.119	单片集成电路	monolithic integrated circuit	
14.120	多片电路	multichip circuit	
14.121	线性集成电路	linear integrated circuit	
14.122	非线性集成电路	nonlinear integrated circuit	
14.123	分布参数集成电路	distributed parameter integrated circuit	
14.124	双极型集成电路	bipolar integrated circuit	
14.125	定制集成电路	customer designed IC	
14.126	半定制集成电路	semi-custom IC	
14.127	专用集成电路	application specific IC, ASIC	
14.128	三维集成电路	three dimensional integrated circuits	
14.129	微功耗集成电路	micropower integrated circuit	
14.130	微波集成电路	microwave integrated circuit	
14.131	微波单片集成电路	microwave monolithic integrated circuit, MMIC	
14.132	微波混合集成电路	microwave hybrid integrated circuit	
14.133	单片微波集成放大器	monolithic microwave intergrated amplifier	
14.134	硅栅 MOS 集成电路	silicon gate MOS integrated circuit	
14.135	CMOS 集成电路	complementary MOS intergrated circuit, CMOSIC	又称"互补 MOS 集成电路"。
14.136	钼栅 MOS 集成电路	molybdenum gate MOS integrated circuit	

序 码	汉 文 名	英 文 名	注 释
14.137	N 沟 MOS 集成电路	N-channel MOS integrated circuit	
14.138	N 阱 CMOS	N-well CMOS	
14.139	难熔金属栅 MOS 集成电路	refractory metal gate MOS integrated circuit	
14.140	P 沟 MOS 集成电路	P-channel MOS integrated circuit	
14.141	P 阱 CMOS	P-well CMOS	
14.142	双阱 CMOS	dual-well CMOS	
14.143	自对准 MOS 集成电路	self-aligned MOS integrated circuit	
14.144	电阻－电容－晶体管逻辑	resistor-capacitor-transistor logic, RCTL	
14.145	电阻－晶体管逻辑	resistor-transistor logic, RTL	
14.146	二极管－晶体管逻辑	diode-transistor logic, DTL	
14.147	晶体管－晶体管逻辑	transistor-transistor logic, TTL	
14.148	直接耦合晶体管逻辑	direct-coupled transistor logic, DCTL	
14.149	发射极耦合逻辑	emitter coupled logic, ECL	
14.150	阈逻辑电路	threshold logic circuit, TLC	
14.151	非阈逻辑	non-threshold logic, NTL	
14.152	高阈逻辑	high threshold logic, HTL	
14.153	可变阈逻辑	variable threshold logic, VTL	
14.154	互补晶体管逻辑	complementary transistor logic, CTL	
14.155	缓冲场效晶体管逻辑	buffered FET logic, BFL	
14.156	抗饱和型逻辑	anti-saturated logic	
14.157	三态逻辑	tristate logic, TSL	
14.158	约瑟夫森隧道逻辑	Josephson tunneling logic	
14.159	增强－耗尽型逻辑	enhancement-depletion mode logic	
14.160	衬底馈电逻辑	substrate fed logic, SFL	

序　码	汉　文　名	英　文　名	注　释
14.161	垂直注入逻辑	vertical injection logic, VIL	
14.162	集成注入逻辑	integrated injection logic, I²L	
14.163	等平面集成注入逻辑	isoplanar integrated injection logic, IIIL	
14.164	肖特基集成注入逻辑	Schottky integrated injection logic, SIIL	
14.165	电流开关型逻辑	current-switching mode logic, CML	
14.166	焦平面阵列	focal plane array	
14.167	微处理器	microprocessor	
14.168	单片计算机	monolithic computer	
14.169	中央处理器	central processing unit, CPU	
14.170	算术逻辑部件	arithmetic logic unit, ALU	
14.171	随机[存取]存储器	random asccess memory, RAM	
14.172	静态随机[存取]存储器	static random access memory, SRAM	
14.173	动态随机[存取]存储器	dynamic random access memory, DRAM	
14.174	只读存储器	read-only memory, ROM	
14.175	可编程只读存储器	programmable read only memory, PROM	
14.176	可擦编程只读存储器	erasable programmable read only memory, EPROM	
14.177	电可擦编程只读存储器	electrically-erasable programmable read only memory, EEPROM	
14.178	非逸失性半导体存储器	non-volatile semiconductor memory	又称"非挥发性半导体存储器"。
14.179	单管单元存储器	single transistor memory	
14.180	双极存储器	bipolar memory	
14.181	电荷耦合器件存储器	CCD memory	
14.182	MOS 存储器	MOS memory	
14.183	叠栅雪崩注入 MOS 存储器	stack-gate avalanche injection type MOS memory, SAMOS memory	

序　码	汉　文　名	英　文　名	注　释
14.184	浮栅雪崩注入 MOS 存储器	floating gate avalanche injection type MOS memory, FAMOS memory	
14.185	存储器地址寄存器	memory address register	
14.186	与或堆栈寄存器	and/or stack register	
14.187	分时地址缓冲器	nibble address buffer	
14.188	读出放大器	sense amplifier	
14.189	行译码器	row decoder	
14.190	列译码器	column decoder	
14.191	硅编译器	silicon compiler	
14.192	硅汇编程序	silicon assembler	
14.193	可编程逻辑器件	programmable logic device, PLD	
14.194	可编程逻辑阵列	programmable logic array, PLA	
14.195	门阵列	gate array	
14.196	门海	sea of gate	
14.197	三态缓冲器	tristate buffer	
14.198	时钟发生器	clock generator	
14.199	内建诊断电路	built-in diagnostic circuit	
14.200	电子电话电路	electronic telephone circuit, ETC	
14.201	模拟乘法器	analog multiplier	
14.202	电荷耦合器件	charge coupled device, CCD	
14.203	电荷耦合成象器件	charge coupled imaging device	
14.204	电荷注入器件	charge injection device, CID	
14.205	电荷引发器件	charge priming device, CPD	
14.206	电荷转移器件	charge transfer device, CTD	
14.207	电压控制雪崩振荡器	voltage controlled avalanche oscillator	
14.208	斗链器件	bucket brigade device, BBD	
14.209	固体电路	solid state circuit	
14.210	环形振荡器	ring oscillator	
14.211	恢复电路	restore circuit	
14.212	图象抑制混频器	image rejection mixer	
14.213	可编程横向滤波器	programmable transversal filter, PTF	
14.214	视频处理器	video processor	

序　码	汉　文　名	英　文　名	注　释
14.215	视频信号处理电路	video processing circuit	
14.216	数字用户线滤波器	digital subscriber filter	
14.217	用户专线接口电路	subscriber line interface circuit	
14.218	正常关断器件	normally off device	
14.219	正常开启器件	normally on device	
14.220	自恢复自举驱动电路	self-restoring bootstrapped drive circuit	
14.221	升压高电平时钟发生器	boosted-high level clock generator	
14.222	自举电容器	bootstrap capacitor	
14.223	电荷耦合器件延迟线	CCD delay line	
14.224	带式自动键合封装	tape automated bond package, TAB package	
14.225	单元尺寸	cell size	
14.226	地址存取时间	address access time	
14.227	电荷泵	charge pump	
14.228	集成度	integrity	
14.229	开关电容器	switched capacitor	
14.230	轻掺杂漏极技术	lightly doped drain technology, LDD technology	
14.231	逻辑摆幅	logic swing	
14.232	门传输延迟	gate propagation delay	
14.233	模拟能力	analog capability	
14.234	母片	master slice	
14.235	保护环	guard ring	
14.236	冗余技术	redundant technique	
14.237	软失效率	soft error rate	
14.238	扇入	fan-in	
14.239	扇出	fan-out	
14.240	刷新周期	refresh cycle	
14.241	双列直插式封装	dual in-line package, DIP	
14.242	闩锁效应	latch-up	
14.243	TTL 兼容性	TTL compatibility	

序　码	汉　文　名	英　文　名	注　释
14.244	位线	bit line	
14.245	芯片尺寸	chip size	
14.246	虚设单元	dummy cell	
14.247	页分段模式	page-nibble mode	
14.248	页模式	page mode	
14.249	无源元件	passive component	
14.250	有源元件	active component	
14.251	预充电周期	precharge cycle	
14.252	语音网络	speech network	
14.253	噪声容限	noise margin	
14.254	周期时间	cycle time	
14.255	转换率	transfer ratio	
14.256	字线	word line	
14.257	伴随模型	companion model	
14.258	按比例缩小	scaling-down	
14.259	标准单元法	standard cell method	
14.260	波形松弛法	waveform relaxation method	
14.261	场氧化层	field oxide	
14.262	衬底偏置	substrate bias	
14.263	短沟效应	short channel effect	
14.264	多元胞法	polycell method	
14.265	埃伯斯－莫尔模型	Ebers-Moll model	
14.266	符号布图法	symbolic layout method	
14.267	工艺模拟	processing simulation	
14.268	根梅尔－普恩模型	Gummel-Poon model	
14.269	简约关联矩阵	reduced incidence matrix	
14.270	结点分析法	nodal analysis method	
14.271	漏极电导	drain conductance	
14.272	逻辑模拟	logic simulation	
14.273	门阵列法	gate array method	
14.274	宏单元	macro cell	
14.275	仿真器	simulator	又称"模拟器"。
14.276	MOSFET 衬偏效应	substrate bias effect of MOSFET	
14.277	任意单元法	arbitrary cell method	

序　码	汉　文　名	英　文　名	注　释
14.278	时序模拟	timing simulation	
14.279	模型参数提取	extraction of model parameters	
14.280	窄沟效应	narrow channel effect	
14.281	分级设计法	hierarchical design method	
14.282	电路提取	circuit extraction	
14.283	存储电容	storage capacitance	
14.284	计算机辅助设计	computer aided design, CAD	
14.285	计算机辅助测试	computer aided testing, CAT	
14.286	计算机辅助制造	computer aided manufacture, CAM	
14.287	布图规则检查	layout rule check, LRC	
14.288	自动布局布线	automatic placement and routing	
14.289	启发式布线	heuristic routing	
14.290	自动布图设计系统	layout design automation system, DA system	又称"自动版图设计系统"。
14.291	积木式布图系统	building-block layout system	
14.292	交互式布图系统	interactive layout system	
14.293	取样数据系统	sampled data system	

15. 电子元器件工艺与分析技术

序　码	汉　文　名	英　文　名	注　释
15.001	晶片	wafer	又称"圆片"。
15.002	衬底	substrate	
15.003	主平面	primary flat	
15.004	次平面	secondary flat	
15.005	切片	slicing	
15.006	清洗	cleaning	
15.007	双面研磨	two-sided lapping	
15.008	直径研磨	diameter grinding	
15.009	抛光	polishing	
15.010	化学机械抛光	chemico-mechanical polishing	
15.011	化学抛光	chemical polishing	
15.012	机械抛光	mechanical polishing	
15.013	电抛光	electropolishing	
15.014	离子束抛光	ion beam polishing	

序　码	汉　文　名	英　文　名	注　释
15.015	二氧化硅乳胶抛光	silica colloidal polishing	
15.016	吸杂	gettering	又称"吸除"。
15.017	本征吸杂工艺	intrinsic gettering technology	
15.018	损伤吸杂工艺	damage gettering technology	
15.019	损伤感生缺陷	damage induced defect	
15.020	容错	fault tolerant	
15.021	离子镀	ion plating	
15.022	离子束镀	ion beam coating, IBC	
15.023	射频离子镀	RF ion plating	
15.024	离子束淀积	ion beam deposition, IBD	
15.025	离子束外延	ion beam epitaxy, IBE	
15.026	离子团束淀积	ionized-cluster beam deposition, ICBD	
15.027	离子团束外延	ionized-cluster beam epitaxy, ICBE	
15.028	薄膜淀积	thin film deposition	
15.029	激光感生 CVD	laser-induced chemical vapor deposition, LICVD	
15.030	热分解淀积	thermal decomposition deposition	
15.031	共淀积	codeposition	
15.032	等离子[体]增强 CVD	plasma-enhanced CVD, PECVD	
15.033	低压 CVD	low pressure chemical vapor deposition, LPCVD	
15.034	低压等离子[体]淀积	low pressure plasma deposition	
15.035	淀积率	deposition rate	
15.036	成核	nucleation	
15.037	增密工艺	thickening technology	
15.038	针孔	pinhole	
15.039	冷壁反应器	cold wall reactor	
15.040	热壁反应器	hot wall reactor	
15.041	气相质量转移系数	gas-phase mass transfer coefficient	又称"气相传质系数"。
15.042	界面反应率常数	interface reaction-rate constant	
15.043	表面反应控制	surface reaction control	

序　码	汉　文　名	英　文　名	注　释
15.044	台阶覆盖	step-coverage	
15.045	二氧化硅	silicon dioxide	
15.046	热氧化	thermal oxidation	
15.047	干氧氧化	dry-oxygen oxidation	
15.048	湿氧氧化	wet-oxygen oxidation	
15.049	水汽氧化	steam oxidation	
15.050	减压氧化	reduced pressure oxidation	
15.051	高压氧化	high pressure oxidation	
15.052	等离子[体]氧化	plasma oxidation	
15.053	选择氧化	selective oxidation	
15.054	生长率	growth rate	
15.055	正硅酸乙酯	tetraethoxysilane, TEOS	
15.056	石英反应室	quartz reaction chamber	
15.057	石墨承热器	graphite susceptor	
15.058	阳极氧化法	anode oxidation method	
15.059	加热合成氧化技术	pyrogenic technique of oxidation	
15.060	氧化增强扩散	oxidation-enhanced diffusion, OED	
15.061	氧化掩模	oxidation mask	
15.062	氧化层陷阱电荷	oxide trapped charge	
15.063	氧化感生缺陷	oxidation-induced defect	
15.064	氧化感生堆垛层错	oxidation-induced stacking fault	
15.065	界面陷阱电荷	interface trapped charge	
15.066	隔离工艺	isolation technology	
15.067	等平面隔离	isoplanar isolation	
15.068	V 形槽隔离	V-groove isolation	
15.069	外延隔离	epitaxial isolation	
15.070	介质击穿	dielectric breakdown	
15.071	介质隔离	dielectric isolation	
15.072	PN 结隔离	PN junction isolation	
15.073	平面工艺	planar technology	
15.074	等平面工艺	isoplanar process	
15.075	自隔离	self-isolation	
15.076	自对准隔离工艺	self-aligned isolation process	
15.077	静电保护	electrostatic protection	

序　码	汉　文　名	英　文　名	注　释
15.078	静电放电损伤	electrostatic discharge damage	
15.079	溅射	sputtering	
15.080	直流溅射	direct current sputtering	
15.081	等离子[体]溅射	plasma sputtering	
15.082	射频溅射	radio frequency sputtering	
15.083	磁控溅射	magnetron sputtering	
15.084	共溅射	cosputtering	
15.085	反应溅射	reactive sputtering	
15.086	真空蒸发	vacuum evaporation	
15.087	反应蒸发	reactive evaporation	
15.088	离子束蒸发	ion beam evaporation	
15.089	电子束蒸发	electron beam evaporation	
15.090	共蒸发	coevaporation	
15.091	元素靶	element target	
15.092	复合靶	composite target	
15.093	离子轰击	ion bombardment	
15.094	薄栅氧化层	thin gate oxide	
15.095	迪尔－格罗夫模型	Deal-Grove model	
15.096	氮氧化硅	silicon oxynitride	
15.097	多晶硅－硅化物栅	polycide gate	
15.098	多孔硅氧化隔离	isolation by oxidized porous silicon, IOPS	
15.099	硅化物	silicide	
15.100	二硅化物	disilicide	
15.101	硅栅	silicon gate	
15.102	硅栅 N 沟道技术	silicon gate N-channel technique	
15.103	硅栅自对准工艺	silicon gate self-aligned technology	
15.104	钼栅工艺	molybdenum gate technology	
15.105	难熔金属硅化物	refractory metal silicide	
15.106	扩散	diffusion	
15.107	预扩散	prediffusion	
15.108	自扩散	self-diffusion	
15.109	外扩散	outdiffusion	

序　码	汉　文　名	英　文　名	注　释
15.110	双扩散	double diffusion	
15.111	间隙扩散	interstitial diffusion	
15.112	替位扩散	substitutional diffusion	
15.113	选择扩散	selective diffusion	
15.114	掩蔽扩散	masked diffusion	
15.115	场助扩散	field-aided diffusion	
15.116	箱法扩散	box diffusion	
15.117	闭管真空扩散	closed ampoule vacuum diffusion	
15.118	液态源扩散	liquid source diffusion	
15.119	气态源扩散	gas source diffusion	
15.120	空位流	vacancy flow	
15.121	扩散控制	diffusion control	
15.122	扩散工艺	diffusion technology	
15.123	掺杂	doping	
15.124	自掺杂	autodoping	
15.125	掺杂剂	dopant	
15.126	选择掺杂	selective doping	
15.127	光掺杂	photodoping	
15.128	中子嬗变掺杂	neutron transmutation doping, NTD	
15.129	杂质浓度	impurity concentration	
15.130	杂质扩散	diffusion of impurities	
15.131	掺杂多晶硅扩散	doped polycrystalline silicon diffusion	
15.132	掺杂氧化物扩散	doped oxide diffusion	
15.133	表面浓度	surface concentration	
15.134	浓度[剖面]分布	concentration profile	
15.135	余误差函数分布	complementary error function distribution	
15.136	结深	junction depth	
15.137	扩展电阻	spreading resistance	
15.138	浅结工艺	shallow junction technology	
15.139	发射区陷落效应	emitter dipping effect	
15.140	埋层	buried layer	
15.141	图形发生器	pattern generator	
15.142	离子源	ion source	
15.143	离子注入	ion implantation	

序　码	汉文名	英文名	注　释
15.144	离子注入机	ion implanter	
15.145	LSS 理论	Lindhand Scharff and Schiott theory	又称"林汉德－斯卡夫-斯高特理论"。
15.146	沟道效应	channeling effect	
15.147	射程分布	range distribution	
15.148	深度分布	depth distribution	
15.149	投影射程	projected range	
15.150	阻止距离	stopping distance	
15.151	阻止本领	stopping power	
15.152	标准阻止截面	standard stopping cross section	
15.153	退火	annealing	
15.154	激活能	activation energy	
15.155	等温退火	isothermal annealing	
15.156	激光退火	laser annealing	
15.157	应力感生缺陷	stress-induced defect	
15.158	择优取向	preferred orientation	
15.159	制版工艺	mask-making technology	
15.160	图形畸变	pattern distortion	
15.161	初缩	first minification	
15.162	精缩	final minification	
15.163	母版	master mask	
15.164	铬版	chromium plate	
15.165	干版	dry plate	
15.166	乳胶版	emulsion plate	
15.167	透明版	see-through plate	
15.168	高分辨率版	high resolution plate, HRP	
15.169	超微粒干版	plate for ultra-microminiaturiza- tion	
15.170	掩模	mask	
15.171	掩模对准	mask alignment	
15.172	对准精度	alignment precision	
15.173	光刻胶	photoresist	又称"光致抗蚀剂"。
15.174	负性光刻胶	negative photoresist	
15.175	正性光刻胶	positive photoresist	
15.176	无机光刻胶	inorganic resist	
15.177	多层光刻胶	multilevel resist	
15.178	电子束光刻胶	electron beam resist	

序　码	汉　文　名	英　文　名	注　释
15.179	X 射线光刻胶	X-ray resist	
15.180	刷洗	scrubbing	
15.181	甩胶	spinning	
15.182	涂胶	photoresist coating	
15.183	后烘	postbaking	
15.184	光刻	photolithography	
15.185	X 射线光刻	X-ray lithography	
15.186	电子束光刻	electron beam lithography	
15.187	离子束光刻	ion beam lithography	
15.188	深紫外光刻	deep-UV lithography	
15.189	光刻机	mask aligner	
15.190	投影光刻机	projection mask aligner	
15.191	曝光	exposure	
15.192	接触式曝光法	contact exposure method	
15.193	接近式曝光法	proximity exposure method	
15.194	光学投影曝光法	optical projection exposure method	
15.195	电子束曝光系统	electron beam exposure system	
15.196	分步重复系统	step-and-repeat system	
15.197	显影	development	
15.198	线宽	linewidth	
15.199	去胶	stripping of photoresist	
15.200	氧化去胶	removing of photoresist by oxidation	
15.201	等离子[体]去胶	removing of photoresist by plasma	
15.202	边缘效应	side effect	
15.203	刻蚀	etching	
15.204	干法刻蚀	dry etching	
15.205	反应离子刻蚀	reactive ion etching, RIE	
15.206	各向同性刻蚀	isotropic etching	
15.207	各向异性刻蚀	anisotropic etching	
15.208	反应溅射刻蚀	reactive sputter etching	
15.209	离子铣	ion beam milling	又称"离子磨削"。
15.210	等离子[体]刻蚀	plasma etching	
15.211	钻蚀	undercutting	
15.212	剥离技术	lift-off technology	又称"浮脱工艺"。
15.213	终点监测	endpoint monitoring	
15.214	金属化	metallization	

序　码	汉　文　名	英　文　名	注　释
15.215	互连	interconnection	
15.216	多层金属化	multilevel metallization	
15.217	电迁徙	electromigration	
15.218	回流	reflow	
15.219	磷硅玻璃	phosphorosilicate glass	
15.220	硼磷硅玻璃	boron-phosphorosilicate glass	
15.221	钝化工艺	passivation technology	
15.222	多层介质钝化	multilayer dielectric passivation	
15.223	划片	scribing	
15.224	电子束切片	electron beam slicing	
15.225	烧结	sintering	
15.226	印压	indentation	
15.227	热压焊	thermocompression bonding	
15.228	热超声焊	thermosonic bonding	
15.229	冷焊	cold welding	
15.230	点焊	spot welding	
15.231	球焊	ball bonding	
15.232	楔焊	wedge bonding	
15.233	内引线焊接	inner lead bonding	
15.234	外引线焊接	outer lead bonding	
15.235	梁式引线	beam lead	
15.236	装架工艺	mounting technology	
15.237	附着	adhesion	
15.238	封装	packaging	
15.239	金属封装	metallic packaging	
15.240	陶瓷封装	ceramic packaging	
15.241	扁平封装	flat packaging	
15.242	塑封	plastic package	
15.243	玻璃封装	glass packaging	
15.244	微封装	micropackaging	又称"微组装"。
15.245	管壳	package	
15.246	管芯	die	
15.247	引线键合	lead bonding	
15.248	引线框式键合	lead frame bonding	
15.249	带式自动键合	tape automated bonding, TAB	
15.250	激光键合	laser bonding	
15.251	超声键合	ultrasonic bonding	

序 码	汉 文 名	英 文 名	注 释
15.252	红外键合	infrared bonding	
15.253	椭偏仪法	ellipsometry method	
15.254	滚槽法	rolled groove method	
15.255	磨角染色法	angle lap-stain method	
15.256	红外干涉法	infrared interference method	
15.257	电容电压法	capacitance voltage method, CV method	
15.258	故障诊断	failure diagnosis	
15.259	工艺过程监测	processing monitoring	
15.260	成品率	yield	
15.261	洁净室	clean room	
15.262	洁净台	clean bench	
15.263	超纯水	ultra pure water	
15.264	超过滤	ultrafiltration	
15.265	去离子水	deionized water	
15.266	反渗透	reverse osmosis	
15.267	毛细成形技术	capillary action-shaping technique, CAST	
15.268	膜过滤	membrane filtration	
15.269	激光再结晶	laser recrystallization	
15.270	蓝宝石上硅薄膜	silicon on sapphire, SOS	
15.271	绝缘体上硅薄膜	silicon on insulator, SOI	
15.272	扭折	kink	
15.273	沉降分析法	sedimentation analysis	
15.274	老化	ageing	
15.275	成型	forming, shaping	
15.276	定向	orientation	
15.277	封口	sealing	
15.278	化学共沉淀工艺	chemical coprecipitation process	
15.279	化学液相淀积	chemical liquid deposition, CLD	
15.280	挤压	extrusion	
15.281	磨球面	contouring	
15.282	磨圆	rounding	
15.283	磨边	edging	
15.284	捏练	pugging	
15.285	喷雾干燥	spray drying	
15.286	去蜡	dewaxing	

序　码	汉 文 名	英 文 名	注　释
15.287	排气	evacuating	
15.288	热压铸	injection moulding	
15.289	热压	hot pressing	
15.290	热挤压	hot extrusion	
15.291	筛分析法	sieve analysis	
15.292	上釉	glazing	
15.293	匣钵	sagger	
15.294	修整	trimming	
15.295	预烧	calcination	
15.296	压滤	filter-press	
15.297	预压	prepressing	
15.298	振动磨	vibration milling	
15.299	选粒	granulation	
15.300	注浆	slip-casting	
15.301	轧膜	roll forming	
15.302	差热分析	differential thermal analysis, DTA	
15.303	中子活化分析	neutron activation analysis, NAA	
15.304	离子探针	ion microprobe	
15.305	离子微分析	ion microanalysis	
15.306	俄歇电子能谱〔学〕	Auger electron spectroscopy, AES	
15.307	内反射谱〔学〕	internal reflection spectroscopy, IRS	
15.308	外反射谱〔学〕	external reflection spectroscopy, ERS	
15.309	光声拉曼谱〔学〕	photoacoustic Raman spectroscopy, PARS	
15.310	低能电子衍射	low energy electron diffraction, LEED	
15.311	反射高能电子衍射	reflection high energy electron diffraction, RHEED	
15.312	透射高能电子衍射	transmission high energy electron diffraction, THEED	
15.313	紫外光电子能谱〔学〕	UV photoelectron spectroscopy, UPS	
15.314	X 射线光电子能	X-ray photoelectron spectrosco-	

序　码	汉　文　名	英　文　名	注　　释
	谱[学]	py，XPS	
15.315	离子散射谱[学]	ion scattering spectroscopy，ISS	
15.316	二次离子质谱[学]	secondary ion mass spectroscopy，SIMS	
15.317	中能电子衍射	medium energy electron diffraction，MEED	
15.318	出现电势谱[学]	appearance potential spectroscopy，APS	
15.319	电子探针	electron microprobe	
15.320	化学分析电子能谱[学]	electron spectroscopy for chemical analysis，ESCA	又称"光电子能谱法"。
15.321	场致发射显微镜[学]	field emission microscopy，FEM	
15.322	场致离子质谱[学]	field ion mass spectroscopy，FIMS	
15.323	离子中和谱[学]	ion neutralization spectroscopy，INS	
15.324	扫描俄歇电子能谱[学]	scanning Auger electron spectroscopy，SAES	
15.325	扫描电子显微镜[学]	scanning electron microscopy，SEM	
15.326	热解吸质谱[术]	thermal desorption mass spectrometry，TDMS	
15.327	X 射线微分析	X-ray microanalysis	
15.328	广延 X 射线吸收精细结构	extended X-ray absorption fine structure，EXAFS	
15.329	卢瑟福背散射谱[学]	Rutherford backscattering spectroscopy，RBS	
15.330	深能级瞬态谱[学]	deep level transient spectroscopy，DLTS	
15.331	光声光谱[学]	photoacoustic spectroscopy，PAS	
15.332	低能离子散射	low energy ion scattering，LEIS	
15.333	火花源质谱[术]	spark source mass spectrometry，SSMS	
15.334	电子能量损失能谱[学]	electron energy loss spectroscopy，EELS	
15.335	电子自旋共振谱	electron spin resonance spectros-	

序　码	汉　文　名	英　文　名	注　释
	［学］	copy, ESRS	
15.336	电子核子双共振谱［学］	electron nuclear double resonance spectroscopy, ENDORS	
15.337	电子双共振谱［学］	electron double resonance spectroscopy, ELDORS	
15.338	飞行时间质谱仪	time-of-flight mass spectrometer	
15.339	双聚焦质谱仪	double-focusing mass spectrometer	
15.340	回旋质谱仪	omegatron mass spectrometer	
15.341	射频质谱仪	radio frequency mass spectrometer	
15.342	余摆线聚焦质谱仪	trochoidal focusing mass spectrometer	
15.343	四极质谱仪	quadrupole mass spectrometer, QMS	
15.344	激光探针质量分析仪	laser microprobe mass analyser, LAMMA	
15.345	离子回旋共振加热	ion cyclotron resonance heating, ICRH	
15.346	电子回旋共振加热	electron cyclotron resonance heating, ECRH	

16.　量子电子学与光电子学

序　码	汉　文　名	英　文　名	注　释
16.001	激光	laser	
16.002	激光器	laser	
16.003	超快光电子学	ultrafast opto-electronics	
16.004	饱和参量	saturation parameter	
16.005	部分反转	partial inversion	
16.006	泵浦	pumping	又称"抽运"。
16.007	光泵	optical pump	
16.008	光泵浦	optical pumping	
16.009	电子束泵浦	electron beam pumping, EBP	
16.010	端泵浦	end-pumping	
16.011	二极管泵浦	diode pumping	

序　码	汉 文 名	英 文 名	注　释
16.012	核泵浦	nuclear pumping	
16.013	化学泵浦	chemical pumping	
16.014	注入式泵浦	injection pumping	
16.015	激光泵浦	laser pumping	
16.016	日光泵浦	solar pumping	
16.017	面泵浦	face pumping	
16.018	泵浦效率	pumping efficiency	
16.019	泵浦速率	pumping rate	
16.020	泵浦速率分布	pump rate distribution	
16.021	激光振荡条件	laser oscillation condition	
16.022	激光线宽	laser linewidth	
16.023	荧光线宽	fluorescence linewidth	
16.024	自然线宽	natural linewidth	
16.025	均匀展宽	homogeneous broadening	
16.026	非均匀展宽	inhomogeneous broadening	
16.027	多普勒展宽	Doppler broadening	
16.028	碰撞展宽	collision broadening	
16.029	超辐射	superradiance	
16.030	全反转	total inversion, complete inversion	
16.031	粒子数反转	population inversion	
16.032	小信号增益	small-signal gain	
16.033	增益饱和	gain saturation	
16.034	单模工作	single mode operation	
16.035	反兰姆凹陷	inverted Lamb dip	
16.036	负吸收	negative absorption	
16.037	高斯束	Gaussian beam	
16.038	光孤子	optical soliton	
16.039	激活媒质	active medium	
16.040	脉冲尖峰	pulse spike	
16.041	斜率效率	slope efficiency	
16.042	热透镜补偿	thermal-lensing compensation	
16.043	三能级系统	three-level system	
16.044	四能级系统	four-level system	
16.045	烧孔效应	hole-burning effect	
16.046	压缩态	squeezed state	
16.047	阈电流密度	threshold current density	
16.048	受激发射	stimulated emission	

序　码	汉　文　名	英　文　名	注　释
16.049	自发发射	spontaneous emission	
16.050	受激吸收	stimulated absorption	
16.051	自发辐射放大	amplification of spontaneous emission	
16.052	X射线激光器	X-ray laser	
16.053	半导体激光器	semiconductor laser	
16.054	波导式气体激光器	waveguide gas laser	
16.055	重复频率激光器	repetitive frequency laser	
16.056	单脉冲激光器	single pulse laser	
16.057	单频激光器	single frequency laser	
16.058	单异质结激光器	single heterojunction laser	
16.059	氮分子激光器	nitrogen molecular laser	
16.060	电子束泵浦半导体激光器	electron-beam pumped semiconductor laser	
16.061	多量子阱半导体激光器	MQW semiconductor laser	
16.062	铒激光器	erbium laser	
16.063	二氧化碳激光器	carbon dioxide laser	又称"CO_2激光器"。
16.064	分布反馈半导体激光器	distributed-feedback semiconductor laser, DBF semiconductor laser	
16.065	分布反馈激光器	distributed feedback laser, DBF laser	
16.066	分子气体激光器	molecular gas laser	
16.067	高压可调谐CO_2激光器	high pressure tunable CO_2 laser	
16.068	固体激光器	solid state laser	
16.069	孤子激光器	soliton laser	
16.070	过磷酸钕激光器	neodymium pentaphosphate laser	
16.071	氦镉激光器	helium cadmium laser	
16.072	氦氖激光器	helium neon laser	
16.073	横向激励大气压CO_2激光器	transversely excited atmospheric pressure CO_2 laser	又称"TEA CO_2激光器"。
16.074	红宝石激光器	ruby laser	
16.075	化学激光器	chemical laser	
16.076	激光振荡器	laser oscillator	

序　码	汉　文　名	英　文　名	注　释
16.077	金属蒸气激光器	metal vapor laser	
16.078	巨脉冲激光器	giant pulse laser	
16.079	拉曼激光器	Raman laser	
16.080	气体激光器	gas laser	
16.081	离子气体激光器	ion gas laser	
16.082	双频气体激光器	two-frequency gas laser	
16.083	氩离子激光器	argon ion laser	
16.084	一氧化碳激光器	CO laser	
16.085	流动式 CO_2 激光器	flowing gas CO_2 laser	
16.086	铝酸钇激光器	yttrium aluminate laser	
16.087	脉冲气动激光器	pulsed gasdynamic laser	
16.088	内腔式气体激光器	intracavity gas laser	
16.089	钕玻璃激光器	neodymium glass laser	
16.090	钕晶体激光器	neodymium crystal laser	
16.091	盘形激光器	disk laser	
16.092	条形激光器	slab laser, stripe type laser	
16.093	气动激光器	gasdynamic laser	
16.094	光纤激光器	fiber laser	
16.095	染料激光器	dye laser	
16.096	色心激光器	color center laser	
16.097	砷化镓 PN 结注入式激光器	GaAs PN junction injection laser	
16.098	双异质结激光器	double heterojunction laser	
16.099	调频激光器	frequency-modulating laser	
16.100	同质结激光器	homojunction laser	
16.101	液体激光器	liquid laser	
16.102	钇铝石榴石激光器	yttrium aluminium garnet laser, YAG laser	
16.103	远红外激光器	far-infrared laser	
16.104	有机螯合物液体激光器	organic chelate liquid laser	
16.105	自旋反转拉曼激光器	spin-flip Raman laser	
16.106	自由电子激光器	free electron laser, FEL	
16.107	紫外激光器	ultraviolet laser, UV laser	

序　码	汉　文　名	英　文　名	注　释
16.108	分布布拉格反射型激光器	distributed Bragg reflection type laser, DBR type laser	
16.109	准分子激光器	excimer laser	
16.110	半共焦谐振腔	half-confocal resonator	
16.111	半共心谐振腔	half-concentric resonator	
16.112	法布里－珀罗谐振腔	Fabry-Perot resonator	
16.113	非稳定谐振腔	unstable resonator	
16.114	高阶模	high-order mode	
16.115	共焦谐振腔	confocal resonator	
16.116	共心谐振腔	concentric resonator	
16.117	光学谐振腔	optical resonator, optical cavity	
16.118	横模	transverse mode	
16.119	纵模	longitudinal mode	
16.120	模[式]简并	mode degeneracy	
16.121	模[式]竞争	mode competition	
16.122	模[式]牵引效应	mode pulling effect	
16.123	模体积	mode volume	
16.124	模[式]跳变	mode hopping	
16.125	稳定谐振腔	stable resonator	
16.126	无源谐振腔	passive cavity	
16.127	菲涅耳数	Fresnel number	
16.128	衍射损耗	diffraction loss	
16.129	二次谐波发生	second harmonic generation, SHG	
16.130	非线性光混频	nonlinear photomixing	
16.131	非线性光学	nonlinear optics	
16.132	非线性光学效应	nonlinear optical effect	
16.133	非线性光学晶体	nonlinear optical crystal	
16.134	光参量放大	optical parametric amplification	
16.135	光参量振荡	optical parametric oscillation	
16.136	光学双稳态器件	optical bistable device	
16.137	相位匹配角	phase matching angle	
16.138	频率上转换	frequency up-conversion	
16.139	四波混频	four-wave mixing	
16.140	受激布里渊散射	stimulated Brillouin scattering, SBS	
16.141	受激拉曼散射	stimulated Raman scattering, SRS	

序　码	汉　文　名	英　文　名	注　　释
16.142	相位共轭	phase conjugation	
16.143	集成光电子学	integrated optoelectronics	
16.144	光电集成电路	optoelectronic IC, OEIC	
16.145	超短光脉冲	ultrashort light pulse	
16.146	Q 开关	Q-switching	
16.147	染料 Q 开关	dye Q-switching	
16.148	声光 Q 开关	acoustooptic Q-switching	
16.149	转镜式 Q 开关	rotating mirror Q-switching	
16.150	电光 Q 开关	electrooptic Q-switching	
16.151	可饱和吸收 Q 开关	saturable absorption Q-switching	
16.152	短腔选模	mode selection by short cavity	
16.153	光脉冲压缩技术	compression technique of light pulse	
16.154	光偏置	optical biasing	
16.155	光偏转	light deflection	
16.156	光调制器	optical modulator	
16.157	横模锁定	transverse mode-locking	
16.158	激光放大器	laser amplifier	
16.159	巨脉冲技术	giant pulse technique	
16.160	克尔盒	Kerr cell	
16.161	兰姆凹陷	Lamb dip	
16.162	耦合腔技术	coupled cavity technique	
16.163	泡克耳斯盒	Pockels cell	
16.164	腔倒空	cavity dumping	
16.165	锁模	mode locking	
16.166	被动锁模	passive mode-locking	
16.167	消光比	extinction ratio	
16.168	横模选择	transverse mode selection	
16.169	选模技术	mode selection technique	
16.170	纵模选择	longitudinal mode selection	
16.171	自锁模	self mode-locking	
16.172	注入锁定技术	injection locking technique	
16.173	斑点效应	speckle effect	
16.174	波前再现	wavefront reconstruction	
16.175	参考波束	reference wave beam	
16.176	多光子吸收	multi-photon absorption	

序　码	汉　文　名	英　文　名	注　释
16.177	光频标	optical frequency standard	
16.178	光频频分复用	optical frequency division multiplexing	
16.179	光信息处理	optical information processing	
16.180	光外差探测	optical heterodyne detection	
16.181	光零差探测	optical homodyne detection	
16.182	光学存储	optical storage	
16.183	光子回波	photon echo	
16.184	光学章动	optical nutation	
16.185	光自陷	light self-trapping	
16.186	集成光学	integrated optics	
16.187	激光测距	laser ranging	
16.188	激光测云仪	laser ceilometer	
16.189	激光传输	laser transmission	
16.190	激光打孔	laser drilling	
16.191	激光多普勒雷达	laser Doppler radar	
16.192	激光分离同位素	laser isotope separation	
16.193	激光干涉仪	laser interferometer	
16.194	激光光谱[学]	laser spectroscopy	
16.195	激光焊接	laser welding	
16.196	激光核聚变	laser fusion	
16.197	激光加工	laser processing	
16.198	激光刻槽	laser grooving	
16.199	激光破碎	laser fracturing	
16.200	激光切割	laser cutting	
16.201	激光染料	laser dye	
16.202	激光损伤	laser damage	
16.203	激光通信	laser communication	
16.204	激光陀螺	laser gyro	
16.205	激光引发等离子体	laser-produced plasma	
16.206	激光蒸发	laser evaporation	
16.207	激光淀积	laser deposition	
16.208	激活光纤	active optical fiber	
16.209	晶体光纤	crystal fiber	
16.210	全息术	holography	
16.211	李普曼全息术	Lippmann holography	

序 码	汉 文 名	英 文 名	注 释
16.212	离轴全息术	off-axis holography	
16.213	同轴全息术	in-line holography	
16.214	全息掩模技术	holographic mask technology	
16.215	全息图	hologram	
16.216	染料池	dye cell	
16.217	双光子吸收	two-photon absorption	
16.218	双光子荧光法	two-photon fluorescence method	
16.219	水下激光雷达	underwater laser radar	
16.220	米氏散射激光雷达	Mie's scattering laser radar	
16.221	全息信息存储	holographic information storage	
16.222	物体波	object wave	
16.223	相干探测	coherent detection	
16.224	自聚焦	self-focusing	
16.225	自聚焦光纤	self-focusing optical fiber	

17. 电子测量与仪器

序 码	汉 文 名	英 文 名	注 释
17.001	电子测量	electronic measurements	
17.002	电子仪器仪表	electronic instruments	
17.003	频域测量	frequency domain measurement	
17.004	时域测量	time domain measurement	
17.005	数[据]域测量	data domain measurement	
17.006	计量	metrology	
17.007	测试	test, testing	
17.008	校准	calibration	又称"标定"。
17.009	修正	correction	又称"校正"。
17.010	检定	verification	又称"验证"。
17.011	调整	adjustment	
17.012	计量单位	unit of measurement	
17.013	计量标准	measurement standard	
17.014	测量方法	method of measurement	
17.015	示值	indication, indicated value	
17.016	观测值	measured value	
17.017	真值	true value	

序 码	汉 文 名	英 文 名	注 释
17.018	约定真值	conventional true value	
17.019	误差	error	
17.020	随机误差	random error	
17.021	系统误差	systematic error	
17.022	仪表误差	instrumental error	
17.023	方法误差	methodical error	
17.024	固有误差	intrinsic error	
17.025	允许误差	permissible error	
17.026	替代误差	substitution error	
17.027	失配误差	mismatch error	
17.028	量程	span, range	
17.029	测量范围	measuring range	
17.030	动态范围	dynamic range	
17.031	准确度	accuracy	
17.032	精密度	precision	
17.033	不确定度	uncertainty	
17.034	重复性	repeatability	
17.035	复现性	reproducibility	又称"再现性"。
17.036	回波损耗	return loss	
17.037	电压驻波比	voltage standing wave ratio, VSWR	
17.038	有效效率	effective efficiency	
17.039	校准因数	calibration factor	
17.040	分辨带宽	resolution bandwidth	
17.041	扫频宽度	scan width, frequency span	
17.042	剩余响应	residual response	
17.043	杂散响应	spurious response	
17.044	偏转系数	deflection coefficient	
17.045	时基	time base	
17.046	触发	triggering	
17.047	稳定	stabilization	
17.048	负载特性	load characteristic	
17.049	交叉[点]	crossover	又称"交迭点"。
17.050	频率响应	frequency response	
17.051	频谱纯度	spectral purity	
17.052	相位噪声	phase noise	
17.053	阿伦方差	Allan variance	

序　码	汉　文　名	英　文　名	注　　释
17.054	调制失真	modulation distortion	
17.055	调频失真	frequency modulation distortion	
17.056	载波频移	carrier frequency shift	
17.057	超噪比	excess noise ratio	
17.058	性能特性	performance characteristic	
17.059	影响量	influence quantity	
17.060	标准条件	reference condition	
17.061	漂移	drift	
17.062	预热时间	warm-up time	
17.063	调幅度表	amplitude modulation meter	
17.064	频偏表	frequency deviation meter	
17.065	多用表	multimeter	
17.066	数字多用表	digital multimeter, DMM	
17.067	电子电压表	electronic voltmeter	
17.068	数字电压表	digital voltmeter, DVM	
17.069	系统电压表	system voltmeter	
17.070	电平表	level meter	
17.071	选频电平表	selective level meter	
17.072	驻波比表	standing-wave meter	
17.073	地电阻表	earth resistance meter	
17.074	绝缘电阻表	insulation resistance meter	
17.075	Q 表	Q meter	
17.076	电桥	bridge	
17.077	导抗电桥	immittance bridge	
17.078	反射电桥	reflection bridge	
17.079	比值计	ratio meter	
17.080	电流表	ammeter	又称"安培表"。
17.081	电压表	voltmeter	又称"伏特表"。
17.082	电阻表	ohmmeter	又称"欧姆表"。
17.083	检流计	galvanometer	又称"灵敏电流计"。
17.084	静电计	electrometer	
17.085	磁通计	fluxmeter	
17.086	磁强计	magnetometer	
17.087	磁导计	permeameter	
17.088	频率计	frequency meter	
17.089	波长计	wavemeter	
17.090	相位计	phase meter	

序　码	汉　文　名	英　文　名	注　释
17.091	功率计	power meter	
17.092	平均功率计	average power meter	
17.093	峰值功率计	peak power meter	
17.094	终端式功率计	termination type power meter	
17.095	通过式功率计	feed-through type power meter	
17.096	反射计	reflectometer	
17.097	调配反射计	tuned reflectometer	
17.098	扫频反射计	swept frequency reflectometer	
17.099	失真分析仪	distortion analyzer	
17.100	噪声系数测试仪	noise figure meter	
17.101	矢量导抗测量仪	vector immittance meter	
17.102	网络分析仪	network analyzer, NA	
17.103	标量网络分析仪	scalar network analyzer, SNA	
17.104	矢量网络分析仪	vector network analyzer, VNA	
17.105	频域自动网络分析仪	frequency-domain automatic network analyzer, FDANA	
17.106	时域自动网络分析仪	time-domain automatic network analyzer, TDANA	
17.107	六端口自动网络分析仪	six-port automatic network analyzer, SPANA	
17.108	频谱分析仪	spectrum analyzer	
17.109	全景频谱分析仪	panoramic spectrum analyzer	
17.110	信号分析仪	signal analyzer	
17.111	傅里叶分析仪	Fourier analyzer	
17.112	场强测量仪	field strength meter	
17.113	干扰测量仪	interference measuring set	
17.114	逻辑分析仪	logic analyzer	
17.115	逻辑状态分析仪	logic state analyzer	
17.116	逻辑特征分析仪	logic signature analyzer	
17.117	数据记录仪	data logger	
17.118	数据分析仪	data analyzer	
17.119	数据误差分析仪	data error analyzer	
17.120	协议分析仪	protocol analyzer	
17.121	通用计数器	universal counter	
17.122	步进衰减器	step attenuator	
17.123	程控衰减器	programmable attenuator	
17.124	示波器	oscilloscope	

序 码	汉 文 名	英 文 名	注 释
17.125	实时示波器	real time oscilloscope	
17.126	取样示波器	sampling oscilloscope	
17.127	模拟示波器	analog oscilloscope	
17.128	数字示波器	digital oscilloscope	
17.129	通用示波器	general-purpose oscilloscope	
17.130	存储示波器	storage oscilloscope	
17.131	稳定电源	stabilized power supply	
17.132	信号发生器	signal generator	
17.133	标准信号发生器	standard signal generator	
17.134	合成信号发生器	synthesized signal generator	
17.135	程控信号发生器	programmable signal generator	
17.136	扫频发生器	swept [frequency] generator	
17.137	合成扫频发生器	synthesized sweep generator	
17.138	频率合成器	frequency synthesizer	
17.139	波形合成器	wave-form synthesizer	
17.140	函数发生器	function generator	
17.141	脉冲发生器	pulse generator	
17.142	方波发生器	square-wave generator	
17.143	数字电路测试器	digital circuit tester	
17.144	逻辑故障测试器	logic trouble-shooting tool	
17.145	数据采集系统	data acquisition system	
17.146	数据发生器	data generator	
17.147	平衡不平衡变换器	balanced to unbalanced trans-former	
17.148	模拟仪器	analog instrument	
17.149	数字仪器	digital instrument	
17.150	程控仪器	programmable instrument	
17.151	取样器	sampler, sampling head	又称"采样器"。
17.152	噪声发生器	noise generator	
17.153	X－Y 记录器	X-Y recorder	
17.154	智能仪器	intelligent instrument, smart instrument	又称"智能仪表"。
17.155	测试接收机	test receiver	
17.156	通用接口总线	general-purpose interface bus, GPIB	
17.157	测量设备	measuring equipment	
17.158	自动测试设备	automatic test equipment	

序 码	汉 文 名	英 文 名	注 释
17.159	自动测量系统	automatic measuring system	
17.160	电磁屏蔽室	EM shielded room	
17.161	电波暗室	anechoic chamber	
17.162	横电磁波室	TEM cell	

18. 可靠性和质量控制

序 码	汉 文 名	英 文 名	注 释
18.001	频数直方图	frequency histogram	
18.002	累积频数	cumulative frequency	
18.003	离散分布	discrete distribution	
18.004	连续分布	continuous distribution	
18.005	统计容许区间	statistical tolerance interval	
18.006	统计容许限	statistical tolerance limits	
18.007	统计检验	statistical test	
18.008	零假设	null hypothesis	
18.009	参数检验	parametric test	
18.010	拒绝域	critical region	
18.011	显著性水平	significance level	
18.012	显著性结果	significant result	
18.013	批	lot, batch	
18.014	批量	lot size, batch size	
18.015	生产批	production lot	
18.016	交付批	consignment lot	
18.017	检查批	inspection lot	
18.018	样品	specimen	
18.019	初始检查	initial inspection	简称"初检"。
18.020	中间检查	middle inspection	简称"中检"。
18.021	最终检查	final inspection	简称"终检"。
18.022	样本	sample	
18.023	子样本	subsample	
18.024	合格品	qualified product	
18.025	次品	degraded product	
18.026	不合格品	defective item	
18.027	致命缺陷	critical defect	
18.028	不合格品率	fraction defective	

序 码	汉 文 名	英 文 名	注 释
18.029	返修品	reprocessed product	
18.030	有放回抽样	sampling with replacement	
18.031	无放回抽样	sampling without replacement	
18.032	计数型检查	inspection by attributes	
18.033	计量型检查	inspection by variables	
18.034	抽样方案	sampling plan	
18.035	一次抽样	single sampling	
18.036	二次抽样	double sampling	
18.037	多次抽样	multiple sampling	
18.038	序贯取样	sequential sampling	
18.039	截尾检查	curtailed inspection	
18.040	交收检查	receiving inspection	
18.041	接收	acceptance	
18.042	拒收	rejection	
18.043	过程平均	process average	
18.044	极限质量	limiting quality	
18.045	批容许不合格率	lot tolerance percent defective	
18.046	可接收质量水平	acceptable quality level	
18.047	平均检出质量	average outgoing quality	
18.048	管理图	control chart	
18.049	累积和图	cumulative sum chart, cusum chart	
18.050	质量控制	quality control	
18.051	质量反馈	quality feedback	
18.052	质量管理	quality management	
18.053	质量指标	quality index	
18.054	入库检验	warehouse-in inspection	
18.055	出库检验	warehouse-out inspection	
18.056	工序检验	process inspection	
18.057	成品检验	product inspection	
18.058	可信性	dependability	
18.059	可靠性	reliability	
18.060	可靠度	reliability	
18.061	维修性	maintainability	又称"可维护性"。
18.062	可用性	availability	
18.063	耐久性	durability	
18.064	失效	failure	不可修复或不值得

序 码	汉 文 名	英 文 名	注 释
			修复的故障。
18.065	故障	failure	
18.066	本质失效	inherent weakness failure	
18.067	误用失效	misuse failure	
18.068	误判失效	misjudgement failure	
18.069	耗损失效期	wear-out failure period	
18.070	偶然失效期	accidental failure period	
18.071	早期失效期	early failure period	
18.072	使用寿命	useful life	
18.073	贮存寿命	storage life	
18.074	保险期	insurance period	
18.075	贮存期	storage period	
18.076	保管期	maintaining period	
18.077	故障率	failure rate	
18.078	失效率	failure rate	
18.079	平均无故障工作时间	mean time between failures, MTBF	又称"平均故障间隔时间"。
18.080	累积故障概率	cumulative failure probability	又称"累积失效概率"。
18.081	失效前平均时间	mean time to failure, MTTF	又称"平均无故障时间"。
18.082	任务故障率	mission failure rate	
18.083	修复率	repair rate	
18.084	可靠寿命	q-percentile life	
18.085	降额因数	derating factor	
18.086	环境因数	environment factor	
18.087	封装因子	package factor	
18.088	热设计	thermal design	
18.089	可靠性认证	reliability certification	
18.090	设计评审	design review	
18.091	反应速率模型	rate process model	
18.092	[故障]安全性	fail safe	
18.093	故障树分析	fault tree analysis, FTA	
18.094	可达性	accessibility	又称"可及性"。
18.095	工作冗余	active redundancy	
18.096	旁联系统	stand-by system	
18.097	表决系统	k-out-of-n system, voting	

序　码	汉　文　名	英　文　名	注　释
		system	
18.098	维修	maintenance	又称"维护"。
18.099	预防性维修	preventive maintenance	又称"预防性维护"。
18.100	修复性维修	corrective maintenance	又称"改正性维护"。
18.101	需求时间	required time	
18.102	能工作时间	up time	
18.103	不能工作时间	down time	
18.104	工作时间	operating time	
18.105	待命时间	stand-by time	
18.106	修理准备时间	administrative time	
18.107	修理实施时间	active repair time	
18.108	修复时间	repair time	
18.109	维护时间	preventive maintenance time	
18.110	验收试验	acceptance test	
18.111	寿命试验	life test	
18.112	耐久性试验	endurance test	
18.113	可靠性试验	reliability test	
18.114	例行试验	routine test	
18.115	现场试验	field test	
18.116	鉴定试验	qualification test	
18.117	环境试验	environmental test	
18.118	试验样品	test piece	
18.119	预处理	pretreatment	
18.120	天然气候试验	natural climate test	
18.121	沙尘试验	sand and dust test	
18.122	温度循环试验	temperature cycling test	
18.123	热冲击试验	thermal shock test	
18.124	低温试验	low-temperature test	
18.125	高温试验	high-temperature test	
18.126	湿度试验	humid test	
18.127	湿热试验	humid heat test	
18.128	潮湿试验	moisture test	
18.129	恒温恒湿试验	constant temperature and mois-ture test	
18.130	交变潮热试验	alternate humidity test	
18.131	露点试验	dew point test	
18.132	盐雾试验	salt atmosphere test	

序　码	汉　文　名	英　文　名	注　释
18.133	霉菌试验	mould test	
18.134	虫蛀试验	moth bite test	
18.135	低气压试验	low atmospheric pressure test	
18.136	运输试验	transport test	
18.137	力学试验	mechanical test	
18.138	振动试验	vibration test	
18.139	变频振动试验	variable frequency vibration test	
18.140	冲击试验	shock test	
18.141	跌落试验	fall-down test	
18.142	离心试验	centrifugal test	
18.143	可焊性试验	solderability test	
18.144	密封性试验	seal tightness test	
18.145	检漏试验	leakage-check test	
18.146	定失效数寿命试验	fixed failure number test	
18.147	逐步截尾试验	step-by-step cut-off test	
18.148	辐射试验	radiation test	
18.149	筛选	screening	
18.150	热疲劳	thermal fatigue	
18.151	应力腐蚀	stress corrosion	

19.　雷达与电子对抗

序　码	汉　文　名	英　文　名	注　释
19.001	雷达	radar	
19.002	雷达站	radar station	
19.003	雷达网	radar net	
19.004	雷达探测距离	radar range	
19.005	雷达方程	radar equation	
19.006	雷达威力图	radar coverage diagram	
19.007	雷达截面积	radar cross section, RCS	
19.008	雷达地平线	radar horizon	
19.009	雷达分辨力	radar resolution	
19.010	最小检测信噪比	minimum detectable signal-to-noise ratio	
19.011	可见度系数	visibility factor	

序 码	汉 文 名	英 文 名	注 释
19.012	观察者系数	operator factor	
19.013	目标容量	target capacity	
19.014	目标识别	target identification	
19.015	目标散射矩阵	target scattering matrix	
19.016	目标电磁特征	target electromagnetic signature	
19.017	发现概率	detection probability	又称"检测概率"。
19.018	虚警概率	false alarm probability	
19.019	漏警概率	alarm dismissal probability	
19.020	恒虚警率	constant false alarm rate, CFAR	
19.021	虚警时间	false alarm time	
19.022	冲淡比	collapsing ratio	
19.023	点目标	point target	
19.024	分布目标	distributed target	
19.025	复合目标	compound target	
19.026	目标噪声	target noise	
19.027	距离噪声	range noise	
19.028	幅度噪声	amplitude noise	
19.029	角[度]噪声	angle noise	
19.030	雷达回波	radar echo	
19.031	寄生回波	parasitic echo	
19.032	固定回波	stationary echo	
19.033	杂波	clutter	
19.034	杂波图	clutter map	
19.035	目标闪烁	target glint	
19.036	闪烁误差	glint error	
19.037	目标起伏	target fluctuation	
19.038	起伏误差	scintillation error	
19.039	起伏干扰	scintillation interference	
19.040	目标[显示]标志	blip	
19.041	模糊函数	ambiguity function	
19.042	模糊图	ambiguity diagram	
19.043	盲速	blind speed	
19.044	盲相	blind phase	
19.045	杂波下可见度	subclutter visibility	
19.046	杂波间可见度	inter-clutter visibility	
19.047	杂波内可见度	intra-clutter visibility	
19.048	信号杂波比	signal to clutter ratio	简称"信杂比"。

序 码	汉 文 名	英 文 名	注 释
19.049	有源探测	active detection	
19.050	无源探测	passive detection	
19.051	有源跟踪	active tracking	
19.052	无源跟踪	passive tracking	
19.053	信标跟踪	beacon tracking	
19.054	反射式跟踪	reflective tracking	
19.055	锥扫跟踪	conical-scan tracking	
19.056	有源制导	active guidance	
19.057	半有源制导	semi-active guidance	
19.058	无源制导	passive guidance	
19.059	比幅单脉冲	amplitude comparison monopulse	
19.060	比相单脉冲	phase comparison monopulse	
19.061	双通道单脉冲	two-channel monopulse	
19.062	三通道单脉冲	three-channel monopulse	
19.063	边搜索边跟踪	track-while-scan, TWS	
19.064	目标捕获	target acquisition	
19.065	隐形目标	stealth target	
19.066	反隐形技术	anti-stealth technology	
19.067	烧穿距离	burn-through range	
19.068	混淆区	confusion region	
19.069	寂静时间	dead time	
19.070	工作比	duty cycle, duty factor	又称"占空因数"。
19.071	擦地角	grazing angle	
19.072	多径效应	multipath effect	
19.073	雷达天文学	radar astronomy	
19.074	敌我识别	identification of friend or foe, IFF	
19.075	相干应答器	coherent transponder	
19.076	机内测试装置	built-in test equipment, BITE	
19.077	雷达仿真器	radar simulator	又称"雷达模拟器"。
19.078	雷达中继	radar link, radar relay	
19.079	脉冲雷达	pulse radar	
19.080	脉冲压缩雷达	pulse compression radar	
19.081	单脉冲雷达	monopulse radar	
19.082	连续波雷达	continuous wave radar, CW radar	
19.083	调频雷达	frequency-modulation radar	
19.084	频率捷变雷达	frequency-agile radar	

序　码	汉　文　名	英　文　名	注　释
19.085	频率分集雷达	frequency diversity radar	
19.086	多普勒雷达	Doppler radar	
19.087	相干脉冲雷达	coherent pulse radar	
19.088	脉冲多普勒雷达	pulse Doppler radar, PD radar	
19.089	冲激雷达	impulse radar	
19.090	噪声雷达	noise radar	
19.091	低截获率雷达	low probability of intercept radar, LP radar	
19.092	V 波束雷达	V-beam radar	
19.093	多波束雷达	multiple-beam radar	
19.094	电扫雷达	electronically scanned radar	
19.095	相扫雷达	phase-scan radar	
19.096	频扫雷达	frequency-scan radar	
19.097	相控阵雷达	phased array radar	
19.098	测高雷达	height-finding radar	
19.099	三坐标雷达	three-dimensional radar, 3-D radar	
19.100	侧视雷达	side-looking radar	
19.101	合成孔径雷达	synthetic aperture radar, SAR	
19.102	逆合成孔径雷达	inverse synthetic aperture radar, ISAR	
19.103	单基地雷达	monostatic radar	
19.104	双基地雷达	bistatic radar	
19.105	多基地雷达	multistatic radar	
19.106	超视距雷达	over-the-horizon radar, OTH radar	
19.107	自适应雷达	adaptive radar	
19.108	激光雷达	laser radar	
19.109	动目标显示雷达	moving target indication radar, MTI radar	
19.110	成象雷达	imaging radar	
19.111	跟踪雷达	tracking radar	
19.112	引导雷达	directing radar	
19.113	搜索雷达	surveillance radar, search radar	又称"监视雷达"。
19.114	预警雷达	early warning radar	
19.115	火控雷达	fire control radar	
19.116	制导雷达	guidance radar	

序　码	汉　文　名	英　文　名	注　释
19.117	测量雷达	instrumentation radar	
19.118	目标照射雷达	target illumination radar	
19.119	战场侦察雷达	battlefield search radar	
19.120	导航雷达	navigation radar	
19.121	气象雷达	meteorological radar, weather radar	
19.122	低空搜索雷达	low altitude surveillance radar, LASR	
19.123	炮兵侦察校射雷达	artillery reconnaissance and fire-directing radar	
19.124	反迫击炮雷达	counter-mortar radar	
19.125	炮位侦察雷达	artillery location radar	
19.126	船载雷达	shipborne radar	
19.127	机载雷达	airborne radar	
19.128	星载雷达	spaceborne radar	
19.129	航海雷达	marine radar	
19.130	港口监视雷达	harbor surveillance radar	
19.131	护尾雷达	tail warning radar	
19.132	轰炸雷达	bombing radar	
19.133	防撞雷达	anticollision radar	
19.134	地形跟踪雷达	terrain-following radar	
19.135	地形回避雷达	terrain-avoidance radar	
19.136	地图测绘雷达	mapping radar	
19.137	机场监视雷达	airport surveillance radar, ASR	
19.138	航线监视雷达	air route surveillance radar, ARSR	
19.139	空管雷达	air traffic control radar, ATC radar	
19.140	着陆雷达	landing radar	
19.141	精密进场雷达	precision approach radar, PAR	
19.142	一次雷达	primary radar	
19.143	二次雷达	secondary radar	
19.144	卫星监视雷达	satellite surveillance radar	
19.145	交会雷达	rendezvous radar	
19.146	雷达寻的器	radar seeker	
19.147	雷达转发器	radar repeater	
19.148	脉冲重复频率	pulse repetition frequency, PRF	

序　码	汉　文　名	英　文　名	注　释
19.149	刚管调制器	hard-switch modulator	
19.150	软管调制器	soft-switch modulator	
19.151	磁调制器	magnetic modulator	
19.152	固态调制器	solid state modulator	
19.153	编码发射机	coded transmitter	
19.154	激励器	exciter, driver	
19.155	宽－限－窄电路	Dicke-Fix circuit	又称"迪克－菲克斯电路"。
19.156	灵敏度时间控制	sensitivity-time control, STC	
19.157	快时间控制	fast time control, FTC	
19.158	视频压缩	video compression	
19.159	雷达显示器	radar indicator, radar scope	
19.160	平面位置显示器	plan position indicator, PPI	
19.161	距离－方位显示器	range-azimuth display, B-scope	
19.162	方位－仰角显示器	azimuth-elevation display, C-scope	
19.163	距离－仰角显示器	range-elevation display, E-scope	
19.164	误差显示器	error display, F-scope	
19.165	距离高度显示器	range-height indicator, RHI	
19.166	字符显示器	character indicator	
19.167	录取显示器	indicator with extracter	
19.168	平视显示器	head-up indicator	
19.169	等高显示器	constant altitude indicator, CAI	
19.170	全景显示器	panoramic indicator	
19.171	一次显示	primary display	
19.172	综合显示	synthetic display	
19.173	扇形显示	sector display	
19.174	录取标志	extraction mark	
19.175	方位标志	bearing marker	
19.176	距离标志	range marker	
19.177	光栅扫描	raster scan	
19.178	随机扫描	random scan	
19.179	插入扫描	incorporated scan	
19.180	时间压缩	time compression	
19.181	选通脉冲	strobe pulse	

序　码	汉　文　名	英　文　名	注　释
19.182	选通标志	strobe marker	
19.183	时间消隐	time blanking	
19.184	雷达点迹	radar plot	
19.185	雷达航迹	radar track	
19.186	电子对抗	electronic countermeasures, ECM	
19.187	电子反对抗	electronic counter-countermeasures, ECCM	
19.188	电子战	electronic warfare	
19.189	雷达对抗	radar countermeasures	
19.190	通信对抗	communication countermeasures	
19.191	光电对抗	electrooptical countermeasures	
19.192	电子欺骗	electronic deception	
19.193	电子伪装	electronic camouflage	
19.194	电子侦察	electronic reconnaissance	
19.195	电子情报	electronic intelligence, ELINT	
19.196	通信情报	communication intelligence, COMINT	
19.197	电子保密	electronic security, ELSEC	
19.198	信号环境密度	signal environment density	
19.199	快速反应能力	quick reaction capability, QRC	
19.200	截获概率	intercept probability	
19.201	雷达数据库	radar database	
19.202	反雷达	anti-radar	
19.203	反雷达伪装	radar camouflage	
19.204	雷达反侦察	radar anti-reconnaissance	
19.205	电磁兼容	electromagnetic compatibility	
19.206	电子支援措施	electronic support measures, ESM	
19.207	电子反对抗改善因子	ECCM improvement factor, EIF	
19.208	干扰	interference	
19.209	[蓄意]干扰	jamming	
19.210	电子干扰	electronic jamming	
19.211	反[蓄意]干扰	anti-jamming	
19.212	无源干扰	passive jamming	
19.213	有源干扰	active jamming	
19.214	瞄准干扰	spot jamming	
19.215	阻塞干扰	barrage jamming	

序 码	汉 文 名	英 文 名	注 释
19.216	噪声干扰	noise jamming	
19.217	压制性干扰	blanketing jamming	
19.218	欺骗性干扰	deception jamming	
19.219	转发式干扰	repeater jamming	
19.220	应答式干扰	transponder jamming	
19.221	响应式干扰	responsive jamming, adaptive jamming	
19.222	引导式干扰	directed jamming	
19.223	交叉极化干扰	crossed polarization jamming	
19.224	逆增益干扰	inverse gain jamming	
19.225	距离[门]欺骗	range gate deception	
19.226	速度[门]欺骗	velocity gate deception	
19.227	频率存储	frequency memory	又称"储频"。
19.228	间断观察	look-through	
19.229	功率管理	power management	
19.230	干扰方程	jamming equation	
19.231	信号干扰比	signal to jamming ratio	简称"信干比"。
19.232	箔条[丝]	chaff	
19.233	箔条包	chaff bundle	
19.234	箔条云	chaff cloud	
19.235	箔条走廊	chaff corridor	
19.236	假目标	false target	
19.237	投放器	dispenser	
19.238	范阿塔反射器	Van Atta reflector	
19.239	雷达诱饵	radar decoy	
19.240	[微波]吸收材料	microwave absorbing material	
19.241	脉压接收机	pulse compression receiver	
19.242	矩阵接收机	matrix receiver	
19.243	全景接收机	panoramic receiver	
19.244	微扫接收机	microscan receiver	
19.245	信道化接收机	channelized receiver	
19.246	声光接收机	acoustooptical receiver, Bragg-cell receiver	又称"布拉格元接收机"。
19.247	瞬时测频接收机	instantaneous frequency measurement receiver, IFM receiver	
19.248	镜频回收混频器	image recovery mixer	
19.249	测频	frequency measurement	

序　码	汉　文　名	英　文　名	注　释
19.250	测向	direction finding, DF	
19.251	时差定位	time-of-arrival location, TOA location	
19.252	信号分类	signal sorting	
19.253	威胁等级	threat level	
19.254	识别置信度	recognition confidence	
19.255	交迭脉冲列	interleaved pulse train	
19.256	频率去相关	frequency decorrelation	
19.257	频率捷变	frequency agility	
19.258	频率跳变	frequency hopping	又称"跳频"。
19.259	旁瓣对消	sidelobe cancellation	
19.260	旁瓣消隐	sidelobe blanking	
19.261	隐蔽接收	lobe-on-receive only, LORO	
19.262	兰姆消噪电路	Lamb noise silencing circuit	

20. 导　航

序　码	汉　文　名	英　文　名	注　释
20.001	导航	navigation	
20.002	自主导航	self-contained navigation	
20.003	地面导航设备	ground-based navigation aid	
20.004	星基导航	satellite-based navigation	
20.005	空基导航	airborne-based navigation	
20.006	地图匹配导航	navigation by map-matching	
20.007	航位推算法	dead-reckoning	又称"航位推算导航"。
20.008	定位	position fixing	
20.009	定位重复误差	position repetitive error	
20.010	定位均方根误差	position root-mean-square error	
20.011	等精度曲线	contours of constant geometric accuracy	
20.012	误差椭圆	error ellipse	
20.013	误差圆半径	error-circular radius	
20.014	误差场	error field	
20.015	工作区	service area	
20.016	误差几何放大因	geometric dilution of precision	又称"几何因子"。

序　码	汉　文　名	英　文　名	注　释
	子		
20.017	二次相位因数	secondary phase factor	
20.018	透水深度	underwater penetration	
20.019	方向效应	directive effect	
20.020	混合路径	mixed path	
20.021	恒向线	rhumb line	
20.022	大圆航线	course line of great circle	
20.023	电台方位	bearing of station	
20.024	电台航向	heading of station	
20.025	电台磁方位	magnetic bearing of station	
20.026	绝对高度	absolute altitude	
20.027	相对高度	relative altitude	
20.028	真实高度	true altitude	
20.029	空速	air speed	
20.030	地速	ground speed	
20.031	航行速度三角形	forward velocity triangle	
20.032	位置线	position line, PL, line of position, LOP	
20.033	直漏干扰	leakage noise	
20.034	模转换干扰	modes change-over disturbance	
20.035	差频相位延迟	phase-delay of difference frequency	
20.036	测向系统	direction-finding system	
20.037	测距系统	ranging system	
20.038	双曲线导航系统	hyperbolic navigation system	
20.039	测向测距系统	direction-range measurement system	又称"ρ-θ 系统"。
20.040	圆－双曲线系统	circle-hyperbolic system	
20.041	脉相系统	pulse-phase system	
20.042	伏尔	very high frequency omnidirectional range, VOR	又称"甚高频全向信标"。
20.043	多普勒伏尔	Doppler VOR, DVOR	
20.044	精密伏尔	precise VOR, PVOR	
20.045	终端伏尔	terminal VOR, TVOR	
20.046	伏塔克	VHF omnirange and tactical air navigation system, VORTAC	
20.047	环状天线测向器	loop direction finder	

序 码	汉 文 名	英 文 名	注 释
20.048	无线电罗盘	radio compass	
20.049	电扫伏尔天线阵	VOR scanned array	
20.050	奥尔福德天线阵	antenna array of Alford loops	
20.051	康索尔系统	Consol sector radio marker	又称"扇区无线电指向标"。
20.052	测距器	distance measuring equipment, DME	
20.053	精密测距器	precision distance measuring equipment, PDME	
20.054	询问器	interrogator	
20.055	应答器	transponder	
20.056	询问模式	interrogation mode	
20.057	测距码	ranging code	
20.058	塔康	tactical air navigation system, TACAN	又称"战术空中导航系统"。
20.059	扇形塔康	sector TACAN, SETAC	
20.060	逆式塔康	inverse TACAN	
20.061	顶空盲区	upper space of silence	
20.062	填充脉冲	filler pulse	
20.063	北向参考脉冲	north reference pulse	
20.064	辅助参考脉冲	auxiliary reference pulse	
20.065	罗兰	long range navigation, LORAN	又称"远程[无线电]导航"。
20.066	标准罗兰	standard Loran	
20.067	罗兰－C	Loran-C	
20.068	罗兰－C授时	Loran-C timing	
20.069	罗兰通信	Loran communication	
20.070	罗兰转发	Loran retransmission, LORET	又称"罗尔特"。
20.071	罗坦系统	long range and tactical navigation system, LORTAN	又称"远程战术导航系统"。
20.072	主台	master station	
20.073	副台	slave station	
20.074	台对	pair of stations	
20.075	独立基线	individual baseline	
20.076	同步基线	synchronous baseline	
20.077	组重复间隔	group repetition interval, GRI	
20.078	导出包络	derived envelope	

序 码	汉 文 名	英 文 名	注 释
20.079	奥米伽［系统］	Omega system	
20.080	差奥米伽［系统］	differential Omega	
20.081	微奥米伽［系统］	micro Omega	
20.082	阿尔法奥米伽 ［系统］	Alpha Omega	
20.083	奥米伽段同步	Omega segment synchronization	
20.084	奥米伽天波修正 表	Omega sky wave correction table	
20.085	巷道	lane	
20.086	巷宽	lane width	
20.087	巷道识别	lane identification	
20.088	台卡	Decca	
20.089	台卡计	decometer	
20.090	自动着陆	automatic landing	
20.091	全天候自动着陆	all-weather automatic landing	
20.092	进近着陆系统	approach and landing system	
20.093	地面指挥进近系 统	ground controlled approach system	
20.094	仪表着陆系统	instrument landing system, ILS	
20.095	微波着陆系统	microwave landing system, MLS	
20.096	容积扫描系统	VOLSCAN system	又称"沃尔斯康系 统"。
20.097	航向信标	localizer	
20.098	下滑信标	glide path beacon	
20.099	指点信标	marker beacon	
20.100	高度表	altimeter	又称"测高仪"。
20.101	方位引导单元	azimuth guidance unit	
20.102	仰角引导单元	elevation guidance unit	
20.103	拉平引导单元	flare-out guidance unit	
20.104	拉平计算机	flare computer	
20.105	数据稳定平台	data stable platform	
20.106	着陆标准	landing standard	
20.107	决断高度	decision height	
20.108	跑道视距	runway visual range	
20.109	进近窗口	approach aperture	
20.110	余隙	clearance	
20.111	无线电信标	radio beacon	

序　码	汉　文　名	英　文　名	注　释
20.112	无方向性信标	nondirectional beacon, NDB	
20.113	全向信标	omnidirectional range	又称"中波导航台"。
20.114	无线电浮标	radio-beacon buoy	
20.115	激光航道标	laser channel marker	
20.116	微波航道信标	microwave course beacon	
20.117	空中交通管制	air traffic control, ATC	简称"空管"。
20.118	国家空管系统	national airspace system, NAS	
20.119	离散地址信标系统	discrete-address beacon system, DABS	
20.120	同步离散地址信标系统	synchronized discrete address beacon system	
20.121	雷达进近管制系统	radar approach control system, RAPCON	
20.122	场面检测雷达	airport surface detection radar	
20.123	空域划分	division of airspace	
20.124	目视飞行规则	visual flight rules, VFR	
20.125	仪表飞行规则	instrument flight rules, IFR	
20.126	间隔标准	separation standard	
20.127	气象穿越	weather penetration	
20.128	气象回避	weather avoidance	
20.129	地形跟踪系统	terrain following system	
20.130	雷达领航	radar pilotage	
20.131	多普勒导航	Doppler navigation	
20.132	等多普勒频移线	line of constant Doppler shift	
20.133	高度空穴效应	altitude-hole effect	
20.134	卫星导航	satellite navigation	简称"卫导"。
20.135	子午仪卫导系统	transit navigation system	又称"海军卫导系统"。
20.136	全球定位系统	global positioning system, GPS	又称"GPS系统"。
20.137	差分GPS系统	differential global positioning system, DGPS	又称"差分全球定位系统"。
20.138	同步卫星导航系统	navigation system of synchronous satellite	
20.139	多普勒卫导系统	satellite-Doppler navigation system	
20.140	综合卫星系统	hybrid satellite system	
20.141	导航卫星	navigation satellite	

序 码	汉 文 名	英 文 名	注 释
20.142	卫星覆盖区	satellite coverage	
20.143	卫星跟踪站	satellite tracking station	
20.144	注入站	injection station	
20.145	轨道高度	orbit altitude	
20.146	轨道预报	orbit prediction	
20.147	星下点	substar	
20.148	星下点轨迹	subtrack	又称"子轨迹"。
20.149	星历	ephemeris	
20.150	信号格式	signal format	
20.151	舰船停靠系统	vessel approach and berthing system	
20.152	停靠表	parking meter	
20.153	驾驶员告警指示器	pilot warning indicator, PWI	
20.154	偏离指示器	deviation indicator	
20.155	无线电磁指示器	radio magnetic indicator	
20.156	警旗	flag alarm	
20.157	坐标转换计算机	coordinate conversion computer	
20.158	位置报告系统	position location reporting system	

21. 通 信

序 码	汉 文 名	英 文 名	注 释
21.001	通信[学]	communication	
21.002	电信	telecommunication	又称"远程通信"。
21.003	有线通信	wire communication	
21.004	无线通信	radio communication	
21.005	极低频通信	ELF communication	又称"极长波通信"。
21.006	超低频通信	SLF communication	又称"超长波通信"。
21.007	特低频通信	ULF communication	又称"特长波通信"。
21.008	甚低频通信	VLF communication	又称"甚长波通信"。
21.009	低频通信	LF communication	又称"长波通信"。
21.010	中频通信	MF communication	又称"中波通信"。
21.011	高频通信	HF communication	又称"短波通信"。
21.012	甚高频通信	VHF communication	又称"超短波通信"。
21.013	特高频通信	UHF communication	又称"分米波通信"。

序　码	汉　文　名	英　文　名	注　释
21.014	超高频通信	SHF communication	又称"厘米波通信"。
21.015	极高频通信	EHF communication	又称"毫米波通信"。
21.016	微波通信	microwave communication	
21.017	模拟通信	analog communication	
21.018	数字通信	digital communication	
21.019	数据通信	data communication	
21.020	保密通信	secure communication	又称"安全通信"。
21.021	实时通信	real time communication	
21.022	单向通信	one-way communication	
21.023	双向通信	both-way communication	
21.024	电信业务	telecommunication service	
21.025	承载业务	bearer service	
21.026	用户终端业务	teleservice	又称"完备电信业务"。
21.027	补充业务	supplementary service	又称"附加业务"。
21.028	电话	telephone, telephony	
21.029	电话学	telephony	
21.030	市内电话	local telephone	
21.031	长途电话	toll telephone	
21.032	自动电话	automatic telephone	
21.033	数据电话机	data phone	
21.034	书写电话机	telemail-telephone set	
21.035	电报	telegraph, telegraphy	
21.036	电报学	telegraphy	
21.037	用户电报	telex	又称"电传"。
21.038	传真	fax, facsimile	
21.039	高级用户电报	teletex	又称"智能用户电报"。
21.040	图文电视	teletext	又称"广播型图文"。
21.041	可视图文	videotex	又称"交互型图文"。
21.042	电子信函	electronic mail, E-mail	又称"电子邮件"。
21.043	可视电话	video telephone	
21.044	电视会议	video conference	
21.045	远程会议	teleconference	
21.046	广播业务	broadcast service	
21.047	消息处理系统	message handling system, MHS	又称"电信函处理系统"。

序 码	汉 文 名	英 文 名	注 释
21.048	对话[型]业务	conversational service	
21.049	存储转发[型]业务	messaging service	
21.050	检索业务	retrieval service	
21.051	交互[型]业务	interactive service	
21.052	分配[型]业务	distribution service	
21.053	无线电寻呼	radio paging	
21.054	长途直拨	direct distance dialing, DDD	
21.055	报文	message	又称"电文"。
21.056	兼容性	compatibility	又称"相容性"。
21.057	专线	private line	
21.058	事务处理	transaction	
21.059	通信网[络]	communication network	
21.060	综合数字网	integrated digital network, IDN	
21.061	综合业务数字网	integrated services digital network, ISDN	
21.062	宽带综合业务数字网	broadband integrated services digital network, B-ISDN	
21.063	同步光纤网	synchronous optical network, SONET	又称"光同步网"。
21.064	同步数字系列	synchronous digital hierarchy, SDH	
21.065	局域网	local area network, LAN	
21.066	广域网	wide area network, WAN	
21.067	城域网	metropolitan area network, MAN	
21.068	自动化指挥系统	automated command system	
21.069	信息系统	information system	
21.070	本地网	local network	
21.071	长途网	toll network	
21.072	公用网	public network	又称"公众网"。
21.073	共用网	commonuser network	
21.074	专用网	private network	
21.075	软件定义网	software defined network	
21.076	信息网	information network	
21.077	智能网	intelligent network	
21.078	分级网	hierarchical network	又称"等级网"。
21.079	无级网	non-hierarchical network	

序 码	汉 文 名	英 文 名	注 释
21.080	网状网	mesh network	
21.081	星状网	star network	
21.082	线状网	linear network	
21.083	环状网	ring network	
21.084	格状网	grid network	
21.085	电话网	telephone network	
21.086	电报网	telegraph network	
21.087	分组交换网	packet switching network	又称"包交换网"。
21.088	增值网	value-added network	
21.089	互同步网	mutually synchronized network	
21.090	数据通信网	data communication network	
21.091	联机	on line	
21.092	脱机	off line	
21.093	连接	connection	
21.094	传输媒质	transmission medium	又称"传输媒体"。
21.095	通信媒介	communication medium	
21.096	同步传输	synchronous transmission	
21.097	异步传输	asynchronous transmission	
21.098	[多路]复用	multiplexing	又称"复接"。
21.099	[多路]分用	demultiplexing	又称"分接"。
21.100	频分复用	frequency division multiplexing, FDM	
21.101	时分复用	time division multiplexing, TDM	
21.102	空分复用	space division multiplexing, SDM	
21.103	码分复用	code division multiplexing, CDM	
21.104	动态复用	dynamic multiplexing	
21.105	数字复用	digital multiplexing	
21.106	多重处理	multiprocessing	
21.107	复用器	multiplexer	
21.108	分用器	demultiplexer	
21.109	数字复用器	digital multiplexer	
21.110	数字分用器	digital demultiplexer	
21.111	统计时分复用器	statistical time division multiple-xer	
21.112	智能时分复用器	intelligent time division multip-lexer	
21.113	复用转换	transmultiplex	

序 码	汉 文 名	英 文 名	注 释
21.114	体系结构	architecture	
21.115	互通性	interoperability	
21.116	生存性	survivability	
21.117	安全性	security	
21.118	机动性	mobility	
21.119	内聚性	cohesion	
21.120	基带信号	baseband signal	
21.121	基带传输	baseband transmission	
21.122	载波传输	carrier transmission	
21.123	超群	super group	
21.124	基群	basic group	
21.125	主群	master group	
21.126	超主群	super master group	
21.127	巨群	giant group	
21.128	频域均衡器	frequency-domain equalizer	
21.129	时域均衡器	time-domain equalizer	
21.130	相位均衡器	phase equalizer	
21.131	时延均衡器	delay equalizer	
21.132	自适应均衡	adaptive equalization	
21.133	盲均衡	blind equalization	
21.134	扰码器	scrambler	
21.135	解扰[码]器	descrambler	
21.136	导频信号	pilot signal	
21.137	载频同步	carrier frequency synchronization	
21.138	振铃	ringing	
21.139	载漏	carrier leak	
21.140	载频纯度	purity of carrier frequency	
21.141	加重网络	emphasis network	
21.142	去加重网络	de-emphasis network	
21.143	四线制	four-wire system	
21.144	二线制	two-wire system	
21.145	确认	acknowledgement, ACK	
21.146	否认	negative acknowledgement, NAK	
21.147	信道	channel	又称"通路"。
21.148	通道	path	又称"路径"。
21.149	高效中继线	high usage trunk	
21.150	数字系统损伤	digital system impairment	

序 码	汉 文 名	英 文 名	注 释
21.151	压扩	companding	
21.152	抖动	jitter	
21.153	假想参考连接	hypothetical reference connection	
21.154	数字复用系列	digital multiplexing hierarchy	
21.155	传输速率	transmission rate	
21.156	波特	baud	
21.157	码组	code block	
21.158	字节	byte	
21.159	码字同步	code word synchronization	
21.160	词头法同步	prefix method synchronization	
21.161	群同步	group synchronization	
21.162	码元同步	symbol synchronization	
21.163	位同步	bit synchronization	
21.164	虚同步	false synchronization	
21.165	漏同步	missed synchronization	
21.166	帧定位	frame alignment	
21.167	码间干扰	intersymbol interference	
21.168	奈奎斯特速率	Nyquist rate	
21.169	眼图	eye pattern	
21.170	定时恢复	timing recovery	
21.171	定界符	delimiter	
21.172	传号	mark	
21.173	空号	space	
21.174	差错控制	error control	
21.175	自动请求重发	automatic repeat request, ARQ	
21.176	前向纠错	forward error correction, FEC	
21.177	信号交换	handshaking	
21.178	参考当量	reference equivalent	
21.179	参考电路	reference circuit	
21.180	复帧	multiframe	
21.181	突发差错	burst error	
21.182	差错扩散	error spread	
21.183	循环冗余码	cyclic redundancy code, CRC	
21.184	编译码器	coder	
21.185	滚降	roll-off	
21.186	[可听]清晰度	articulation	
21.187	可懂度	intelligibility	

序　码	汉　文　名	英　文　名	注　释
21.188	音节	syllable	
21.189	载频恢复	carrier recovery	
21.190	组合干扰	combination interference	
21.191	串扰	crosstalk	又称"串音"。
21.192	载噪比	carrier-to-noise ratio	
21.193	频带倒置	frequency inversion	
21.194	频带参差	frequency staggering	
21.195	频率变换	frequency translation	
21.196	等幅传输	flat transmission	
21.197	提升传输	emphasis transmission, slope transmission	又称"加重传输"。
21.198	拥塞	congestion	
21.199	跳	hop	又称"中继段"。
21.200	单工	simplex	
21.201	双工	duplex	
21.202	半双工	half-duplex	
21.203	透明[性]	transparency	又称"透明度"。
21.204	参考载波	reference carrier	
21.205	载波提取	carrier extract	
21.206	通信系统	communication system	
21.207	通信系统工程	communication system engineering	
21.208	海底通信	submarine communication	
21.209	多路通信	multichannel communication	
21.210	密集多路通信	densely packed multichannel communication	
21.211	卫星通信	satellite communication	
21.212	空间通信	space communication	
21.213	通信卫星	communication satellite	
21.214	地球站	earth station	
21.215	甚小[孔径]地球站	very small aperture terminal, VSAT	
21.216	上行链路	up link	又称"上行线路"。
21.217	下行链路	down link	又称"下行线路"。
21.218	入境链路	inbound link	
21.219	出境链路	outbound link	
21.220	有效全向辐射功率	effective isotropic radiated power, EIRP	

序 码	汉 文 名	英 文 名	注 释
21.221	多址	multiple access	
21.222	频分多址	frequency division multiple access, FDMA	
21.223	时分多址	time division multiple access, TDMA	
21.224	码分多址	code division multiple access, CDMA	
21.225	空分多址	space division multiple access, SDMA	
21.226	按需分配	demand assignment	
21.227	预分配	preassignment	
21.228	扩频多址	spread spectrum multiple access, SSMA	
21.229	单路单载波	single channel per carrier, SCPC	
21.230	回波抑制器	echo suppressor	
21.231	回波抵消器	echo canceller	
21.232	音控防鸣器	voice-operated device anti-singing, VODAS	
21.233	话音激活	voice activation	
21.234	时分话音内插	time assignment speech interpolation, TASI	
21.235	数字话音内插	digital speech interpolation, DSI	
21.236	交叉极化鉴别	cross-polarization discrimination	
21.237	有人增音站	attended repeater	
21.238	无人增音站	unattended repeater	
21.239	微波中继通信	microwave radio relay communication	又称"微波接力通信"。
21.240	中继站	relay station	又称"接力站"。
21.241	散射通信	scatter communication	
21.242	超视距通信	beyond-the-horizon communication	
21.243	对流层散射通信	tropospheric scatter communication	
21.244	分离多径接收	Rake reception	
21.245	电离层散射通信	ionospheric scatter communication	
21.246	流星余迹通信	meteoric trail communication	
21.247	衰落裕量	fading margin	

序 码	汉 文 名	英 文 名	注 释
21.248	衰落信道	fading channel	
21.249	分集	diversity	
21.250	频率分集	frequency diversity	
21.251	空间分集	space diversity	
21.252	时间分集	time diversity	
21.253	极化分集	polarization diversity	又称"偏振分集"。
21.254	地面通信线路	terrestrial communication link	
21.255	天线共用器	antenna multicoupler	
21.256	发射	emission	
21.257	点-点通信	point to point communication	
21.258	点-多点通信	point to multipoint communication	
21.259	光通信	optical communication	
21.260	光纤通信	optical fiber communication	
21.261	大气激光通信	atmospheric laser communication	
21.262	星际激光通信	intersatellite laser communication	
21.263	相干光通信	coherent optical communication	
21.264	光发送机	optical transmitter	
21.265	光接收机	optical receiver	
21.266	光纤束	fiber bundle	
21.267	光时域反射仪	optical time domain reflectometer, OTDR	
21.268	多色色散	chromatic dispersion	
21.269	模间色散	inter-modal dispersion	
21.270	模内色散	intra-modal dispersion	
21.271	材料色散	material dispersion	
21.272	波导色散	waveguide dispersion	
21.273	模[式]色散	modal dispersion	
21.274	零差检测	homodyne detection	
21.275	外差检测	heterodyne detection	
21.276	数值孔径	numerical aperture, NA	
21.277	波分复用	wavelength division multiplexing, WDM	
21.278	模式噪声	modal noise	
21.279	辐照度	irradiation	
21.280	电离比	ionization ratio	
21.281	光强调制	intensity modulation, IM	
21.282	渐变折射率	graded index	

序 码	汉 文 名	英 文 名	注 释
21.283	阶跃折射率	step index	
21.284	载波电话	carrier telephone	
21.285	载波电报	carrier telegraph	
21.286	移动通信	mobile communication	
21.287	移动卫星通信	mobile satellite communication	
21.288	个人移动通信	personal mobile communication	
21.289	个人通信网	personal communication network, PCN	
21.290	蜂窝状无线电话	cellular radio telephone	
21.291	无绳电话	cordless telephone	
21.292	无线接入	tetherless access	
21.293	基地站	base station	又称"基台"。
21.294	移动站	mobile radio station	又称"移动台"。
21.295	无人值守	unattended operation	
21.296	终端设备	terminal equipment	
21.297	末端设备	end-equipment	
21.298	电话机	telephone set	
21.299	电传机	teleprinter	
21.300	纸带键盘凿孔机	keyboard tape punch	
21.301	纸带复凿机	paper tape reperforator	
21.302	数据终端设备	data terminal equipment, DTE	
21.303	数据电路端接设备	data circuit terminating equipment, DCE	又称"数据电路终接设备"。
21.304	调制解调器	modem	
21.305	数传机	data set	
21.306	智能终端	intelligent terminal	
21.307	工作站	work station	
21.308	声码器	vocoder	
21.309	语音编码	speech coding	
21.310	交换	switching	
21.311	交换系统	switching system	
21.312	电路交换	circuit switching	
21.313	存储转发交换	store and forward switching	
21.314	报文交换	message switching	又称"电文交换"。
21.315	分组交换	packet switching	
21.316	快速分组交换	fast packet switching	
21.317	同步传递方式	synchronous transfer mode, STM	又称"同步转移方

序　码	汉　文　名	英　文　名	注　释
			式"。
21.318	异步传递方式	asychronous transfer mode, ATM	又称"异步转移方式"。
21.319	虚电路	virtual circuit	
21.320	数据报	datagram	
21.321	模拟交换	analog switching	
21.322	数字交换	digital switching	
21.323	空分制交换	space division switching	
21.324	时分制交换	time division switching	
21.325	混合交换	hybrid switching	
21.326	交换机	exchange, switch	
21.327	交换局	exchange	
21.328	步进制交换	step-by-step switch	
21.329	旋转制交换机	rotary switch	
21.330	纵横交换机	crossbar switch	
21.331	程控交换机	stored-program control exchange, SPC exchange	
21.332	专用自动小交换机	private automatic branch exchange, PABX	又称"用户自动交换机"。
21.333	专用小交换机	private branch exchange, PBX	又称"用户小交换机"。
21.334	汇接局	tandem exchange	
21.335	中心局	central office, CO	
21.336	远端站	remote terminal	
21.337	分支局	tributary station	
21.338	交换网络	switching network, SN	
21.339	无阻塞交换	non-blocking switch	
21.340	分组装拆	packet assembly and disassembly, PAD	
21.341	星上交换	satellite switch	
21.342	信令	signalling	
21.343	共路信令	common channel signalling, CCS	
21.344	随路信令	channel associated signalling	
21.345	群路信令	group signalling	
21.346	时隙外信令	out-slot signalling	
21.347	时隙内信令	in-slot signalling	
21.348	带内信令	in-band signalling	

序　码	汉　文　名	英　文　名	注　释
21.349	带外信令	out-of-band signalling	
21.350	双音多频	dual-tone multifrequency, DTMF	
21.351	集中器	concentrator	
21.352	用户线路	subscriber's line, subscriber's loop	
21.353	中继线	trunk	
21.354	链路	link	
21.355	路由	route	
21.356	迂回路由	alternate route	
21.357	试探性路由选择	heuristic routing	
21.358	地表路由选择	directory routing	
21.359	自适应路由选择	adaptive routing	
21.360	泛搜索路由选择	flooding routing	
21.361	[通信]业务量	traffic	
21.362	通信业务工程	teletraffic engineering	又称"电信业务工程"。
21.363	厄兰	Erlang	
21.364	服务等级	grade of service, GOS	
21.365	网关	gateway	又称"信关"。
21.366	网桥	bridge	
21.367	网路	router	又称"路由器"。
21.368	接入	access	
21.369	呼损	call loss	
21.370	接通率	call completing rate	
21.371	争用	contention	
21.372	开放系统互连参考模型	open systems interconnection reference model	
21.373	物理层	physical layer	
21.374	数据链路层	data link layer	
21.375	网络层	network layer	
21.376	运输层	transport layer	
21.377	会话层	session layer	
21.378	表示层	presentation layer	
21.379	应用层	application layer	
21.380	规约	protocol	又称"协议"。
21.381	接口	interface	

序 码	汉 文 名	英 文 名	注 释
21.382	接口规范	interface specification	
21.383	接入规约	access protocol	
21.384	全数字接入	total digital access	
21.385	外部接口	peripheral interface	
21.386	混合接入	hybrid access	
21.387	基本接入	basic access	
21.388	中心互连	hub interconnection	
21.389	用户－网络接口	user-network interface	
21.390	流量控制	flow control	
21.391	数据链路控制规程	data link control procedure	
21.392	拥塞控制	congestion control	
21.393	优先权	priority	
21.394	控制规程	control procedure	
21.395	通信保密	communication security	
21.396	数据安全	data security	
21.397	数据完整性	data integrity	
21.398	接入控制	access control, AC	
21.399	保密电话通信系统	secure voice communication system	
21.400	通信保密设备	communication security equipment	
21.401	扩频通信	spread spectrum communication	
21.402	数据加密标准	data encryption standard, DES	
21.403	计算机通信网	computer communication network	
21.404	指挥控制与通信系统	command, control and communication system, C^3 system	简称"C^3 系统"。
21.405	指挥控制通信与情报系统	command, control, communication and intelligence system, C^3I system	简称"C^3I 系统"。
21.406	信息分发系统	information distribution system	

22. 广 播 电 视

序 码	汉 文 名	英 文 名	注 释
22.001	广播	broadcasting	
22.002	调幅广播	AM broadcasting	

序　码	汉　文　名	英　文　名	注　释
22.003	调频广播	FM broadcasting	
22.004	附加信道广播	supplementary channel broadcasting	
22.005	立体声广播	stereophonic broadcasting	
22.006	同步广播	synchronized broadcasting	
22.007	静止图象广播	still picture broadcasting	
22.008	图文电视广播	teletext broadcasting	
22.009	卫星广播	satellite broadcasting	
22.010	数据广播	data broadcasting	
22.011	电视	television, TV	
22.012	黑白电视	black and white TV, monochrome TV	
22.013	彩色电视	color TV	
22.014	有线电视	cable TV, CATV	
22.015	投影电视	projection TV	
22.016	高清晰度电视	high definition TV, HDTV	
22.017	立体电视	stereoscopic TV	
22.018	立体声电视	stereophonic TV	
22.019	双伴音电视	TV with dual sound programmes	
22.020	平板电视	panel TV	
22.021	壁挂电视	wall hung TV	
22.022	微光电视	low-light level television, LLLTV	
22.023	单声	monophone	
22.024	立体声	stereophone	
22.025	凯尔系数	Kell factor	
22.026	重影	ghost	
22.027	灰度	gradation	
22.028	网纹干扰	moire	
22.029	色度	chrominance	
22.030	色温	color temperature	
22.031	NTSC 制	National Television System Committee system, NTSC system	
22.032	PAL 制	Phase Alternation Line system, PAL system	
22.033	SECAM 制	Sequential Color and Memory system, SECAM system	

序 码	汉 文 名	英 文 名	注 释
22.034	图象通道	image channel	
22.035	白平衡	white balance	
22.036	分辨力	resolution	
22.037	标准白	standard white	
22.038	参考白	reference white	
22.039	衬比度	contrast	
22.040	三基色	three primary colors	
22.041	色调	hue	
22.042	色同步信号	burst signal	
22.043	色差信号	color difference signal	
22.044	微分相位	differential phase	
22.045	微分增益	differential gain	
22.046	色键	chroma key	
22.047	彩条信号	color bar signal	
22.048	多波群信号	multi-burst signal	
22.049	加权曲线	weighted curve	
22.050	插入测试信号	insertion test signal, ITS	
22.051	测试卡	test card	
22.052	消声室	anechoic chamber	
22.053	沉寂室	dead room	
22.054	混响室	reverberation room	
22.055	听力测试室	audiometric room	
22.056	演播室	studio	
22.057	转播车	outside broadcast van, OB van	
22.058	传声器	microphone	
22.059	定向传声器	directional microphone	
22.060	动圈传声器	moving coil microphone	
22.061	电容传声器	condenser microphone, electro-static mic	
22.062	电动传声器	electrodynamic microphone, moving conductor mic	
22.063	全向传声器	omnidirectional microphone	
22.064	心形传声器	cardioid microphone	
22.065	压电传声器	piezoelectric microphone	
22.066	驻极体传声器	electret microphone	
22.067	炭粒传声器	carbon microphone	
22.068	无线传声器	radio microphone	

序 码	汉 文 名	英 文 名	注 释
22.069	抗噪声传声器	anti-noise microphone, noise-cancelling mic	
22.070	电视摄象机	television camera	
22.071	寻象器	view-finder	
22.072	录制	recording	
22.073	磁性录制	magnetic recording	
22.074	录音机	recorder	
22.075	数字录音机	digital recorder	
22.076	录象机	video tape recorder, VTR	
22.077	数字录象机	digital VTR	
22.078	盒式录音机	cassette recorder	
22.079	盒式录象机	video cassette recorder, VCR	
22.080	模拟分量录象机	analog component VTR	
22.081	磁平	magnetic level	
22.082	测速带	speed check tape	
22.083	测试带	test tape	
22.084	调整带	alignment tape	
22.085	校准带	calibration tape	
22.086	参考带	reference tape	
22.087	唱片	record	
22.088	测试唱片	test record	
22.089	薄膜唱片	film disk	
22.090	立体声唱片	stereophonic record	
22.091	密纹唱片	microgroove record, long playing record	
22.092	视盘	video disk	
22.093	唱针	stylus	
22.094	电唱盘	turntable	
22.095	拾音器	pick-up	
22.096	抖晃	wow and flutter	
22.097	重放	reproduction, replay	
22.098	失落	dropout	
22.099	循迹误差	tracking error	
22.100	循纹失真	tracking distortion	
22.101	复印效应	print-through	
22.102	扬声器	loud speaker	
22.103	电动扬声器	electrodynamic loudspeaker,	

序　码	汉　文　名	英　文　名	注　释
		moving coil loudspeaker	
22.104	耳机	earphone	
22.105	电动耳机	electrodynamic earphone, moving coil earphone	
22.106	音箱	acoustic enclosure	
22.107	[广播]收音机	broadcast receiver	
22.108	电视机	television set	

23.　自控与三遥技术

序　码	汉　文　名	英　文　名	注　释
23.001	甚长基线干涉仪	very long baseline interferometer, VLBI	
23.002	多普勒跟踪	Doppler tracking	
23.003	多站多普勒系统	multistation Doppler system	
23.004	零点型测向	null-type direction finding	
23.005	比相定位	phase comparison positioning	
23.006	侧音测距	sidetones ranging	
23.007	微波统一载波系统	microwave united carrier system	
23.008	伪随机码测距	pseudo-random code ranging	
23.009	扫频干涉仪	swept frequency interferometer	
23.010	无线电干涉仪	radio interferometer	
23.011	延迟锁定技术	delay lock technique	
23.012	控制论	cybernetics	
23.013	复合控制	compound control	
23.014	极值控制	extremum control	
23.015	集中监控	centralized monitor	
23.016	计算机控制	computer control	
23.017	程序控制	program control	
23.018	取样控制	sampling control	又称"采样控制"。
23.019	串级控制	cascade control	
23.020	开环控制	open-loop control	
23.021	闭环控制	closed-loop control	
23.022	时间最优控制	time optimal control	
23.023	机器人	robot	

序 码	汉 文 名	英 文 名	注 释
23.024	智能机器人	intelligent robot	
23.025	最优控制理论	optimal control theory	
23.026	极大值原理	maximum principle	
23.027	随机控制理论	stochastic-control theory	
23.028	小扰动理论	small perturbance theory	
23.029	最小相位网络	minimum-phase network	
23.030	最小时间问题	minimum-time problem	
23.031	自动控制	automatic control	
23.032	自适应控制	adaptive control	
23.033	闭环频率响应	closed-loop frequency response	
23.034	开环频率响应	open-loop frequency response	
23.035	单位阶跃响应	unit step response	
23.036	欠阻尼响应	underdamped response	
23.037	时域响应	time-domain response	
23.038	超前网络	lead network	
23.039	串级校正	cascade compensation	又称"串联补偿"。
23.040	二阶系统	second-order system	
23.041	反馈校正	feedback compensation	又称"反馈补偿"。
23.042	反馈回路	feedback loop	
23.043	幅相图	amplitude-phase diagram	
23.044	根轨迹法	root-locus method	
23.045	观测器	observer	
23.046	环路增益	loop gain	
23.047	极限环	limit cycle	
23.048	加速常数	acceleration constant	
23.049	渐近稳定性	asymptotic stability	
23.050	离散时间系统	discrete-time system	
23.051	临界阻尼	critical damping	
23.052	零[点]极点法	pole-zero method	
23.053	零误差系统	zero-error system	
23.054	零稳态误差系统	zero steady-state error system	
23.055	零阶保持器	zero-order holder	
23.056	描述函数	describing function	
23.057	目标函数	target function	
23.058	可观测性	observability	
23.059	可控性	controllability	
23.060	前馈控制	feedfoward control	

序　码	汉　文　名	英　文　名	注　　释
23.061	时滞系统	time-lag system	
23.062	时不变系统	time-invariant system	又称"定常系统"。
23.063	时变系统	time-varying system	
23.064	损耗函数	loss function	
23.065	死区	dead zone	
23.066	伺服系统	servo system	
23.067	伺服机构	servomechanism	
23.068	速度控制	speed control	
23.069	调整时间	settling time	
23.070	相位滞后网络	phase-lag network	
23.071	相位超前网络	phase-lead network	
23.072	相位裕量	phase margin	
23.073	一阶系统	first-order system	
23.074	增益裕量	gain margin	
23.075	执行机构	actuator	
23.076	状态方程	state equation	
23.077	状态反馈	state feedback	
23.078	状态转移矩阵	state-transition matrix	
23.079	状态空间法	state-space method	
23.080	自动调节	automatic regulation	
23.081	阻尼系数	damping factor	
23.082	最大超调量	maximum overshoot	
23.083	伯德图	Bode diagram	
23.084	李雅普诺夫稳定性判据	Liapunov's stability criterion	
23.085	里卡蒂方程	Riccati equation	
23.086	劳斯-赫尔维茨判据	Routh-Hurwitz criterion	
23.087	奈奎斯特图	Nyquist diagram	
23.088	奈奎斯特判据	Nyquist criterion	
23.089	过程控制	process control	
23.090	降阶状态观测器	reduced-order state observer	
23.091	遥测	telemetry	
23.092	有线遥测	wired telemetry	
23.093	自适应遥测	adaptive telemetry	
23.094	多路遥测	multichannel telemetry	
23.095	可编程遥测	programmable telemetry	

序　码	汉　文　名	英　文　名	注　　释
23.096	脉码调制遥测	pulse-code-modulation telemetry, PCM telemetry	
23.097	频分遥测	frequency division telemetry	
23.098	实时遥测	real-time telemetry	
23.099	时分遥测	time-division telemetry	
23.100	无线电遥测	radio telemetry	
23.101	序列分割调制遥测	sequence division modulation telemetry	
23.102	延时遥测	time-delay telemetry	
23.103	交换子	commutator	
23.104	主交换子	prime commutator	
23.105	副交换子	subcommutator	
23.106	数据压缩	data compression	
23.107	遥控	remote control	
23.108	遥控动力学	remote control dynamics	
23.109	遥控站	remote control station	
23.110	遥控机械手	remotely controlled extraman	
23.111	遥控运载器	remotely controlled vehicle	
23.112	遥控指令	remote control command	
23.113	遥调	remote regulating	
23.114	有线遥控	wired remote control	
23.115	远动学	telemechanics	
23.116	指令遥控	command remote control	
23.117	自适应遥控	adaptive remote control	
23.118	群控	group control	
23.119	时频码	time-frequency code	
23.120	功能码	function code	
23.121	扩频遥控	spread-spectrum remote control	
23.122	集中控制	centralized control	
23.123	前导码	lead code	
23.124	信息码	information code	
23.125	指令	command	
23.126	指令字	command word	
23.127	指令链	command chain	
23.128	指令码	command code	
23.129	指令码元	command code element	
23.130	指令监测	command monitoring	

序　码	汉　文　名	英　文　名	注　释
23.131	指令产生器	command generator	
23.132	指令时延	command time delay	
23.133	指令格式	command format	
23.134	指令长度	command length	
23.135	指令编码	command coding	
23.136	指令间隔	command interval	
23.137	指令功能	command function	
23.138	指令容量	command capacity	
23.139	指令系统	command system	
23.140	指令误差	command error	
23.141	指令表	command list	
23.142	执行码	actuating code	
23.143	安全遥控	safety remote control	
23.144	安全指令	safety command	
23.145	保密指令	secret command	
23.146	受控对象	controlled object	
23.147	比例指令	proportional command	
23.148	程序指令	program command	
23.149	单音指令	single tone command	
23.150	定值指令	constant value command	
23.151	断续指令	discontinuous command	
23.152	多音指令	multi-tone command	
23.153	反馈校验	feedback check	
23.154	分散控制	decentralized control	
23.155	副比特码	sub-bit code	
23.156	告警指令	alarm command	
23.157	回收指令	recovery command	
23.158	开关指令	switch command	
23.159	控制指令	control command	
23.160	连续指令	continuous command	
23.161	离散指令	discrete command	
23.162	漏指令	missing command	
23.163	频分指令	frequency division command	
23.164	取消指令	cancelling command	
23.165	人工指令	manual command	
23.166	时间符合指令	time-coincidence command	
23.167	时分指令	time-division command	

序码	汉文名	英文名	注释
23.168	实时指令	real-time command	
23.169	数字指令	digital command	
23.170	数据指令	data command	
23.171	伪装码	camouflage code	
23.172	校验指令	checking command	
23.173	虚指令	false command	
23.174	延时指令	time-delay command	
23.175	一次指令	once command	
23.176	自动指令	automatic command	
23.177	组合指令	combined command	
23.178	执行指令	execution command	
23.179	遥感	remote sensing	
23.180	有源微波遥感	active microwave remote sensing	
23.181	多光谱扫描仪	multispectral scanner, MSS	
23.182	多光谱相机	multispectral camera	
23.183	飞点扫描仪	flying spot scanner, FSS	
23.184	高分辨率成象光谱仪	high resolution image spectro-meter, HIRIS	
23.185	光机扫描仪	optical-mechanical scanner	
23.186	红外前视系统	forward-looking infrared system, FLIS	
23.187	扫描微波频谱仪	scanning microwave spectrometer, SCAMS	
23.188	太阳微波干涉成象系统	solar microwave interferometer imaging system, SMIIS	
23.189	微光夜视仪	low-light level night vision device	
23.190	微波散射计	microwave scatterometer	
23.191	微波全息雷达	microwave hologram radar	
23.192	辐射计	radiometer	
23.193	微波辐射计	microwave radiometer, MR	
23.194	微波有源频谱仪	microwave active spectrometer, MAS	
23.195	温度湿度红外辐射计	temperature humidity infrared radiometer, THIR	
23.196	红外夜视系统	infrared night-vision system	
23.197	红外行扫描仪	infrared line scanner	

序 码	汉 文 名	英 文 名	注 释
23.198	热象仪	thermal imager	
23.199	散射计	scatterometer	
23.200	地球观测系统	earth observing system, EOS	
23.201	背景起伏	background fluctuation	
23.202	背景辐射	background emission	
23.203	等效辐射温度	equivalent radiant temperature	
23.204	反射率	reflectivity	
23.205	归一化探测率	normalized detectivity	
23.206	滚动校正	roll correction	
23.207	行扫描	line scanning	
23.208	灰体	grey body	
23.209	亮度温度	brightness temperature	
23.210	模糊	blur	
23.211	视场	visual field	
23.212	视角	visual angle	
23.213	瞬时视场	instantaneous field of view, IFOV	
23.214	速高比	velocity/height ratio	
23.215	探测率	detectivity	
23.216	图象运动补偿	image motion compensation	
23.217	等效噪声反射率	noise equivalent reflectance	
23.218	等效噪声温差	noise equivalent temperature difference, NETD	
23.219	等效噪声功率	noise equivalent power, NEP	
23.220	最小可探测温差	minimum detectable temperature difference	

24. 核 电 子 学

序 码	汉 文 名	英 文 名	注 释
24.001	α谱仪	alpha spectrometer	
24.002	近高斯脉冲成形	near-Gaussian pulse shaping	
24.003	表面污染剂量仪	surface contamination meter	
24.004	变换增益	conversion gain	
24.005	剥谱	spectrum stripping	
24.006	窗放大器	window amplifier	

序　码	汉　文　名	英　文　名	注　　释
24.007	成形时间常数	shaping time constant	
24.008	单道分析器	single-channel analyser	
24.009	单臂谱仪	single-arm spectrometer	
24.010	电荷灵敏前置放大器	charge sensitive preamplifier	
24.011	道宽	channel width	
24.012	定时滤波放大器	timing filter amplifier	
24.013	定时鉴别器	timing discriminator	
24.014	堆积效应	pile-up effect	
24.015	对数率表	logarithmic ratemeter	
24.016	多道分析器	multichannel analyser	
24.017	多路定标器	multiscaler	
24.018	反堆积	pile-up rejection	
24.019	反应堆周期仪	period meter for reactor	
24.020	反应性仪	reactivity meter	
24.021	反康普顿 γ 谱仪	anti-Compton gamma ray spectrometer	
24.022	放射性活度测量仪	radioactivity meter	
24.023	分辨时间	resolving time	
24.024	飞行时间中子谱仪	time-of-flight neutron spectrometer	
24.025	峰值检测	peak detection	
24.026	幅度分析器	amplitude analyser	
24.027	幅度－时间变换器	amplitude-time converter	
24.028	幅度鉴别器	amplitude discriminator	
24.029	辐射报警装置	radiation warning assembly	
24.030	辐射测井装置	radiation logging assembly	
24.031	辐射测量仪	radiation meter	
24.032	辐射含量计	radiation content meter	
24.033	辐射能谱仪	radiation spectrometer	
24.034	辐射监测器	radiation monitor	
24.035	辐射指示器	radiation indicator	
24.036	γ 射线谱仪	gamma-ray spectrometer	
24.037	光致发光剂量计	photoluminescent dosemeter	
24.038	过零鉴别器	zero-crossing discriminator	

序 码	汉 文 名	英 文 名	注 释
24.039	高能粒子谱仪	high energy particle spectrometer	
24.040	高纯锗谱仪	high purity germanium spectrometer	
24.041	恒比鉴别器	constant-fraction discriminator	
24.042	滑移脉冲产生器	sliding pulser	
24.043	环境剂量计	environmental dosemeter	
24.044	活时间	live time	
24.045	基线恢复	baseline restorer	
24.046	基线漂移	baseline shift	
24.047	极零[点]相消	pole-zero cancellation	又称"零极点相消"。
24.048	净面积	net area	
24.049	剂量计	dosemeter	
24.050	剂量率计	dose ratemeter	
24.051	计数率表	counting ratemeter	
24.052	计数器望远镜	counter telescope	
24.053	计数器描迹仪	counter hodoscope	
24.054	氡气仪	radon meter	
24.055	定标器	scaler	
24.056	可逆定标器	reversible scaler	
24.057	零道阈	zero channel threshold	
24.058	脉冲形状鉴别器	pulse shape discriminator	
24.059	门控积分器	gated integrator	
24.060	能量刻度	energy calibration	
24.061	谱仪放大器	spectroscope amplifier	
24.062	全身辐射计	whole-body radiation meter	
24.063	全身γ谱分析器	whole-body gamma spectrum analyser	
24.064	热致发光剂量计	thermoluminescent dosemeter	
24.065	上阈	upper-level threshold	
24.066	下阈	lower-level threshold	
24.067	闪烁谱仪	scintillation spectrometer	
24.068	时间分析器	time analyser	
24.069	时间-幅度变换器	time-amplitude converter, TAC	
24.070	游动时间	walk time	
24.071	时间抖动	time jitter	
24.072	时间投影室	time projection chamber	

序 码	汉 文 名	英 文 名	注 释
24.073	双臂谱仪	double-arm spectrometer	
24.074	随机脉冲产生器	random pulser	
24.075	稳谱器	spectrum stabilizer	
24.076	线性率表	linear ratemeter	
24.077	寻峰	peak searching	
24.078	照射量率计	exposure ratemeter	
24.079	照射量计	exposure meter	
24.080	正电子谱仪	positron spectroscope	
24.081	核素扫描机	nuclide linear scanner	
24.082	医用回旋加速器	medical cyclotron	
24.083	医用电子直线加速器	medical electron linear accelerator	
24.084	核听诊器	nuclear stethoscope	
24.085	动态功能检查仪	dynamic function survey meter	
24.086	井型闪烁计数器	well-type scintillation counter	
24.087	放射免疫仪器	radioimmunoassay instrument	
24.088	放射自显影	autoradiography	
24.089	射线准直器	ray collimator	
24.090	多帧照相机	multiformator	
24.091	辐射探测器	radiation detector	
24.092	带电粒子探测器	charged particle detector	
24.093	宇宙射线探测器	cosmic ray detector	
24.094	γ射线探测器	γ-ray detector	
24.095	中子探测器	neutron detector	
24.096	X射线探测器	X-ray detector	
24.097	α射线探测器	α-ray detector	
24.098	β射线探测器	β-ray detector	
24.099	火花探测器	spark detector	
24.100	气流探测器	gas flow detector	
24.101	内气体探测器	internal gas detector	
24.102	热致发光探测器	thermoluminescence detector	
24.103	光致发光探测器	photoluminescence detector	
24.104	自给能中子探测器	self-powered neutron detector	
24.105	阈探测器	threshold detector	
24.106	切连科夫探测器	Cerenkov detector	
24.107	位置灵敏探测器	position sensitive detector	

序 码	汉 文 名	英 文 名	注 释
24.108	径迹探测器	track detector	
24.109	固体径迹探测器	solid track detector	
24.110	核乳胶	nuclear emulsion	
24.111	云雾室	cloud chamber	
24.112	气泡室	bubble chamber	
24.113	火花室	spark chamber	
24.114	流光室	streamer chamber	
24.115	电离室	ionization chamber	
24.116	多丝正比室	multiwire proportional chamber	又称"沙尔帕克室 (Charpak chamber)"。
24.117	半导体探测器	semiconductor detector	
24.118	PN 结探测器	PN junction detector	
24.119	面垒探测器	surface barrier detector	
24.120	全耗尽半导体探测器	totally depleted semiconductor detector	
24.121	硅[锂]探测器	Si [Li] detector	
24.122	锗[锂]探测器	Ge [Li] detector	
24.123	化合物半导体探测器	compound semiconductor detector	
24.124	闪烁探测器	scintillation detector	
24.125	闪烁正比探测器	scintillation proportional detector	
24.126	闪烁体	scintillator	
24.127	电晕计数器	corona counter	
24.128	X 射线正比计数器	X-ray proportional counter	
24.129	簇射计数器	shower counter	
24.130	有机计数器	organic counter	
24.131	卤素计数器	halogen counter	
24.132	正比计数器	proportional counter	
24.133	三氟化硼计数器	boron trifluoride counter	
24.134	氦 - 3 计数器	helium-3 counter	
24.135	反冲质子计数器	recoil proton counter	
24.136	自淬灭计数器	self-quenched counter	
24.137	气体放电辐射计数管	gas discharging radiation counter tube	
24.138	中子计数管	neutron counter tube	
24.139	中子监测器	neutron monitor	

序　码	汉　文　名	英　文　名	注　释
24.140	胶片剂量计	film dosemeter, film badge	
24.141	壁效应	wall effect	
24.142	补偿电离室	ionization chamber with compensation	
24.143	端效应	end effect	
24.144	正比区	proportional region	
24.145	有限正比区	region of limited proportionality	
24.146	盖革－米勒区	Geiger-Müller region	
24.147	坪	plateau	
24.148	坪斜	plateau slope	
24.149	漂移室	drift chamber	
24.150	时间扩展室	time expansion chamber	
24.151	多步雪崩室	multi-step avalanche chamber	
24.152	超导探测器	superconductor detector	
24.153	核磁共振	nulcear magnetic resonance, NMR	
24.154	核磁共振探测器	nuclear magnetic resonance detector	
24.155	穿越辐射探测器	transition radiation detector	
24.156	微通道板探测器	micro-channel plate detector	
24.157	闪烁体溶液	scintillator solution	
24.158	第一闪烁体	primary scintillator	
24.159	计数瓶	counting vial	
24.160	零探测概率	zero detection probability	
24.161	淬灭	quench	
24.162	淬灭校正	quench correction	
24.163	内标准化	internal standardization	用闪烁液测量样品后，再加入一定量的不会增加淬灭的放射性标准溶液，根据其产生的附加计数率来确定这个闪烁液－样品体系的计数效率，这种淬灭校正方法称作内标准化。所加标准溶液称作内标准。
24.164	淬灭效应	quenching effect	又称"猝灭效应"。
24.165	外标准	external standard	是放在样品瓶附近

序 码	汉 文 名	英 文 名	注 释
			的一个 γ 放射源。在闪烁液中产生的康普顿电子引起的计数，可以衡量样品－闪烁液体系的淬灭程度。
24.166	道比	channel ratio	
24.167	谱指数	spectrum index	
24.168	H 数	H number	
24.169	平衡点	balance point	液体闪烁计数器的工作条件。对于特定的计数窗，调节 β 谱使在窗中接近对称，因此计数效率有极大值，并且当电源电压或仪器参数有微小涨落时所导致的效率变化最小。

25. 生物医学电子学

序 码	汉 文 名	英 文 名	注 释
25.001	生物磁学	biomagnetics	
25.002	生物遥测	biotelemetry	
25.003	生物电阻抗	bio-electrical impedance	
25.004	生物控制论	biological cybernetics	
25.005	生物反馈	bio-feedback	
25.006	神经网络模型	neural network model	
25.007	神经网络计算机	neural network computer	
25.008	生物电池	bio-battery	
25.009	分子器件	molecular device	
25.010	生物分子器件	biomolecular device	
25.011	生物芯片	biochip	
25.012	生物光电元件	biophotoelement	
25.013	生物计算机	bio-computer	
25.014	康复工程	rehabilitation engineering	
25.015	心电描记术	electrocardiography	

序 码	汉 文 名	英 文 名	注 释
25.016	心电矢量描记术	electrovectocardiography	
25.017	脑电描记术	electroencephalography	
25.018	皮层电描记术	electrocorticography	
25.019	神经电描记术	electroneurography	
25.020	肌电描记术	electromyography	
25.021	眼电描记术	electrooculography	
25.022	眼震电描记术	electronystagmography	
25.023	视网膜电描记术	electroretinography	
25.024	耳蜗电描记术	electrocochleography	
25.025	胃电描记术	electrogastrography	
25.026	脊髓电描记术	electromyelography	
25.027	子宫电描记术	electrohysterography	
25.028	膀胱电描记术	electrocystography	
25.029	电呼吸描记术	electropneumography	
25.030	心磁描记术	magnetocardiography	
25.031	脑磁描记术	magnetoencephalography	
25.032	肌磁描记术	magnetomyography	
25.033	眼磁描记术	magnetooculography	
25.034	肺磁描记术	magnetopneumography	
25.035	皮肤电阻描记术	electrodermography	
25.036	声阻抗测听术	acoustic impedance audiometry	
25.037	脉搏描记术	sphygmography	
25.038	阻抗心动描记术	impedance cardiography	
25.039	阻抗容积描记术	impedance plethysmography	
25.040	心尖心动描记术	apex cardiography	
25.041	生物医学换能器	biomedical transducer	
25.042	生物医学传感器	biomedical transducer	
25.043	电子血压计	electrosphygmomanometer	
25.044	电子眼压计	electrotonometer	
25.045	电子听诊器	electrostethophone	
25.046	电子体温计	electrothermometer	
25.047	电子肺量计	electrospirometer	
25.048	甲状腺功能仪	thyroid function meter	
25.049	脑功能仪	brain function meter	
25.050	肾功能仪	nephros function meter	
25.051	心功能仪	cardio function meter	
25.052	心音图仪	electrophonocardiograph	

序 码	汉 文 名	英 文 名	注 释
25.053	多导生理记录仪	polygraph	
25.054	A 型超声扫描	A-mode ultrasonic scanning	
25.055	B 型超声扫描	B-mode ultrasonic scanning	
25.056	M 型超声扫描	M-mode ultrasonic scanning	
25.057	超声心动图显象	echocardiography	
25.058	直线阵列扫描	linear array scan	
25.059	机械扇形扫描	mechanical sector scan	
25.060	电子相阵扇形扫描	electronically phased array sector scanning	
25.061	数字扫描变换器	digital scan convertor, DSC	
25.062	超声多普勒血流仪	ultrasonic Doppler blood flowmeter	
25.063	超声多普勒血流成象	ultrasonic Doppler blood flow imaging	
25.064	体表电位分布图测量	body surface potential mapping	
25.065	脑电分布图测量	electroencephalic mapping	
25.066	X 射线计算机断层成象	X-ray computerized tomography, X-CT	
25.067	核磁共振计算机断层成象	nuclear magnetic resonance computerized tomography, NMRCT	
25.068	磁共振成象	magnetic resonance imaging	
25.069	发射型计算机断层成象	emission computerized tomography, ECT	
25.070	正电子发射[型]计算机断层成象	positron emission computerized tomography, PECT	
25.071	单光子发射[型]计算机断层成象	single-photon emission computerized tomography, SPECT	放射化学中又称"单光子发射计算机化断层显象"。
25.072	超声计算机断层成象	ultrasonic computerized tomography, UCT	
25.073	核素成象	radio nuclide imaging	
25.074	γ 照相机	gamma camera	
25.075	热象图成象	thermography	又称"热敏成象法"。
25.076	微波热象图成象	microwave thermography	
25.077	代谢成象	metabolic imaging	

序　码	汉　文　名	英　文　名	注　释
25.078	心脏起搏器	cardiac pacemaker	
25.079	助听器	hearing aids	
25.080	助视器	visual aids	
25.081	助行器	mobility aids	
25.082	超声导盲器	ultrasonic guides for the blind	
25.083	心脏除颤器	cardiac defibrillator	
25.084	步态分析系统	gait analysis system	
25.085	心电监护仪	ECG monitor	
25.086	病人监护仪	patient monitor	
25.087	床旁监护仪	bedside monitor	
25.088	中心监护系统	central monitoring system	
25.089	冠心病监护病室	coronary care unit, CCU	
25.090	监护病室	intensive care unit, ICU	
25.091	危重病人监护系统	critical patient care system	
25.092	胎儿监护仪	fetal monitor	
25.093	围产期监护仪	perinatal monitor	
25.094	新生儿监护仪	neonatal monitor	
25.095	手术室监护仪	operational room monitor	
25.096	麻醉深度监护仪	anaesthesia depth monitor	
25.097	动态心电图监护系统	dynamic ECG monitoring system, Holter system	又称"霍尔特系统"。
25.098	可走动病人监护	ambulatory monitoring	又称"非卧床监护"。
25.099	磁[力]疗法	magnetotherapy	
25.100	电针术	electropuncture	
25.101	电凝法	electrocoagulation	
25.102	电麻醉	electro-anaesthesia	
25.103	电切术	electrocision	
25.104	电按摩	electromassage	
25.105	电细胞融合	electric cell fusion	
25.106	电透药法	electromedication	
25.107	电碎石法	electrolithotrity	
25.108	电疗法	electropathy, electrotherapy	
25.109	电休克	electroshock	
25.110	电刺激	electrostimulation	
25.111	经皮电刺激	transcutaneous electrostimulation	
25.112	功能性电刺激	functional electrostimulation,	

序　码	汉　文　名	英　文　名	注　释
25.113	功能性神经肌肉 电刺激	FES functional neuromuscular stimula- tion, FNS	
25.114	植入式电极	implanted electrode	
25.115	导管电极	catheter electrode	
25.116	生物电放大器	bioelectric amplifier	
25.117	导联系统	lead system	
25.118	生物电	bioelectricity	
25.119	动作电位	action potential	
25.120	诱发电位	evoked potential	
25.121	迟电位	late potential	

英 汉 索 引

A

aberration 象差 12.039

abnormal glow discharge 异常辉光放电 10.209

abrupt junction 突变结 13.206

absolute altitude 绝对高度 20.026

absolute vacuum gauge 绝对真空计 12.101

absorption 吸收 12.171

abstract code 抽象码 05.047

AC 交流 03.002, 接入控制 21.398

acceleration constant 加速常数 23.048

acceptable quality level 可接收质量水平 18.046

acceptance 接收 18.041

acceptance test 验收试验 18.110

acceptor 受主 13.058

access 接入 21.368

access control 接入控制 21.398

access hole 通导孔 08.173

accessibility 可达性, *可及性 18.094

access protocol 接入规约 21.383

accidental failure period 偶然失效期 18.070

accommodation factor 适应系数 12.174

accuracy 准确度 17.031

accutuned coaxial magnetron 精调同轴磁控管 10.087

achievable rate 可达信息率 05.048

achievable region 可达区域 05.051

acid storage battery 酸性蓄电池 09.060

ACK 确认 21.145

acknowledgement 确认 21.145

acoustic enclosure 音箱 22.106

acoustic impedance audiometry 声阻抗测听术 25.036

acoustic sensor 声敏感器 07.128

acoustooptical receiver 声光接收机, *布拉格元接收机 19.246

aoustooptic ceramic 声光陶瓷 06.023

acoustooptic crystal 声光晶体 06.022

acoustooptic modulation 声光调制 11.079

acoustooptic Q-switching 声光 Q 开关 16.148

ACT gun 抗彗尾枪 12.012

action potential 动作电位 25.119

activation 激活 09.016

activation energy 激活能 15.154

activation energy of diffusion 扩散激活能 14.095

active array 有源阵 04.267

active component 有源元件 14.250

active detection 有源探测 19.049

active display 主动显示 11.034

active guidance 有源制导 19.056

active jamming 有源干扰 19.213

active material 活性物质 09.015

active matrix 有源矩阵 11.127

active medium 激活媒质 16.039

active microwave remote sensing 有源微波遥感 23.180

active network 有源网络 03.348

active optical fiber 激活光纤 16.208

active redundancy 工作冗余 18.095

active repair time 修理实施时间 18.107

active tracking 有源跟踪 19.051

actuating code 执行码 23.142

actuating force 驱动力 08.046

actuator 执行器, *驱动器 07.107, 执行机构 23.075

adaptive control 自适应控制 23.032

adaptive delta modulation 自适应增量调制 03.239

adaptive detector 自适应检测器 05.151

adaptive differential pulse-code modulation 自适应差分脉码调制 03.237

adaptive equalization 自适应均衡 21.132

adaptive jamming 响应式干扰 19.221

adaptive radar 自适应雷达 19.107

adaptive remote control　自适应遥控　23.117

adaptive routing　自适应路由选择　21.359

adaptive telemetry　自适应遥测　23.093

adaptor connector　转接连接器　08.002

A/D converter　模数转换器，＊A/D 转换器　03.183

address access time　地址存取时间　14.226

adhesion　附着　15.237

adjoint source　伴随信源　05.028

adjustment　调整　17.011

administrative time　修理准备时间　18.106

admittance　导纳　03.017

admittance chart　导纳圆图　04.056

ADP　磷酸二氢铵　06.048

ADPCM　自适应差分脉码调制　03.237

adpedance　导抗　03.018

adsorption　吸附　12.170

AES　俄歇电子能谱[学]　15.306

AFC　自动频率控制　03.311

after glow　余辉　10.282

after image　余象　10.269

after pulse　余脉冲　10.266

AGC　自动增益控制　03.310

ageing　老化　15.274

airborne-based navigation　空基导航　20.005

airborne radar　机载雷达　19.127

airport surface detection radar　场面检测雷达　20.122

airport surveillance radar　机场监视雷达　19.137

air route surveillance radar　航线监视雷达　19.138

air speed　空速　20.029

air traffic control　空中交通管制，＊空管　20.117

air traffic control radar　空管雷达　19.139

alarm command　告警指令　23.156

alarm dismissal probability　漏警概率　19.019

ALE　原子层外延　13.177

algebraic code　代数码　05.090

aliasing　混叠　05.191

aligned position　协调位置　08.102

alignment precision　对准精度　15.172

alignment tape　调整带　22.084

alkaline storage battery　碱性蓄电池　09.046

alkaline zinc-air battery　碱性锌空气电池　09.054

alkaline zinc-manganese dioxide cell　碱性锌锰电池　09.055

Allan variance　阿伦方差　17.053

alloy diode　合金二极管　14.002

alloy junction　合金结　14.079

alloy transistor　合金晶体管　14.029

all-pass network　全通网络　03.372

all-weather automatic landing　全天候自动着陆　20.091

Al-Ni-Co permanent magnet　铝镍钴永磁体　06.094

alphanumeric display　字符显示　11.016

Alpha Omega　阿尔法奥米伽[系统]　20.082

alpha spectrometer　α谱仪　24.001

alternate code　交替码　05.105

alternate humidity test　交变潮热试验　18.130

alternate route　迂回路由　21.356

alternating current　交流　03.002

alternation theorem　交错定理　05.231

altimeter　高度表，＊测高仪　20.100

altitude-hole effect　高度空穴效应　20.133

ALU　算术逻辑部件　14.170

alumina ceramic　氧化铝瓷　06.038

aluminium electrolytic capacitor　铝电解电容器　07.049

aluminium nitride ceramic　氮化铝瓷　06.040

aluminum-air cell　铝空气电池　09.064

AM　调幅　03.206

ambiguity　模糊度　05.025

ambiguity diagram　模糊图　19.042

ambiguity function　模糊函数　19.041

AM broadcasting　调幅广播　22.002

ambulatory monitoring　可走动病人监护，＊非卧床监护　25.098

ammeter　电流表，＊安培表　17.080

ammonia-air fuel cell　氨空气燃料电池　09.069

ammonium dihydrogen phosphate　磷酸二氢铵　06.048

A-mode ultrasonic scanning　A型超声扫描　25.054

amorphous magnetic material 非晶磁性材料 06.178

amorphous semiconductor 非晶态半导体 13.004

amorphous silicon 非晶硅 13.027

amorphous silicon solar cell 非晶硅太阳电池 09.098

amount of information 信息量 05.014

amount of secrecy 保密量 05.157

amphoteric impurity 两性杂质 13.055

amplification 放大 03.041

amplification of spontaneous emission 自发辐射放大 16.051

amplitron 增幅管 10.099

amplitude 振幅 03.006

amplitude analyser 幅度分析器 24.026

amplitude comparison monopulse 比幅单脉冲 19.059

amplitude control 幅值控制 08.110

amplitude detection 幅度检波 03.243

amplitude discriminator 幅度鉴别器 24.028

amplitude-frequency characteristic 幅频特性 03.047

amplitude limiter 限幅器 03.140

amplitude limiting 限幅 03.139

amplitude modulated transmitter 调幅发射机 03.281

amplitude modulation 调幅 03.206

amplitude modulation meter 调幅度表 17.063

amplitude modulator 调幅器 03.212

amplitude noise 幅度噪声 19.028

amplitude-phase diagram 幅相图 23.043

amplitude shift keying 幅移键控 03.215

amplitude-time converter 幅度－时间变换器 24.027

AM transmitter 调幅发射机 03.281

anaesthesia depth monitor 麻醉深度监护仪 25.096

analog capability 模拟能力 14.233

analog communication 模拟通信 21.017

analog component VTR 模拟分量录象机 22.080

analog instrument 模拟仪器 17.148

analog integrated circuit 模拟集成电路 14.118

analog multiplier 模拟乘法器 14.201

analog oscilloscope 模拟示波器 17.127

analog signal 模拟信号 05.181

analog switching 模拟交换 21.321

analog to digital converter 模数转换器，＊A/D 转换器 03.183

AND gate 与门 03.173

AND-OR gate 与或门 03.175

and/or stack register 与或堆栈寄存器 14.186

anechoic chamber 电波暗室，17.161，消声室 22.052

angle lap-stain method 磨角染色法 15.255

angle modulation 调角 03.208

angle noise 角[度]噪声 19.029

angle tracking 角跟踪 04.214

angular displacement 角位移，＊失调角 08.104

anisotropic etching 各向异性刻蚀 15.207

anisotropic medium 各向异性媒质 04.019

ANN 人工神经网络 03.450

annealing 退火 15.153

annular slot antenna 环形缝隙天线 04.277

anode 阳极 10.223

anode oxidation method 阳极氧化法 15.058

anomalous transmission method 异常透射法 13.193

antenna 天线 04.153

antenna array 天线阵 04.258

antenna array of Alford loops 奥尔福德天线阵 20.050

antenna multicoupler 天线共用器 21.255

antenna pattern 天线方向图 04.219

anticollision radar 防撞雷达 19.133

anti-comet-tail gun 抗彗尾枪 12.012

anti-Compton gamma ray spectrometer 反康普顿γ谱仪 24.021

antiferroelectric ceramic 反铁电陶瓷 06.014

antiferroelectric crystal 反铁电晶体 06.013

anti-ferromagnetism 反铁磁性 02.057

anti-jamming 反[蓄意]干扰 19.211

antimony sulfide vidicon 硫化锑视象管 11.092

antinode 腹点 04.053

anti-noise microphone 抗噪声传声器 22.069

anti-radar 反雷达 19.202

anti-saturated logic 抗饱和型逻辑 14.156

anti-stealth technology 反隐形技术 19.066

aperiodic antenna 非周期天线 04.229

aperture 孔径 04.317

aperture grille 荫栅 10.233

apex cardiography 心尖心动描记术 25.040

apparent permeability 表观磁导率 02.067

apparent quality factor 表观品质因数 10.195

appearance potential spectroscopy 出现电势谱[学] 15.318

application layer 应用层 21.379

application specific IC 专用集成电路 14.127

approach and landing system 进近着陆系统 20.092

approach aperture 进近窗口 20.109

approximation by semi-infinite slopes 半无限斜线逼近 03.388

APS 出现电势谱[学] 15.318

arbitrary cell method 任意单元法 14.277

arc discharge 弧光放电 10.210

arc discharge tube 弧光放电管 10.056

architecture 体系结构 21.114

area array 面阵 11.125

argon ion laser 氩离子激光器 16.083

arithmetic code 算术码 05.046

arithmetic logic unit 算术逻辑部件 14.170

armature control 电枢控制 08.109

Armco iron 工业纯铁, *阿姆可铁 06.111

ARQ 自动检错重发 05.132, 自动请求重发 21.175

array antenna 阵天线 04.255

array element 阵[单]元 04.164

array factor 阵因子 04.215

ARSR 航线监视雷达 19.138

articulation [可听]清晰度 21.186

artificial line 仿真线 03.439

artificial neural net 人工神经网络 03.450

artificial neural network 人工神经网络 03.450

artillery location radar 炮位侦察雷达 19.125

artillery reconnaissance and fire-directing radar 炮兵侦察校射雷达 19.123

as-grown crystal 生成态晶体 13.144

ASIC 专用集成电路 14.127

ASK 幅移键控 03.215

ASR 机场监视雷达 19.137

assembling technology 组装技术 08.194

astigmation 象散 12.040

asychronous transfer mode 异步传递方式, *异步转移方式 21.318

asymmetric alternating current charge 不对称交流充电 09.031

asymptotic stability 渐近稳定性 23.049

asynchronous transmission 异步传输 21.097

ATC 空中交通管制, *空管 20.117

ATC radar 空管雷达 19.139

ATM 异步传递方式, *异步转移方式 21.318

atmospheric laser communication 大气激光通信 21.261

atom 原子 02.001

atomic frequency standard 原子频标 03.115

atomic layer epitaxy 原子层外延 13.177

ATR tube ATR 管, *阻塞放电管 10.041

attended repeater 有人增音站 21.237

attenuation 衰减 03.020

attenuation constant 衰减常数 03.395

attenuator 衰减器 03.440

audio frequency amplifier 音频放大器 03.067

audio frequency oscillator 音频振荡器 03.111

audio frequency transformer 音频变压器 07.093

audiometric room 听力测试室 22.055

Auger electron spectroscopy 俄歇电子能谱[学] 15.306

augmented code 增信码 05.121

authentication 证实 05.176

auto-convergence 自会聚 11.070

autodoping 自掺杂 15.124

autodyne receiver 自差接收机 03.294

automated command system 自动化指挥系统 21.068

automatically activated battery 自动激活电池 09.083

automatic command 自动指令 23.176

automatic control 自动控制 23.031

automatic detector 自动检测器 05.149

basic group　基群　21.124

batch　批　18.013

batch size　批量　18.014

battlefield search radar　战场侦察雷达　19.119

baud　波特　21.156

Bayard-Alpert vacuum gauge　B－A真空计　12.116

Bayliss distribution　贝里斯分布　04.314

BBD　斗链器件　14.208

beacon tracking　信标跟踪　19.053

beam angle　波束角　04.202

beam antenna　波束天线　04.281

beam confining electrode　束射屏　10.239

beam index tube　束引示管　11.107

beam-injected crossed-field amplifier　束注入正交场放大管　10.095

beam-landing screen error　束着屏误差　12.048

beam lead　梁式引线　15.235

beam shape factor　波束形状因数　04.207

beam solid angle　波束亡体角　04.204

beam steering　波束调向　04.206

beam waveguide　[波]束波导　04.083

beamwidth　波束宽度　04.208

bearer service　承载业务　21.025

bearing marker　方位标志　19.175

bearing of station　电台方位　20.023

beat frequency oscillator　拍频振荡器　03.110

bedside monitor　床旁监护仪　25.087

bent beam ionization gauge　弯束型[电离]真空计　12.120

beryllia ceramic　氧化铍瓷　06.039

Beverage antenna　贝弗里奇天线　04.231

beyond-the-horizon communication　超视距通信　21.242

BFL　缓冲场效晶体管逻辑　14.155

BGO　锗铋氧化物　06.061

bias　偏压　10.259

biasing　偏磁　06.130

biconical antenna　双锥天线　04.232

bidirectional diode　双向二极管　14.006

bidirectional thyristor　双向晶闸管　14.049

bilateral　双向[性]　03.328

bilinear transformation　双线性变换　05.213

bio-battery　生物电池　25.008

biochip　生物芯片　25.011

bio-computer　生物计算机　25.013

bio-electrical impedance　生物电阻抗　25.003

bioelectric amplifier　生物电放大器　25.116

bioelectricity　生物电　25.118

bioelectronics　生物电子学　01.013

bio-feedback　生物反馈　25.005

biological cybernetics　生物控制论　25.004

biomagnetics　生物磁学　25.001

biomedical electronics　生物医学电子学　01.014

biomedical transducer　生物医学换能器　25.041

biomedical transducer　生物医学传感器　25.042

biomolecular device　生物分子器件　25.010

biomolecular electronics　生物分子电子学　01.015

biophotoelement　生物光电元件　25.012

biosensor　生物敏感器　07.114

biotelemetry　生物遥测　25.002

bipolar cell　双极型电池　09.074

bipolar integrated circuit　双极型集成电路　14.124

bipolar memory　双极存储器　14.180

bipolar transistor　双极晶体管　14.034

birefringence　双折射　04.025

B-ISDN　宽带综合业务数字网　21.062

bisection theorem　中剖定理，＊中分定理　03.338

bismuth germanate　锗酸铋　06.060

bismuth germanium oxide　锗铋氧化物　06.061

bistable trigger-action circuit　双稳[触发]电路　03.158

bistatic radar　双基地雷达　19.104

BITE　机内测试装置　19.076

bit error rate　误比特率　05.136

bit line　位线　14.244

bit-reversed order　倒序　05.214

bit synchronization　位同步　21.163

black and white picture tube　黑白显象管　11.089

black and white TV　黑白电视　22.012

black halo　黑晕　10.254

black level　暗电平　10.244

black matrix　黑底　10.252

black matrix screen　黑底屏　11.061

blade antenna　刀形天线　04.233

blanketing jamming　压制性干扰　19.217

blind equalization　盲均衡　21.133

blind phase　盲相　19.044

blind speed　盲速　19.043

blip　目标[显示]标志　19.040

block cipher　分组密码　05.163

block code　分组码　05.094

block floating point　成组浮点　05.215

blocking capacitor　隔直流电容器，＊隔离电容器　07.037

blocking oscillator　间歇振荡器　03.156

blooming　开花　10.256

blur　模糊　23.210

B-mode ultrasonic scanning　B型超声扫描　25.055

BNN　铌酸钡钠　06.053

board-mounted connector　板装连接器　08.003

Bode diagram　伯德图　23.083

body mounted type solar cell array　壳体太阳电池阵　09.115

body surface potential mapping　体表电位分布图测量　25.064

bombing radar　轰炸雷达　19.132

bonded permanent magnet　粘结磁体　06.095

boosted-high level clock generator　升压高电平时钟发生器　14.221

booster vacuum pump　增压真空泵　12.075

bootstrap capacitor　自举电容器　14.222

boresight　视轴　04.216

boron-phosphorosilicate glass　硼磷硅玻璃　15.220

boron trifluoride counter　三氟化硼计数器　24.133

both-way communication　双向通信　21.023

boundary layer　边界层　13.162

bow　弓度　08.180

box diffusion　箱法扩散　15.116

box lens　盒式透镜　11.130

Bragg-cell receiver　声光接收机，＊布拉格元接收机　19.246

brain function meter　脑功能仪　25.049

branched optical cable　分支光缆　08.136

break-away connector　分离连接器　08.012

breakdown　击穿　02.021

breakdown strength　击穿强度　02.023

breakdown voltage　击穿电压　02.022

breakout　分支点　08.137

break time　破译时间　05.172

break valve　截止阀　12.139

bremsstrahlung　轫致辐射　10.122

bridge　电桥　17.076，网桥　21.366

Bridgman method　布里奇曼方法　13.134

brightness temperature　亮度温度　23.209

Brillouin diagram　布里渊图　10.166

broadband integrated services digital network　宽带综合业务数字网　21.062

broadcasting　广播　22.001

broadcast receiver　[广播]收音机　22.107

broadcast service　广播业务　21.046

brute force focusing　暴力式聚焦　12.029

B-scope　距离－方位显示器　19.161

BSF solar cell　背场太阳电池　09.093

BSR solar cell　背反射太阳电池　09.091

BT　钛酸钡　06.056

bubble chamber　气泡室　24.112

bubble diameter　泡径　06.149

bubble [domain] mobility　泡迁移率　06.150

bucket brigade device　斗链器件　14.208

buffer amplifier　缓冲放大器　03.074

buffered FET logic　缓冲场效晶体管逻辑　14.155

building-block layout system　积木式布图系统　14.291

built-in diagnostic circuit　内建诊断电路　14.199

built-in field　自建电场　13.210

built-in potential　内建势　14.106

built-in test equipment　机内测试装置　19.076

bulk effect　体效应　13.196

bulk recombination　体内复合　13.089

bumping　爆腾，＊暴沸　12.149

bunching space　群聚空间　10.153

Burgers vector　伯格斯矢量　13.041

Burg's algorithm　伯格算法　05.227

buried-channel MOSFET　埋沟 MOS 场效晶体管　14.062

buried layer　埋层　15.140

burn-out energy 抗烧毁能量 14.093

burn-through range 烧穿距离 19.067

burst error 突发差错 21.181

burst [error] correcting code 纠突发错误码 05.080

burst length 突发长度 05.123

burst signal 色同步信号 22.042

butterfly operation 蝶式运算 05.216

butterfly valve 蝶[形]阀 12.137

Butterworth filter 巴特沃思滤波器 03.437

button 按钮 08.036

button cell 扁形电池, *扣式电池 09.049

BWT 返波管 10.081

by-pass capacitor 旁路电容器 07.044

by-pass valve 旁通阀 12.140

byte 字节 21.158

C

cable TV 有线电视 22.014

CAD 计算机辅助设计 14.284

cadmium-mercuric oxide cell 镉汞电池 09.056

cadmium-nickel storage battery 镉镍蓄电池 09.050

cadmium-silver storage battery 镉银蓄电池 09.051

cadmium sulfide solar cell 硫化镉太阳电池 09.101

cage antenna 笼形天线 04.234

CAI 等高显示器 19.169

calcination 预烧 15.295

calibrated leak 校准漏孔 12.130

calibration 校准, *标定 17.008

calibration factor 校准因数 17.039

calibration tape 校准带 22.085

call completing rate 接通率 21.370

call loss 呼损 21.369

CAM 计算机辅助制造 14.286

camera tube 摄象管 11.090

camouflage code 伪装码 23.171

cancelling command 取消指令 23.164

canonical grammar 规范文法 05.297

capacitance 电容 02.042

capacitance tolerance 电容量允差 07.060

capacitance voltage method 电容电压法 15.257

capacitive reactance 容抗 03.012

capacitor 电容器 07.031

capacity region 容量区域 05.071

capillary action-shaping technique 毛细成形技术 15.267

carbon composition film potentiometer 合成碳膜电

位器 07.022

carbon dioxide laser 二氧化碳激光器, *CO_2 激光器 16.063

carbon film resistor 碳膜电阻器 07.012

carbon microphone 炭粒传声器 22.067

carbonyl iron 羰基铁 06.110

cardiac defibrillator 心脏除颤器 25.083

cardiac pacemaker 心脏起搏器 25.078

cardinal plane 基平面 04.192

cardio function meter 心功能仪 25.051

cardioid microphone 心形传声器 22.064

carpitron 卡皮管 10.097

carrier 载波 03.219, 载流子 13.065

carrier extract 载波提取 21.205

carrier frequency shift 载波频移 17.056

carrier frequency synchronization 载频同步 21.137

carrier leak 载漏 21.139

carrier recovery 载频恢复 21.189

carrier telegraph 载波电报 21.285

carrier telephone 载波电话 21.284

carrier-to-noise ratio 载噪比 21.192

carrier transmission 载波传输 21.122

cascade compensation 串级校正, *串联补偿 23.039

cascade control 串级控制 23.019

cascaded code 级联码 05.103

cascade synthesis 级联综合法, *链接综合法 03.384

Cassegrain reflector antenna 卡塞格伦反射面天线 04.301

cassette recorder 盒式录音机 22.078

cassette tape 盒[式磁]带 06.133

CAST 毛细成形技术 15.267

CAT 计算机辅助测试 14.285

catastrophic code 恶性码 05.093

catcher resonator 获能腔 10.190

category voltage 类别电压 07.001

catheter electrode 导管电极 25.115

cathode 阴极 10.015

cathode active coefficient 阴极有效系数 10.037

cathode fatigue 阴极疲劳 10.035

cathode follower 阴极输出器 03.075

cathode glow 阴极辉光 10.213

cathode life 阴极寿命 10.036

cathodeluminescence 阴极射线致发光 10.280

cathode-ray tube 阴极射线管 11.085

cathodochromism 阴极射线致变色 11.044

CATV 有线电视 22.014

causality 因果律,*因果性 05.193

causal system 因果系统 05.194

cavity dumping 腔倒空 16.164

CCD 电荷耦合器件 14.202

CCD delay line 电荷耦合器件延迟线 14.223

CCD memory 电荷耦合器件存储器 14.181

CCS 共路信令 21.343

CCU 冠心病监护病室 25.089

CDM 码分复用 21.103

CDMA 码分多址 21.224

cell size 单元尺寸 14.225

cellular radio telephone 蜂窝状无线电话 21.290

celsian ceramic 钡长石瓷 06.003

centimeter wave 厘米波 04.060

centralized control 集中控制 23.122

centralized monitor 集中监控 23.015

central monitoring system 中心监护系统 25.088

central office 中心局 21.335

central processing unit 中央处理器 14.169

centrifugal test 离心试验 18.142

cepstrum 倒谱 05.230

ceramic capacitor 陶瓷电容器 07.055

ceramic filter 陶瓷滤波器 06.062

ceramic for mounting purposes 装置瓷 06.006

ceramic packaging 陶瓷封装 15.240

ceramic sensor 陶瓷敏感器 07.116

ceramic transducer 陶瓷换能器 06.063

Cerenkov detector 切连科夫探测器 24.106

Cerenkov radiation 切连科夫辐射 10.137

cesium dideuterium arsenate 砷酸二氘铯 06.055

CFA 正交场放大管 10.094

CFAR 恒虚警率 19.020

CFD 正交场器件 10.082

chaff 箔条[丝] 19.232

chaff bundle 箔条包 19.233

chaff cloud 箔条云 19.234

chaff corridor 箔条走廊 19.235

chain code 链码 05.113

channel 信道,*通路 21.147

channel associated signalling 随路信令 21.344

channel capacity 信道容量 05.068

channel electron multiplier 通道[式]电子倍增器 11.115

channeling effect 沟道效应 15.146

channelized receiver 信道化接收机 19.245

channel ratio 道比 24.166

channel width 道宽 24.011

chaos 混沌 03.448

character generator 字符发生器 11.133

character indicator 字符显示器 19.166

characteristic frequency 特征频率 14.100

characteristic grammar 特征文法 05.290

characteristic impedance 特性阻抗 03.359

characteristic parameter 特征参数 03.354

charge 充电 02.043

charge acceptance 充电接收能力 09.021

charge coupled device 电荷耦合器件 14.202

charge coupled imaging device 电荷耦合成象器件 14.203

charged particle detector 带电粒子探测器 24.092

charge efficiency 充电效率 09.027

charge injection device 电荷注入器件 14.204

charge priming device 电荷引发器件 14.205

charge pump 电荷泵 14.227

charge retention 充电保持能力 09.020

charge sensitive preamplifier 电荷灵敏前置放大器 24.010

charge storage diode 电荷存储二极管 14.014

charge transfer device 电荷转移器件 14.206

charge valve 充气阀 12.133

Charpak chamber ＊沙尔帕克室 24.116

Chebyshev filter 切比雪夫滤波器 03.436

check digit 校验位 05.081

checking command 校验指令 23.172

cheese antenna 盒形天线 04.285

chemical coprecipitation process 化学共沉淀工艺 15.278

chemical laser 化学激光器 16.075

chemical liquid deposition 化学液相淀积 15.279

chemical polishing 化学抛光 15.011

chemical pumping 化学泵浦 16.013

chemical sensor 化学敏感器 07.112

chemical vapor deposition 化学汽相淀积 13.181

chemico-mechanical polishing 化学机械抛光 15.010

chip capacitor 片式电容器 07.033

chip component 片式元件 07.004

chip inductor 片式电感器 07.073

chip resistor 片式电阻器 07.009

chip size 芯片尺寸 14.245

chirp Z-transform 线性调频 Z 变换 05.212

choke 扼流圈 07.077

choke flange 扼流法兰[盘] 04.099

choke joint 扼流关节 04.101

choke piston 扼流式活塞 04.305

choke plunger 扼流式活塞 04.305

cholesteric liquid crystal 胆甾相液晶 11.121

chopper 斩波器 03.057

chroma key 色键 22.046

chromatic aberration 色[象]差 12.037

chromatic dispersion 多色色散 21.268

chrominance 色度 22.029

chromium-oxide tape 铬氧磁带，＊铬带 06.136

chromium plate 铬版 15.164

CID 电荷注入器件 14.204

cipher 密码 05.161

cipher code 密码 05.161

cipher key 密钥 05.169

circle-hyperbolic system 圆－双曲线系统 20.040

circuit extraction 电路提取 14.282

circuit simulation 电路仿真 03.446

circuit switching 电路交换 21.312

circuit topology 电路拓扑[学] 03.447

circular convolution 循环卷积 05.197

circular polarization 圆极化 04.031

circular scanning 圆扫描 04.210

circular waveguide 圆[形]波导 04.081

circulator 环行器 04.150

C³I system 指挥控制通信与情报系统，＊C³I 系统 21.405

cladding mode stripper 包层模消除器 08.153

clamped dielectric constant 受夹介电常量 06.079

clamper 箝位器 03.144

clamping 箝位 03.143

clamping diode 箝位二极管 14.009

class A amplifier 甲类放大器 03.060

class B amplifier 乙类放大器 03.061

class C amplifier 丙类放大器 03.062

class D amplifier 丁类放大器 03.063

class E amplifier 戊类放大器 03.064

CLD 化学液相淀积 15.279

clean bench 洁净台 15.262

cleaning 清洗 15.006

clean room 洁净室 15.261

clean vacuum 清洁真空 12.055

clearance 余隙 20.110

clearance hole 隔离孔 08.174

cleavage 解理 13.123

clipper 削波器 03.142

clipping 削波 03.141

clock generator 时钟发生器 14.198

clock pulse 时钟脉冲 03.181

closed ampoule vacuum diffusion 闭管真空扩散 15.117

closed loop 闭环 03.278

closed-loop control 闭环控制 23.021

closed-loop frequency response 闭环频率响应 23.033

closely-packed code 紧充码 05.107

cloud chamber 云雾室 24.111

cloverleaf slow wave line 三叶草慢波线 10.184

cluster crystal 簇形晶体 13.141

clutter 杂波 19.033

clutter map 杂波图 19.034

CML 电流开关型逻辑 14.165

CMOSIC CMOS 集成电路，＊互补 MOS 集成电路 14.135

CO 中心局 21.335

coated powder cathode 敷粉阴极 10.026

coaxial antenna 同轴天线 04.235

coaxial cable 同轴电缆 04.090

coaxial line 同轴线 04.089

coaxial magnetron 同轴磁控管 10.092

coaxial relay 同轴继电器 08.058

code 码 05.036

code block 码组 21.157

codebook 码本 05.041

code division multiple access 码分多址 21.224

code division multiplexing 码分复用 21.103

coded transmitter 编码发射机 19.153

code generator 码生成器 05.114

code length 码长 05.043

codeposition 共淀积 15.031

coder 编译码器 21.184

code rate 码率 05.042

code tree 码树 05.049

code vector 码矢[量] 05.115

code word 码字 05.116

code word synchronization 码字同步 21.159

coding theorem 编码定理 05.034

coercive force 矫顽[磁]力 02.076

coevaporation 共蒸发 15.090

coherent detection 相干检测 05.144，相干探测 16.223

coherent detector 相干检波器 03.248

coherent grain boundary 共格晶界 13.043

coherent optical communication 相干光通信 21.263

coherent pulse radar 相干脉冲雷达 19.087

coherent transponder 相干应答器 19.075

cohesion 内聚性 21.119

coincidence gate 符[合]门 03.172

CO laser 一氧化碳激光器 16.084

cold cathode 冷阴极 10.028

cold cathode magnetron gauge 冷阴极磁控真空计 12.122

cold trap 冷阱 12.145

cold wall reactor 冷壁反应器 15.039

cold welding 冷焊 15.229

collapsing ratio 冲淡比 19.022

collector 集电极 14.082

collector junction 集电结 14.083

collector region 集电区 14.086

collimating lens 准直透镜 12.023

collision broadening 碰撞展宽 16.028

color bar signal 彩条信号 22.047

color cell 色元 10.263

color center laser 色心激光器 16.096

color difference signal 色差信号 22.043

color display 彩色显示 11.025

color field 色场 10.262

colorimetry 色度学 11.038

color kinescope 彩色显象管 11.088

color picture tube 彩色显象管 11.088

color purity allowance 色纯度容差 10.264

color temperature 色温 22.030

color TV 彩色电视 22.013

column decoder 列译码器 14.190

coma aberration 彗差，＊彗形象差 12.041

comb filter 梳齿滤波器 03.435

combination interference 组合干扰 21.190

combined command 组合指令 23.177

COMINT 通信情报 19.196

comma-free code 无逗点码 05.045

command 指令 23.125

command capacity 指令容量 23.138

command chain 指令链 23.127

command code 指令码 23.128

command code element 指令码元 23.129

command coding 指令编码 23.135

command, control and communication system 指挥控制与通信系统，＊C^3 系统 21.404

command, control, communication and intelligence system 指挥控制通信与情报系统，＊C^3I 系统 21.405

command error 指令误差 23.140

conduction current 传导电流 04.007

conductive foil 导电箔 08.168

conductive pattern 导电图形 08.164

conductivity 电导率 02.011

conductor 导线 08.119

confocal resonator 共焦谐振腔 16.115

conformal antenna 共形天线 04.271

conformal array antenna 共形阵天线 04.270

confusion region 混淆区 19.068

congestion 拥塞 21.198

congestion control 拥塞控制 21.392

conical array 圆锥阵 04.260

conical-scan tracking 锥扫跟踪 19.055

connection 连接 21.093

connector 连接器 08.001

conservation of information 信息守恒 05.178

consignment lot 交付批 18.016

Consol sector radio marker 康索尔系统，＊扇区无线电指向标 20.051

constant altitude indicator 等高显示器 19.169

constant-current discharge 定电流放电 09.036

constant false alarm rate 恒虚警率 19.020

constant-fraction discriminator 恒比鉴别器 24.041

constant-resistance discharge 定电阻放电 09.037

constant temperature and moisture test 恒温恒湿试验 18.129

constant value command 定值指令 23.150

constraint length 约束长度 05.130

contact 接触件 08.017, 触点 08.037

contact adhesion 触点粘结 08.064

contact exposure method 接触式曝光法 15.192

contact load 触点负载 08.038

contact piston 接触式活塞 04.110

contact plunger 接触式活塞 04.110

contact resistance 接触电阻 08.040

contact weld 触点熔接 08.065

contention 争用 21.371

context constraint grammar 上下文有关文法 05.299

context free grammar 上下文无关文法 05.300

continuous command 连续指令 23.160

continuous current at locked-rotor 连续堵转电流 08.098

continuous distribution 连续分布 18.004

continuous wave magnetron 连续波磁控管 10.086

continuous wave modulation 连续波调制 03.230

continuous wave radar 连续波雷达 19.082

continuous wave transmitter 连续波发射机 03.285

contouring 磨球面 15.281

contours of constant geometric accuracy 等精度曲线 20.011

contrast 衬比度 22.039

control chart 管理图 18.048

control command 控制指令 23.159

control grid 控制栅极 10.224

controllability 可控性 23.059

controlled object 受控对象 23.146

control procedure 控制规程 21.394

control synchro 控制式自整角机 08.069

convection current 运流电流 04.009

conventional true value 约定真值 17.018

convergence 会聚 11.068

conversational service 对话[型]业务 21.048

conversion gain 变换增益 24.004

convolution 卷积，＊褶积 05.195

convolution code 卷积码 05.108

convolution theorem 卷积定理 03.339

coordinate conversion computer 坐标转换计算机 20.157

co-polarization 共极化 04.033

cordless telephone 无绳电话 21.291

corner reflector 角[形]反射器 04.310

corona 电晕 02.026

corona counter 电晕计数器 24.127

corona discharge 电晕放电 10.211

corona discharge tube 晕光放电管 10.054

coronary care unit 冠心病监护病室 25.089

correcting network 校正网络 03.370

correction 修正，＊校正 17.009

corrective maintenance 修复性维修，＊改正性维护 18.100

correlation detector 相关检测器 03.249

correlation receiver 相关接收机 05.246

corrugated horn 波纹喇叭 04.182

corundum-mullite ceramic 刚玉－莫来石瓷 06.031

cosecant-squared antenna 平方余割天线 04.295

coset leader 陪集首 05.117

cosmic ray detector 宇宙射线探测器 24.093

cosputtering 共溅射 15.084

counter 计数器，＊计数管 03.165

counter hodoscope 计数器描迹仪 24.053

counter-mortar radar 反迫击炮雷达 19.124

counter telescope 计数器望远镜 24.052

counting ratemeter 计数率表 24.051

counting vial 计数瓶 24.159

coupled cavity slow wave line 耦合腔慢波线 10.183

coupled cavity technique 耦合腔技术 16.162

coupling aperture 耦合孔 04.133

coupling capacitor 耦合电容器 07.042

coupling hole 耦合孔 04.133

coupling impedance 耦合阻抗 10.168

coupling loop 耦合环 04.132

coupling probe 耦合探针 04.134

coupling torque 连接力矩 08.027

course line of great circle 大圆航线 20.022

CPC 敷粉阴极 10.026

CPD 电荷引发器件 14.205

CPU 中央处理器 14.169

CRC 循环冗余码 21.183

crimp contact 压接接触件 08.021

critical damping 临界阻尼 23.051

critical defect 致命缺陷 18.027

critical frequency 临界频率 04.071

critical patient care system 危重病人监护系统 25.091

critical power 临界功率 04.072

critical region 拒绝域 18.010

critical wavelength 临界波长 04.073

crossbar switch 纵横交换机 21.330

crossbar transformer 纵横杆式变换器 04.107

crossed-field amplifier 正交场放大管 10.094

crossed-field device 正交场器件 10.082

crossed polarization jamming 交叉极化干扰 19.223

cross-entropy 互熵 05.018

cross modulation 交叉调制，＊交调 03.306

crossover 交叉[点]，＊交迭点 17.049

cross polarization 交叉极化 04.034

cross-polarization discrimination 交叉极化鉴别 21.236

cross spectrum 互谱 05.198

crosstalk 串扰，＊串音 21.191

CRT 阴极射线管 11.085

cryoelectronics 低温电子学 01.007

cryopump 低温泵，＊冷凝泵 12.088

cryosublimation trap 冷冻升华阱 12.148

cryptanalysis 密码分析 05.168

cryptogram 密文 05.174

cryptographic system 密码体制，＊密码系统 05.162

cryptography 密码学 05.156

cryptology 保密学 05.155

crystal 晶体 13.033

crystal fiber 晶体光纤 16.209

crystal filter 晶体滤波器 03.410

crystal growth 晶体生长 13.034

crystal mixer 晶体混频器 03.195

crystal oscillator 晶体振荡器 03.104

C-scope 方位－仰角显示器 19.162

C³ system 指挥控制与通信系统，＊C³ 系统 21.404

CTD 电荷转移器件 14.206

CTL 互补晶体管逻辑 14.154

cumulative failure probability 累积故障概率，＊累积失效概率 18.080

cumulative frequency 累积频数 18.002

cumulative sum chart 累积和图 18.049

Curie point 居里温度，＊居里点 02.059

Curie temperature 居里温度，＊居里点 02.059

current 电流 02.035

current amplifier 电流放大器 03.069

current division ratio 电流分配比 10.246

current-switching mode logic 电流开关型逻辑 14.165

curtailed inspection 截尾检查 18.039

curvature of field 场曲 12.042

customer designed IC 定制集成电路 14.125

cusum chart 累积和图 18.049

cut-off attenuator 截止式衰减器 04.122

cut-off frequency 截止频率 03.414

cut-off voltage 截止电压 10.268

cut-off waveguide 截止波导 04.087

cut-off wavelength 截止波长 04.074

cutset code 割集码 05.095

CVD 化学汽相淀积 13.181

CV method 电容电压法 15.257

CW radar 连续波雷达 19.082

CW transmitter 连续波发射机 03.285

cybernetics 控制论 23.012

cycle graph 循环图 05.199

cycle life 循环寿命 09.019

cycle time 周期时间 14.254

cyclic code 循环码 05.127

cyclic product code 循环乘积码 05.126

cyclic redundancy code 循环冗余码 21.183

cyclic skipping 跳周 03.273

cyclotron frequency 回旋频率 10.119

cyclotron resonance heating 回旋共振加热 10.120

cylindrical array 柱面阵 04.261

cylindrical cell 圆柱形蓄电池 09.048

cylindrical wave 柱面波 04.045

Czochralski method 直拉法，* 丘克拉斯基法，* 晶体生长提拉法 13.128

D

DABS 离散地址信标系统 20.119

D/A converter 数模转换器，* D/A 转换器 03.182

damage 损伤 13.112

damage gettering technology 损伤吸杂工艺 15.018

damage induced defect 损伤感生缺陷 15.019

damped oscillation 阻尼振荡 03.098

damping factor 阻尼系数 23.081

dark burn 暗伤 10.276

dark current 暗电流 10.243

dark discharge 暗放电 10.205

Darlington power transistor 达林顿功率管 14.047

DA system 自动布图设计系统，* 自动版图设计系统 14.290

data acquisition system 数据采集系统 17.145

data analyzer 数据分析仪 17.118

data broadcasting 数据广播 22.010

data circuit terminating equipment 数据电路端接设备，数据电路终接设备 21.303

data command 数据指令 23.170

data communication 数据通信 21.019

data communication network 数据通信网 21.090

data compression 数据压缩 23.106

data domain measurement 数[据]域测量 17.005

data encryption standard 数据加密标准 21.402

data error analyzer 数据误差分析仪 17.119

data generator 数据发生器 17.146

datagram 数据报 21.320

data integrity 数据完整性 21.397

data link control procedure 数据链路控制规程 21.391

data link layer 数据链路层 21.374

data logger 数据记录仪 17.117

data phone 数据电话机 21.033

data processing 数据处理 05.234

data security 数据安全 21.396

data set 数传机 21.305

data stable platform 数据稳定平台 20.105

data terminal equipment 数据终端设备 21.302

DBF laser 分布反馈激光器 16.065

DBF semiconductor laser 分布反馈半导体激光器 16.064

DBR type laser 分布布拉格反射型激光器 16.108

DC 直流 03.001

DCE 数据电路端接设备，* 数据电路终接设备 21.303

DCSDA 砷酸二氘铯 06.055

DCT 离散余弦变换 05.207

DCTL 直接耦合晶体管逻辑 14.148

DDD 长途直拨 21.054

dead-reckoning 航位推算法，＊航位推算导航 20.007

dead room 沉寂室 22.053

dead time 寂静时间 19.069

dead zone 死区 23.065

Deal-Grove model 迪尔－格罗夫模型 15.095

Debye length 德拜长度 13.215

Decca 台卡 20.088

decentralized control 分散控制 23.154

deception jamming 欺骗性干扰 19.218

decimeter wave 分米波 04.059

deciphering 解密 05.166

decision 判决，＊决策 05.142

decision function 决策函数 05.272

decision height 决断高度 20.107

decoder 译码器，＊解码器 05.076

decoding 译码，＊解码 05.075

decometer 台卡计 20.089

deconvolution 解卷积，＊退卷积 05.196

decoration 染色 13.186

decoupling filter 去耦滤波器 03.432

de-emphasis network 去加重网络 21.142

deep energy level 深能级 13.050

deep level center 深能级中心 13.051

deep level transient spectroscopy 深能级瞬态谱［学］ 15.330

deep-UV lithography 深紫外光刻 15.188

defect 缺陷 13.115

defective item 不合格品 18.026

definition 清晰度 10.261

deflecting electrode 偏转电极 10.228

deflection 偏转 12.034

deflection coefficient 偏转系数 17.044

deflection distortion 偏转畸变 12.036

defocusing 散焦 12.033

deformation of vertically aligned phase mode 垂直排列相畸变模式 11.083

degassing 除气 12.164

degenerate mode 简并模［式］ 04.066

degenerate semiconductor 简并半导体 13.005

degraded product 次品 18.025

degree of coupling 耦合度 03.031

degree of vacuum 真空度 12.059

deionization 消电离 02.025

deionized water 去离子水 15.265

delamination 分层 08.179

delay constant 时延常数 03.397

delay equalizer 时延均衡器 21.131

delay line 延迟线 04.111

delay lock technique 延迟锁定技术 23.011

delay ratio 慢波比 10.169

delimiter 定界符 21.171

delta modulation 增量调制 03.238

demagnetization curve 退磁曲线 02.075

demagnetizer 退磁器，＊消磁器 06.133

demand assignment 按需分配 21.226

Dember effect 丹倍效应 13.202

demodulation 解调 03.240

demultiplexer 分用器 21.108

demultiplexing ［多路］分用，＊分接 21.099

dendritic crystal 枝状生长晶体，＊枝蔓晶体 13.143

densely packed multichannel communication 密集多路通信 21.210

density-tapered array antenna 密度递减阵天线 04.272

dependability 可信性 18.058

depletion approximation 耗尽近似 13.212

depletion layer 耗尽层 14.078

depletion mode field effect transistor 耗尽型场效晶体管 14.053

depolarization 退极化，＊去极化 04.039

deposition rate 淀积率 15.035

depth distribution 深度分布 15.148

derating curve 降负荷曲线 07.027

derating factor 降额因数 18.085

derived envelope 导出包络 20.078

derived type filter 导［出］型滤波器 03.431

DES 数据加密标准 21.402

descrambler 解扰［码］器 21.135

describing function 描述函数 23.056

design review 设计评审 18.090

desorption 解吸，＊脱附 12.172

despun antenna 消旋天线 04.286

detection 检测，＊检波 03.241

detection probability 发现概率，＊检测概率 19.017

detectivity 探测率 23.215

detector 探测器 07.106

detuning 失谐，＊失调 03.033

development 显影 15.197

deviation indicator 偏离指示器 20.154

dewaxing 去蜡 15.286

dew point test 露点试验 18.131

DF 测向 19.250

DFT 离散傅里叶变换 05.204

DGPS 差分 GPS 系统 20.137

DHT 离散哈特莱变换 05.208

diamagnetism 抗磁性 02.055

diameter grinding 直径研磨 15.008

diaphragm gauge 隔膜真空计 12.105

diaphragm-ring filter 膜环滤波器 04.140

Dicke-Fix circuit 宽－限－窄电路，＊迪克－菲克斯电路 19.155

die 管芯 15.246

dielectric [电]介质 02.012

dielectric absorption 介质吸收 02.017

dielectric antenna 介质天线 04.287

dielectric breakdown 介质击穿 15.070

dielectric ceramic 介电陶瓷 06.007

dielectric constant 介电常数，＊电容率 02.015

dielectric isolation 介质隔离 15.071

dielectric loss 介电损耗 02.019

dielectric polarization 介质极化 02.018

dielectric strength 介质强度，＊介电强度 02.016

dielectric waveguide 介质波导 04.086

difference beam 差波束 04.201

difference-set code 差集码 05.087

differential amplifier 差分放大器 03.054

differential capacitor 差动电容器 07.039

differential circuit 微分电路 03.137

differential gain 微分增益 22.045

differential global positioning system 差分 GPS 系统 20.137

differential mobility 微分迁移率 13.082

differential Omega 差奥米伽[系统] 20.080

differential phase 微分相位 22.044

differential thermal analysis 差热分析 15.302

differential transformer 差接变量器 03.441

differential vacuum gauge 压差式真空计 12.103

diffraction contrast image 衍衬象 13.194

diffraction loss 衍射损耗 16.128

diffusion 扩散 15.106

diffusion capacitance 扩散电容 14.094

diffusion coefficient 扩散系数 14.097

diffusion control 扩散控制 15.121

diffusion of impurities 杂质扩散 15.130

diffusion potential 扩散势 14.096

diffusion pump 扩散泵 12.081

diffusion technology 扩散工艺 15.122

digital circuit 数字电路 03.168

digital circuit tester 数字电路测试器 17.143

digital command 数字指令 23.169

digital communication 数字通信 21.018

digital demultiplexer 数字分用器 21.110

digital display 数字显示 11.017

digital filter 数字滤波器 03.417

digital instrument 数字仪器 17.149

digital integrated circuit 数字集成电路 14.117

digital multimeter 数字多用表 17.066

digital multiplexer 数字复用器 21.109

digital multiplexing 数字复用 21.105

digital multiplexing hierarchy 数字复用系列 21.154

digital oscilloscope 数字示波器 17.128

digital recorder 数字录音机 22.075

digital scan convertor 数字扫描变换器 25.061

digital signal 数字信号 05.182

digital speech interpolation 数字话音内插 21.235

digital subscriber filter 数字用户线滤波器 14.216

digital switching 数字交换 21.322

digital system impairment 数字系统损伤 21.150

digital to analog converter 数模转换器，＊D/A 转换器 03.182

digital voltmeter 数字电压表 17.068

digital VTR　数字录象机　22.077

dimensional resonance　尺寸共振　06.103

dimension transducer　尺度传感器　07.145

dimple　微坑　13.097

diode　二极管　14.001

diode gun　二极管电子枪　12.011

diode pumping　二极管泵浦　16.011

diode-transistor logic　二极管－晶体管逻辑　14.146

DIP　双列直插式封装　14.241

dipole　偶极子　04.168

dipole antenna　偶极子天线　04.184

direct coupled amplifier　直接耦合放大器，＊直耦放大器　03.078

direct-coupled transistor logic　直接耦合晶体管逻辑　14.148

direct current　直流　03.001

direct current amplifier　直流放大器　03.053

direct current relay　直流继电器　08.051

direct current sputtering　直流溅射　15.080

direct-detection receiver　直接检波式接收机　03.291

direct distance dialing　长途直拨　21.054

directed graph　有向图　05.286

directed jamming　引导式干扰　19.222

direct gap semiconductor　直接带隙半导体，＊直接禁带半导体　13.006

directing radar　引导雷达　19.112

directional antenna　定向天线　04.236

directional coupler　定向耦合器　04.135

directional filter　方向滤波器　03.429

directional microphone　定向传声器　22.059

direction finding　测向　19.250

direction-finding system　测向系统　20.036

direction-range measurement system　测向测距系统，＊$\rho-\theta$系统　20.039

directive effect　方向效应　20.019

directive gain　方向性增益　04.225

directivity　方向性，＊指向性　04.224

directly-heated cathode　直热[式]阴极　10.017

director element　引向[器单]元　04.177

directory routing　地表路由选择　21.358

direct recombination　直接复合　13.086

direct viewing storage tube　直观存储管　11.100

disaccommodation factor　减落因数　06.107

discharge　放电　02.044

discharge characteristic curve　放电特性曲线　09.035

discharge rate　放电率　09.034

discone antenna　盘锥天线　04.237

discontinuous command　断续指令　23.151

discrete-address beacon system　离散地址信标系统　20.119

discrete command　离散指令　23.161

discrete cosine transform　离散余弦变换　05.207

discrete distribution　离散分布　18.003

discrete Fourier transform　离散傅里叶变换　05.204

discrete Hartley transform　离散哈特莱变换　05.208

discrete Hilbert transform　离散希尔伯特变换　05.211

discrete-time signal　离散时域信号　05.206

discrete-time system　离散时间系统　23.050

discrete Walsh transform　离散沃尔什变换　05.209

discriminant function　判别函数　05.273

disilicide　二硅化物　15.100

disk laser　盘形激光器　16.091

dislocation　位错　13.098

dislocation density　位错密度　13.100

dislocation free crystal　无位错晶体　13.096

dislocation loop　位错环　13.099

dispenser　投放器　19.237

dispenser cathode　储备式阴极　10.027

dispersion characteristics　色散特性　10.167

displacement current　位移电流　04.008

displacement transducer　位移传感器　07.143

display device　显示器件　11.001

display panel　显示板　11.109

display screen　显示屏　11.110

dissipation factor　耗散因数　03.357

dissipation power　耗散功率　10.274

distance measuring equipment　测距器　20.052

distortion　失真　05.054

distortion analyzer　失真分析仪　17.099

distortion measure 失真测度 05.055

distortion rate function 失真信息率函数 05.056

distributed Bragg reflection type laser 分布布拉格反射型激光器 16.108

distributed capacitance 分布电容 02.046

distributed emission crossed-field amplifier 分布发射式正交场放大管 10.096

distributed feedback laser 分布反馈激光器 16.065

distributed-feedback semiconductor laser 分布反馈半导体激光器 16.064

distributed interaction klystron 分布作用速调管 10.074

distributed parameter integrated circuit 分布参数集成电路 14.123

distributed parameter network 分布参数网络 03.369

distributed target 分布目标 19.024

distribution for population inversion 粒子数反转分布 14.107

distribution service 分配[型]业务 21.052

ditch groove 沟槽 04.129

dither tuned magnetron 抖动调谐磁控管 10.090

diversity 分集 21.249

division of airspace 空域划分 20.123

DKDP 磷酸二氘钾 06.046

DLTS 深能级瞬态谱[学] 15.330

DME 测距器 20.052

DMM 数字多用表 17.066

Dolph-Chebyshev distribution 多尔夫－切比雪夫分布 04.315

domain wall resonance 畴壁共振 02.084

dome phase array antenna 圆顶相控阵天线 04.274

dominant mode 主模[式] 04.064

donor 施主 13.057

dopant 掺杂剂 15.125

doped oxide diffusion 掺杂氧化物扩散 15.132

doped polycrystalline silicon diffusion 掺杂多晶硅扩散 15.131

doping 掺杂 15.123

Doppler broadening 多普勒展宽 16.027

Doppler navigation 多普勒导航 20.131

Doppler radar 多普勒雷达 19.086

Doppler tracking 多普勒跟踪 23.002

Doppler VOR 多普勒伏尔 20.043

dosemeter 剂量计 24.049

dose ratemeter 剂量率计 24.050

double-arm spectrometer 双臂谱仪 24.073

double diffusion 双扩散 15.110

double electric layer capacitor 双电层电容器 07.053

double-focusing mass spectrometer 双聚焦质谱仪 15.339

double heterojunction laser 双异质结激光器 16.098

double sampling 二次抽样 18.036

double-sideband modulation 双边带调制 03.229

double sided board 双面板 08.159

doublet antenna 对称振子天线 04.185

down-conversion 下变频 03.201

down link 下行链路 ，＊下行线路 21.217

down time 不能工作时间 18.103

3-D radar 三坐标雷达 19.099

drain conductance 漏极电导 14.271

DRAM 动态随机[存取]存储器 14.173

drift 漂移 17.061

drift chamber 漂移室 24.149

drift klystron 漂移速调管 10.076

drift mobility 漂移迁移率 13.081

drift region 漂移区 14.108

drift space 漂移空间 10.154

driven oscillator 他激振荡器 03.102

driver 激励器 19.154

driving element 激励[单]元 04.165

dropout 失落 22.098

dry charged battery 干充电电池 09.073

dry discharged battery 干放电电池 09.072

dry etching 干法刻蚀 15.204

dry-oxygen oxidation 干氧氧化 15.047

dry plate 干版 15.165

dry-sealed vacuum pump 干封真空泵 12.074

DSC 数字扫描变换器 25.061

DSI 数字话音内插 21.235

DSM 动态散射模式 11.081

DTA 差热分析 15.302

DTE 数据终端设备 21.302

DTL 二极管-晶体管逻辑 14.146

DTMF 双音多频 21.350

dual code 对偶码 05.092

dual gate field effect transistor 双栅场效晶体管 14.055

dual in-line package 双列直插式封装 14.241

duality 对偶[性] 03.329

dual mode traveling wave tube 双模行波管 10.079

dual network 对偶网络 03.344

dual-tone multifrequency 双音多频 21.350

dual-well CMOS 双阱 CMOS 14.142

dummy cell 虚设单元 14.246

dummy load 假负载 04.119

duplex 双工 21.201

duplexer 双工器 04.145

durability 耐久性 18.063

duty cycle 工作比,*占空因数 19.070

duty factor 工作比,*占空因数 19.070

duty ratio 占空比,*负载比 03.129

DVM 数字电压表 17.068

DVOR 多普勒伏尔 20.043

DWT 离散沃尔什变换 05.209

dye cell 染料池 16.216

dye laser 染料激光器 16.095

dye Q-switching 染料 Q 开关 16.147

dynamic ECG monitoring system 动态心电图监护系统,*霍尔特系统 25.097

dynamic filter 动态滤波器 03.434

dynamic function survey meter 动态功能检查仪 24.085

dynamic multiplexing 动态复用 21.104

dynamic random access memory 动态随机[存取]存储器 14.173

dynamic range 动态范围 17.030

dynamic scattering mode 动态散射模式 11.081

dynatron effect 负阻效应 10.249

dynode 倍增极 11.116

dynode system 倍增系统 10.048

E

early failure period 早期失效期 18.071

early warning radar 预警雷达 19.114

earphone 耳机 22.104

earth observing system 地球观测系统 23.200

earth resistance meter 地电阻表 17.073

earth station 地球站 21.214

eavesdropping 窃听 05.173

Ebers-Moll model 埃伯斯-莫尔模型 14.265

EBP 电子束泵浦 16.009

EBS device 电子束半导体器件 14.071

ECB mode 电控双折射模式 11.117

ECCM 电子反对抗 19.187

ECCM improvement factor 电子反对抗改善因子 19.207

ECD 电致变色显示 11.008

ECG monitor 心电监护仪 25.085

echo box 回波箱 04.142

echo canceller 回波抵消器 21.231

echocardiography 超声心动图显象 25.057

echo suppressor 回波抑制器 21.230

ECL 发射极耦合逻辑 14.149

ECM 回旋管,*电子回旋脉泽 10.106,电子对抗 19.186

ECRH 电子回旋共振加热 15.346

ECT 发射型计算机断层成象 25.069

eddy current 涡流 04.005

edge board contacts 板边插头 08.166

edge defined film-fed growth 限边馈膜生长 13.147

edge dislocation 刃形位错 13.103

edge effect 边缘效应 07.067

edge graph 边图 05.287

edge rounding 倒角 13.139

edge-socket connector 边缘插座连接器 08.010

edging 磨边 15.283

EELS 电子能量损失谱[学] 15.334

EEPROM 电可擦编程只读存储器 14.177

effective core 有效纤芯 08.139

effective efficiency 有效效率 17.038

effective isotropic radiated power 有效全向辐射功率 21.220

effective permeability 有效磁导率 02.071

effective value 有效值 03.007

efficiency 效率 03.028

effusive flow 分子泻流 12.160

EFG 限边馈膜生长 13.147

EHF communication 极高频通信，*毫米波通信 21.015

E-H tuner E-H调配器 04.127

EIA 分布作用放大器 10.118

EID 电子感生解吸 12.173

EIF 电子反对抗改善因子 19.207

einzel lens 单透镜 12.022

EIO 分布作用振荡器 10.117

EIRP 有效全向辐射功率 21.220

ejector vacuum pump 喷射真空泵 12.077

EL 电致发光 11.004

elastic compliance constant 弹性顺服常量 06.080

elastic stiffness constant 弹性劲度常量 06.081

ELD 电致发光显示 11.005

ELDORS 电子双共振谱[学] 15.337

electret microphone 驻极体传声器 22.066

electrical boresight 电轴 04.222

electrical engagement length 电啮合长度 08.028

electrical error of null position 零位误差 08.103

electrically controlled birefringence mode 电控双折射模式 11.117

electrically-erasable programmable read only memory 电可擦编程只读存储器 14.177

electrically tunable filter 电调滤波器 06.165

electrically tunable oscillator 电调振荡器 06.166

electrical micro-machine 微电机 08.066

electric cell fusion 电细胞融合 25.105

electric charge 电荷 02.009

electric circuit 电路 02.038

electric dipole 电偶极子 04.169

electric field 电场 02.027

electric field strength 电场强度 02.028

electric potential 电位，*电势 02.029

electric potential gradient 电位梯度 02.041

electro-anaesthesia 电麻醉 25.102

electrocardiography 心电描记术 25.015

electrochemical cell 化学电源 09.001

electrochemical power source 化学电源 09.001

electrochemichromism 电化致变色 11.045

electrochromic display 电致变色显示 11.008

electrochromism 电致变色 11.007

electrocision 电切术 25.103

electrocoagulation 电凝法 25.101

electrocochleography 耳蜗电描记术 25.024

electrocorticography 皮层电描记术 25.018

electrocystography 膀胱电描记术 25.028

electrode 电极 10.221

electrodermography 皮肤电阻描记术 25.035

electrodynamic earphone 电动耳机 22.105

electrodynamic loudspeaker 电动扬声器 22.103

electrodynamic microphone 电动传声器 22.062

electroencephalic mapping 脑电分布图测量 25.065

electroencephalography 脑电描记术 25.017

electrogastrography 胃电描记术 25.025

electrohysterography 子宫电描记术 25.027

electrolithotrity 电碎石法 25.107

electroluminescence 电致发光 11.004

electroluminescent display 电致发光显示 11.005

electrolytic capacitor 电解电容器 07.047

electromagnetically operated valve 电磁阀 12.135

electromagnetic compatibility 电磁兼容 19.205

electromagnetic field 电磁场 04.001

electromagnetic lens 电磁透镜 04.318

electromagnetic pump 电磁泵 10.140

electromagnetic relay 电磁继电器 08.050

electromagnetic spectrum 电磁谱 04.002

electromagnetic wave 电磁波 04.011

electromassage 电按摩 25.104

electromechanical coupling factor 机电耦合系数 06.077

electromedication 电透药法 25.106

electrometer 静电计 17.084

electromigration 电迁徙 15.217

electromotive force 电动势 02.032

electromyelography 脊髓电描记术 25.026

electromyography 肌电描记术 25.020

electron 电子 02.004

electron affinity 电子亲和势 13.061

electron back bombardment 电子回轰 10.163

electron beam 电子束，*电子注 12.013

electron beam evaporation 电子束蒸发 15.089

electron beam exposure system 电子束曝光系统 15.195

electron beam lithography 电子束光刻 15.186

electron beam parametric amplifier 电子束参量放大器 10.069

electron-beam pumped semiconductor laser 电子束泵浦半导体激光器 16.060

electron beam pumping 电子束泵浦 16.009

electron beam resist 电子束光刻胶 15.178

electron beam semiconductor device 电子束半导体器件 14.071

electron beam slicing 电子束切片 15.224

electron block 电子块 10.152

electron bunching 电子群聚 10.148

electron cyclotron maser 回旋管，*电子回旋脉泽 10.106

electron cyclotron resonance heating 电子回旋共振加热 15.346

electron double resonance spectroscopy 电子双共振谱[学] 15.337

electron emission 电子发射 10.001

electron energy loss spectroscopy 电子能量损失能谱[学] 15.334

electroneurography 神经电描记术 25.019

electron gun 电子枪 12.003

electronically phased array sector scanning 电子相阵扇形扫描 25.060

electronically scanned radar 电扫雷达 19.094

electronic camouflage 电子伪装 19.193

electronic ceramic 电子陶瓷 06.005

electronic computer 电子计算机，*电脑 01.028

electronic counter-countermeasures 电子反对抗 19.187

electronic countermeasures 电子对抗 19.186

electronic deception 电子欺骗 19.192

electronic efficiency 电子效率 10.247

electronic engineering 电子工程学 01.004

electronic instruments 电子仪器仪表 17.002

electronic intelligence 电子情报 19.195

electronic jamming 电子干扰 19.210

electronic mail 电子信函，*电子邮件 21.042

electronic measurements 电子测量 17.001

electronic mechanically steering 机电调向 04.220

electronic reconnaissance 电子侦察 19.194

electronics 电子学 01.001

electronic scanning 电子扫描 04.209

electronic security 电子保密 19.197

electronic support measures 电子支援措施 19.206

electronic telephone circuit 电子电话电路 14.200

electronic voltmeter 电子电压表 17.067

electronic warfare 电子战 19.188

electron-induced desorption 电子感生解吸 12.173

electron lens 电子透镜 12.017

electron microprobe 电子探针 15.319

electron nuclear double resonance spectroscopy 电子核子双共振谱[学] 15.336

electron optics 电子光学 01.010

electron physics 电子物理学 01.005

electron spectroscopy for chemical analysis 化学分析电子能谱[学]，*光电子能谱法 15.320

electron spin resonance spectroscopy 电子自旋共振谱[学] 15.335

electron trajectory 电子轨迹 12.027

electron trap 电子陷阱 13.091

electronystagmography 眼震电描记术 25.022

electrooculography 眼电描记术 25.021

electrooptical countermeasures 光电对抗 19.191

electrooptic ceramic 电光陶瓷 06.021

electrooptic crystal 电光晶体 06.020

electrooptic crystal light valve 电光晶体光阀 11.113

electrooptic modulation 电光调制 11.080

electrooptic Q-switching 电光 Q 开关 16.150

electropathy 电疗法 25.108

electrophonocardiograph 心音图仪 25.052

electrophoretic display 电泳显示 11.014

electropneumography 电呼吸描记术 25.029

electropolishing 电抛光 15.013

electropuncture 电针术 25.100

electroretinography 视网膜电描记术 25.023

electroshock 电休克 25.109

electrosphygmomanometer 电子血压计 25.043

electrospirometer 电子肺量计 25.047

electrostatically focused klystron 静电聚焦速调管 10.075

electrostatic control 静电控制 10.144

electrostatic discharge damage 静电放电损伤 15.078

electrostatic lens 静电透镜 12.020

electrostatic mic 电容传声器 22.061

electrostatic protection 静电保护 15.077

electrostatic storage tube 静电存储管 11.102

electrostethophone 电子听诊器 25.045

electrostimulation 电刺激 25.110

electrostrictive ceramic 电致伸缩陶瓷 06.029

electrotherapy 电疗法 25.108

electrothermometer 电子体温计 25.046

electrotonometer 电子眼压计 25.044

electrovectocardiography 心电矢量描记术 25.016

elemental semiconductor 元素半导体 13.014

element target 元素靶 15.091

elevation guidance unit 仰角引导单元 20.102

ELF communication 极低频通信, *极长波通信 21.005

ELINT 电子情报 19.195

ellipsometry method 椭偏仪法 15.253

elliptical polarization 椭圆极化 04.032

elliptic waveguide 椭圆波导 04.082

ELSEC 电子保密 19.197

E-mail 电子信函, *电子邮件 21.042

EMF 电动势 02.032

emission 发射 21.256

emission computerized tomography 发射型计算机断层成象 25.069

emitter coupled logic 发射极耦合逻辑 14.149

emitter dipping effect 发射区陷落效应 15.139

emitter follower 射极输出器 03.076

emitter junction 发射结 14.076

emitter region 发射区 14.077

emphasis network 加重网络 21.141

emphasis transmission 提升传输, *加重传输 21.197

empty string 空串 05.279

EM shielded room 电磁屏蔽室 17.160

emulsion plate 乳胶版 15.166

enciphering 加密 05.164

encoding 编码 05.074

encrypting key 加密钥 05.165

end cell 末端电池 09.075

end effect 端效应 24.143

end-equipment 末端设备 21.297

end-fire array antenna 端射阵天线 04.273

ENDORS 电子核子双共振谱[学] 15.336

endpoint monitoring 终点监测 15.213

end-pumping 端泵浦 16.010

endurance test 耐久性试验 18.112

end voltage 终端电压 09.040

energy calibration 能量刻度 24.060

energy storage capacitor 储能电容器 07.038

engaging force 啮合力 08.023

enhancement-depletion mode logic 增强－耗尽型逻辑 14.159

enhancement mode field effect transistor 增强型场效晶体管 14.058

entropy 熵 05.015

entropy power 熵功率 05.016

envelope 包络 03.224

envelope detection 包络检波 03.244

envelope power 峰包功率 10.273

environmental dosemeter 环境剂量计 24.043

environmental test 环境试验 18.117

environment factor 环境因数 18.086

enzyme electrode 酶电极 07.137

enzyme sensor 酶敏感器 07.134

EOS 地球观测系统 23.200

EPD 电泳显示 11.014

ephemeris 星历 20.149

epitaxial isolation 外延隔离 15.069

epitaxy 外延 13.168

epitaxy defect 外延缺陷 13.179

epitaxy stacking fault 外延堆垛层错 13.180

epoxy transistor 塑封晶体管 14.036

EPROM 可擦编程只读存储器 14.176

equalizer 均衡器 03.438

equal ripple approximation 等波纹逼近 03.387

equiamplitude surface 等幅面 04.042

equilibrium carrier 平衡载流子 13.069

equiphase surface 等相面 04.041

equipotential surface 等位面 02.030

equivalent gap 等效隙缝 10.156

equivalent network 等效网络 03.342

equivalent radiant temperature 等效辐射温度 23.203

equivalent source theorem 等效电源定理 03.331

equivocation 疑义度 05.023

erasable programmable read only memory 可擦编程只读存储器 14.176

erasing head 擦除头 06.119

erasure 疑符 05.072, 擦除, *消磁 06.130

erasure channel 删除信道 05.065

erbium laser 铒激光器 16.062

ergodic source 遍历信源 05.027

Erlang 厄兰 21.363

erratum 误符 05.073

error 差错 05.089, 误差 17.019

error-circular radius 误差圆半径 20.013

error control 差错控制 21.174

error correcting code 纠错码 05.079

error correction coding 纠错编码 05.077

error detection code 检错码 05.078

error display 误差显示器 19.164

error ellipse 误差椭圆 20.012

error field 误差场 20.014

error free channel 无差错信道 05.066

error-locator 错误定位子 05.085

error pattern 错误型 05.083

error propagation 差错传播 05.131

error rate 误码率 05.135

error spread 差错扩散 21.182

ERS 外反射谱[学] 15.308

ESCA 化学分析电子能谱[学], *光电子能谱 法 15.320

escaped depth 逸出深度 10.013

E-scope 距离-仰角显示器 19.163

ESF 外延堆垛层错 13.180

ESM 电子支援措施 19.206

ESRS 电子自旋共振谱[学] 15.335

estimation 估计 05.140

ETC 电子电话电路 14.200

etching 刻蚀 15.203

E-type device E型器件 10.068

evacuating 排气 15.287

evanescent mode 隐失模[式], *凋落模, *消失模, *衰减模 04.067

evaporation ion pump 蒸发离子泵 12.084

evoked potential 诱发电位 25.120

EXAFS 广延X射线吸收精细结构 15.328

excess carrier 过剩载流子 13.071

excess noise ratio 超噪比 17.057

exchange 交换机 21.326, 交换局 21.327

excimer laser 准分子激光器 16.109

excitation function 激励函数 03.319

exciter 激励器 19.154

exciting voltage 励磁电压 08.086

excitron 励弧管 10.057

execution command 执行指令 23.178

expander 扩展器 03.184

exponential line 指数线 03.408

exposure 曝光 15.191

exposure meter 照射量计 24.079

exposure ratemeter 照射量率计 24.078

expurgated code 删信码 05.120

extended code 扩展码 05.109

extended interaction amplifier 分布作用放大器 10.118

extended interaction klystron 分布作用速调管 10.074

extended interaction oscillator 分布作用振荡器 10.117

extended X-ray absorption fine structure 广延X射线吸收精细结构 15.328

external photoelectric effect 外光电效应 13.199

external quantum efficiency 外量子效率 14.102

external reflection spectroscopy 外反射谱[学]

15.308

external standard 外标准 24.165

extinction 熄火 10.214

extinction ratio 消光比 16.167

extraction mark 录取标志 19.174

extraction of model parameters 模型参数提取
16.279

extractor vacuum gauge 分离型[电离]真空计
12.118

extremum control 极值控制 23.014

extrinsic semiconductor 非本征半导体 13.003

extrusion 挤压 15.280

eye pattern 眼图 21.169

F

Fabry-Perot resonator 法布里－珀罗谐振腔
16.112

face pumping 面泵浦 16.017

facet 小平面 13.114

facsimile 传真 21.038

fading channel 衰落信道 21.248

fading margin 衰落裕量 21.247

fail safe [故障]安全性 18.092

failure 失效 18.064, 故障, 18.065

failure diagnosis 故障诊断 15.258

failure rate 故障率 18.077, 失效率
18.078

fall-down test 跌落试验 18.141

[falling] out of synchronism 失步 08.118

fall time 下降时间 03.122

false alarm probability 虚警概率 19.018

false alarm time 虚警时间 19.021

false command 虚指令 23.173

false synchronization 虚同步 21.164

false target 假目标 19.236

FAMOS memory 浮栅雪崩注入 MOS 存储器
14.184

fan-beam antenna 扇形波束天线 04.284

fan-in 扇入 14.238

fan-out 扇出 14.239

Faraday effect 法拉第效应 06.182

far-field region 远场区 04.154

far-infrared laser 远红外激光器 16.103

fast charge 高速充电 09.025

fast Fourier transform 快速傅里叶变换 05.205

fast ion conduction 快离子导电 11.058

fast packet switching 快速分组交换 21.316

fast time control 快时间控制 19.157

fast wave 快波 10.158

fault 层错 13.106

fault tolerant 容错 15.020

fault tree analysis 故障树分析 18.093

fax 传真 21.038

FDANA 频域自动网络分析仪 17.105

FDM 频分复用 21.100

FDMA 频分多址 21.222

feature extraction 特征提取, ＊特征抽取
05.271

FEC 前向纠错 21.176

feedback 反馈 03.049

feedback check 反馈校验 23.153

feedback compensation 反馈校正, ＊反馈补偿
23.041

feedback loop 反馈回路 23.042

feedfoward control 前馈控制 23.060

feed line 馈线 04.227

feed source 馈源 04.228

feed-through capacitor 穿心电容器 07.045

feed-through type power meter 通过式功率计
17.095

FEFET 铁电场效晶体管 14.057

FEL 自由电子激光器 16.106

FEM 场致发射显微镜[学] 15.321

female contact 阴接触件 08.018

ferrimagnetism 亚铁磁性 02.058

ferrite 铁氧体 06.168

ferrite antenna 铁氧体天线 06.114

ferrite core memory 铁氧体磁芯存储器 06.144

ferrite memory core 铁氧体记忆磁芯 06.145

ferrite permanent magnet 铁氧体永磁体 06.096

ferroelectric ceramic 铁电陶瓷 06.011

ferroelectric crystal 铁电晶体 06.010

ferroelectric display 铁电显示 11.011

ferro-electric field effect transistor 铁电场效晶体管 14.057

ferroelectric hysteresis loop 铁电电滞回线 06.082

ferroelectric semiconducting glaze 铁电半导体釉 06.016

ferrograph 铁磁示波器 06.201

ferromagnetic display 铁磁显示 11.012

ferromagnetic resonance 铁磁共振 06.187

ferromagnetic resonance linewidth 铁磁共振线宽 06.157

ferromagnetism 铁磁性 02.056

ferromagneto-elastic 铁磁弹性体 06.179

ferrooxide tape 铁氧磁带 06.135

FES 功能性电刺激 25.112

FET 场效[应]晶体管 14.050

fetal monitor 胎儿监护仪 25.092

FFT 快速傅里叶变换 05.205

fiber bundle 光纤束 21.266

fiber cladding 光纤包层 08.134

fiber core 纤芯 08.133

fiber laser 光纤激光器 16.094

fiberoptic sensor 光纤敏感器 07.110

fidelity 保真度, *逼真度 03.302

field-aided diffusion 场助扩散 15.115

field effect 场效应 13.195

field effect transistor 场效[应]晶体管 14.050

field emission 场致发射 10.002

field emission microscopy 场致发射显微镜[学] 15.321

field induced junction 场感应结 13.209

field ion mass spectroscopy 场致离子质谱[学] 15.322

field oxide 场氧化层 14.261

field strength meter 场强测量仪 17.112

field test 现场试验 18.115

filament 灯丝 10.222

filament transformer 灯丝变压器 07.084

filler pulse 填充脉冲 20.062

fill factor 填充因数 09.088

film badge 胶片剂量计 24.140

film cathode 薄膜阴极 10.024

film disk 薄膜唱片 22.089

film dosemeter 胶片剂量计 24.140

film inductor 薄膜电感器 07.072

film resistance 膜电阻 07.028

filter 滤波器 03.409

filtering capacitor 滤波电容器 07.041

filter-press 压滤 15.296

FIMS 场致离子质谱[学] 15.322

final inspection 最终检查, *终检 18.021

final minification 精缩 15.162

finite impulse response 有限冲激响应 05.200

fin line 鳍线 04.094

FIR 有限冲激响应 05.200

fire control radar 火控雷达 19.115

firing 着火 11.073

firing voltage 着火电压 10.215

first minification 初缩 15.161

first-order system 一阶系统 23.073

fishbone antenna 鱼骨天线 04.238

fixed capacitor 固定电容器 07.032

fixed connector 固定连接器 08.004

fixed failure number test 定失效数寿命试验 18.146

fixed inductor 固定电感器 07.070

fixed resistor 固定电阻器 07.008

flag alarm 警旗 20.156

flap valve 翻板阀 12.138

flare computer 拉平计算机 20.104

flare-out guidance unit 拉平引导单元 20.103

flat-band voltage 平带电压 13.216

flat cable 带状电缆, *扁平电缆 08.127

flat cathode-ray tube 扁平阴极射线管 11.108

flat flange 平板法兰[盘] 04.098

flat packaging 扁平封装 15.241

[flat] panel display 平板显示 11.020

flat squared picture tube 方角平屏显象管 11.104

flattop antenna 平顶天线 04.239

flattop decline 平顶降落 03.125

flat transmission 等幅传输 21.196

flexible conductor 软导线 08.123

189

flexible printed board 柔韧印制板 08.162

flexible solar cell array 柔性太阳电池阵 09.118

flexible waveguide 软波导 04.088

flicker 闪烁 11.040

flip-flop circuit 双稳[触发]电路 03.158

FLIS 红外前视系统 23.186

floating charge 浮充电 09.029

floating gate avalanche injection MOSFET 浮栅雪崩注入 MOS 场效晶体管 14.060

floating gate avalanche injection type MOS memory 浮栅雪崩注入 MOS 存储器 14.184

floating-zone grown silicon 悬浮区熔硅 13.133

floating-zone method 悬浮区熔法 13.132

float mounting connector 浮动安装连接器 08.005

flood gun 泛射式电子枪 12.010

flooding routing 泛搜索路由选择 21.360

flow conductance 流导 12.152

flow conductance method 流导法 12.153

flow control 流量控制 21.390

flowing gas CO_2 laser 流动式 CO_2 激光器 16.085

flow rate 流率 12.154

flow resistance 流阻 12.155

fluorescence 荧光 10.281

fluorescence linewidth 荧光线宽 16.023

fluorescent character-display tube 荧光数码管 10.046

flush-mounted antenna 平嵌天线 04.288

flux growth method 助熔剂法 06.088

fluxmeter 磁通计 17.085

flux pulling technique 助熔剂提拉法 06.087

flyback time 回扫时间 03.148

flying spot scanner 飞点扫描仪 23.183

FM 调频 03.209

FM broadcasting 调频广播 22.003

FM transmitter 调频发射机 03.282

FNS 功能性神经肌肉电刺激 25.113

focal plane array 焦平面阵列 14.166

focusing 聚焦 12.028

folded antenna *折合天线 04.178

folded dipole 折合振子 04.178

folded slow wave line 曲折线慢波线 10.179

fold-out type solar cell array 折叠式太阳电池阵 09.116

forced oscillation 强迫振荡 03.099

force sensor 力敏感器 07.121

formal language 形式语言 05.275

formant 共振峰 05.233

forming 成型 15.275

forming circuit 成形电路 03.136

forsterite ceramic 镁橄榄石瓷 06.034

forward error correction 前向纠错 21.176

forward-looking infrared system 红外前视系统 23.186

forward loss 正向损耗 06.158

forward velocity triangle 航行速度三角形 20.031

forward wave 前向波 10.172

Fourier analyzer 傅里叶分析仪 17.111

four-level system 四能级系统 16.044

four-probe method 四探针法 13.189

four-terminal network 四端网络 03.314

four-wave mixing 四波混频 16.139

four-wire system 四线制 21.143

fraction defective 不合格品率 18.028

frame alignment 帧定位 21.166

frame output transformer 帧输出变压器 07.094

free connector 自由端连接器 08.006

free electron laser 自由电子激光器 16.106

free oscillation 自由振荡 03.097

free-space loss 自由空间损耗 04.156

frequency 频率 03.004

frequency agile magnetron 捷变频磁控管 10.088

frequency-agile radar 频率捷变雷达 19.084

frequency agility 频率捷变 19.257

frequency characteristic 频率特性 03.046

frequency conversion 变频 03.198

frequency converter 变频器 03.199

frequency decorrelation 频率去相关 19.256

frequency deviation 频偏 03.225

frequency deviation meter 频偏表 17.064

frequency discrimination 鉴频 03.255

frequency discriminator 鉴频器, *甄频器 03.256

frequency diversity　频率分集　21.250

frequency diversity radar　频率分集雷达　19.085

frequency divider　分频器　03.186

frequency division　分频　03.185

frequency division command　频分指令　23.163

frequency division multiple access　频分多址　21.222

frequency division multiplexing　频分复用　21.100

frequency division telemetry　频分遥测　23.097

frequency-domain automatic network analyzer　频域自动网络分析仪　17.105

frequency-domain equalizer　频域均衡器　21.128

frequency domain measurement　频域测量　17.003

frequency histogram　频数直方图　18.001

frequency hopping　频率跳变，＊跳频　19.258

frequency inversion　频带倒置　21.193

frequency jitter　频率抖动　03.203

frequency measurement　测频　19.249

frequency memory　频率存储，＊储频　19.227

frequency meter　频率计　17.088

frequency modulated transmitter　调频发射机　03.282

frequency-modulating laser　调频激光器　16.099

frequency modulation　调频　03.209

frequency modulation distortion　调频失真　17.055

frequency-modulation radar　调频雷达　19.083

frequency multiplication　倍频　03.187

frequency multiplier　倍频器　03.188

frequency multiplier chain　倍频链　03.189

frequency pulling　频率牵引　03.101

frequency response　频率响应　17.050

frequency-scan radar　频扫雷达　19.096

frequency selective amplifier　选频放大器　03.083

frequency shift keying　频移键控　03.216

frequency span　扫频宽度　17.041

frequency spectrum　频谱　03.035

frequency stability　频率稳定度　03.202

frequency staggering　频带参差　21.194

frequency step　频率阶跃　03.276

frequency synthesizer　频率合成器　17.138

frequency translation　频率变换　21.195

frequency up-conversion　频率上转换　16.138

Fresnel contour　菲涅耳等值线　04.157

Fresnel number　菲涅耳数　16.127

Fresnel region　菲涅耳区　04.158

F-scope　误差显示器　19.164

FSK　频移键控　03.216

FS picture tube　方角平屏显象管　11.104

FSS　飞点扫描仪　23.183

FTA　故障树分析　18.093

FTC　快时间控制　19.157

fuel cell　燃料电池　09.065

full color display　全色显示　11.026

functional ceramic　功能陶瓷　06.004

functional effect　功能效应　06.002

functional electrostimulation　功能性电刺激　25.112

functional material　功能材料　06.001

functional neuromuscular stimulation　功能性神经肌肉电刺激　25.113

function code　功能码　23.120

function generator　函数发生器　17.140

fundamental mode　基本模式，＊基模　04.065

fundamental wave　基波　03.036

fusing resistor　熔断电阻器　07.016

fuzzy information　模糊信息　05.012

FZ-Si　悬浮区熔硅　13.133

G

GaAs PN junction injection laser　砷化镓 PN 结注入式激光器　16.097

gain　增益　03.021

gain margin　增益裕量　23.074

gain saturation　增益饱和　16.033

gait analysis system　步态分析系统　25.084

gallium arsenide solar cell　砷化镓太阳电池　09.102

galvanic cell　原电池　09.078

galvanometer 检流计，*灵敏电流计 17.083

gamma camera γ照相机 25.074

gamma-ray spectrometer γ射线谱仪 24.036

gas amplification 气体放大 10.201

gas ballast vacuum pump 气镇真空泵 12.073

gas discharge 气体放电 10.199

gas discharge tube 气体放电管 10.053

gas discharging radiation counter tube 气体放电辐
射计数管 24.137

gasdynamic laser 气动激光器 16.093

gaseous tube 充气管 10.052

gas-filled rectifier tube 充气整流管 10.058

gas-filled surge arrester 充气电涌放电器
10.045

gas filled tube 充气管 10.052

gas flow detector 气流探测器 24.100

gas ionization 气体电离 10.202

gas ionization potential 气体电离电位 10.200

gas laser 气体激光器 16.080

gas-phase mass transfer coefficient 气相质量转移系
数，*气相传质系数 15.041

gas sensor 气[体]敏感器 07.130

gas source diffusion 气态源扩散 15.119

gate array 门阵列 14.195

gate array method 门阵列法 14.273

gated integrator 门控积分器 24.059

gate propagation delay 门传输延迟 14.232

gate valve 插板阀，*闸阀 12.132

gateway 网关，*信关 21.365

Gaussian beam 高斯束 16.037

Geiger-Müller region 盖革-米勒区 24.146

Ge[Li] detector 锗[锂]探测器 24.122

general-purpose interface bus 通用接口总线
17.156

general-purpose oscilloscope 通用示波器 17.129

geodesic lens antenna 短程透镜天线 04.289

geometric code 几何码 05.104

geometric dilution of precision 误差几何放大因子，
*几何因子 20.016

gettering 吸杂，*吸除 15.016

getter ion pump 吸气剂离子泵 12.083

getter pump 吸气剂泵 12.086

GH effect 宾主效应 11.046

ghost 重影 22.026

giant group 巨群 21.127

giant pulse laser 巨脉冲激光器 16.078

giant pulse technique 巨脉冲技术 16.159

giant scale display 巨屏幕显示 11.022

Gibbs phenomenon 吉布斯现象 03.128

glass bulb 玻壳 10.236

glass envelope 玻壳 10.236

glass packaging 玻璃封装 15.243

glass semiconductor 玻璃半导体 13.019

glazing 上釉 15.292

glide path beacon 下滑信标 20.098

glint error 闪烁误差 19.036

global positioning system 全球定位系统，*GPS
系统 20.136

glow discharge 辉光放电 10.207

glow discharge tube 辉光放电管 10.055

GOS 服务等级 21.364

GPIB 通用接口总线 17.156

GPS 全球定位系统，*GPS系统 20.136

gradation 灰度 22.027

graded index 渐变折射率 21.282

graded index fiber 渐变光纤 08.130

grade of service 服务等级 21.364

gradient template 梯度模板 05.270

grammatical inference 文法推断 05.301

granulation 选粒 15.299

graph grammar 图文法 05.291

graphical display 图形显示 11.032

graphite susceptor 石墨承热器 15.057

Grashof number 格拉斯霍夫数 13.164

grating lobe 栅瓣 04.198

gravimetric specific energy 重量比能量 09.008

gravimetric specific power 重量比功率 09.007

gray scale 灰度级 11.066

grazing angle 擦地角 19.071

Gregorian reflector antenna 格雷戈里反射面天线
04.302

grey body 灰体 23.208

GRI 组重复间隔 20.077

grid 网格栅 08.163，骨架 09.014

grid network 格状网 21.084

ground-based navigation aid 地面导航设备

H

helium-3 counter 氦－3计数器 24.134

helium cadmium laser 氦镉激光器 16.071

helium neon laser 氦氖激光器 16.072

helix-coupled vane circuit 螺旋线耦合叶片线路 10.182

helix slow wave line 螺旋慢波线 10.178

helmet-mounted display 头盔显示 11.036

HEMT 高电子迁移率场效晶体管 14.054

hermaphroditic connector 无极性连接器 08.007

hermaphroditic contact 无极性接触件 08.020

heterodyne detection 外差检测 21.275

heterodyne oscillator 外差振荡器 03.197

heterodyne receiver 外差接收机 03.296

heteroepitaxy 异质外延 13.170

heterogeneous nucleation 非匀相成核，＊异相成核 13.185

heterojunction 异质结 13.222

heterojunction bipolar transistor 异质结双极晶体管 14.044

heterojunction solar cell 异质结太阳电池 09.106

heterojunction transistor 异质结晶体管 14.043

heterostructure 异质结构 13.223

heuristic routing 启发式布线 14.289, 试探性路由选择 21.357

hexagonal ferrite 六角晶系铁氧体 06.172

HF communication 高频通信，＊短波通信 21.011

hierarchical design method 分级设计法 14.281

hierarchical network 分级网，＊等级网 21.078

high definition TV 高清晰度电视 22.016

high density electron beam optics 强流电子光学 12.001

high electron mobility transistor 高电子迁移率场效晶体管 14.054

high energy particle spectrometer 高能粒子谱仪 24.039

high-field domain avalanche oscillation 高场畴雪崩振荡 14.104

high frequency amplifier 高频放大器 03.085

high-frequency discharge 高频放电 10.212

high frequency transformer 高频变压器 07.087

high-order mode 高阶模 16.114

high pass filter 高通滤波器 03.425

high pressure oxidation 高压氧化 15.051

high pressure tunable CO_2 laser 高压可调谐 CO_2 激光器 16.067

high purity germanium spectrometer 高纯锗谱仪 24.040

high Q inductor 高 Q 电感器 07.071

high resolution image spectrometer 高分辨率成象光谱仪 23.184

high resolution plate 高分辨率版 15.168

high-temperature test 高温试验 18.125

high threshold logic 高阈逻辑 14.152

high usage trunk 高效中继线 21.149

high vacuum 高真空 12.051

high voltage resistor 高压电阻器 07.014

high voltage silicon stack 高压硅堆 14.072

Hilbert transform 希尔伯特变换 05.210

HIRIS 高分辨率成象光谱仪 23.184

H number H 数 24.168

hoghorn antenna 帚状喇叭天线 04.187

holding vacuum pump 维持真空泵 12.063

hold-in range 同步带 03.272

hole 空穴 13.048

hole and slot resonator 孔槽形谐振腔 10.193

hole-burning effect 烧孔效应 16.045

hole trap 空穴陷阱 13.092

hollow conductor 空心导线 08.124

hollow electron beam 空心电子束 12.015

hologram 全息图 16.215

holographical display 全息显示 11.019

holographic information storage 全息信息存储 16.221

holographic mask technology 全息掩模技术 16.214

holography 全息术 16.210

Holter system 动态心电图监护系统，＊霍尔特系统 25.097

homeotropic alignment 垂面排列 11.124

homodyne detection 零差检测 21.274

homoepitaxy 同质外延 13.169

homogeneous alignment 沿面排列 11.122

homogeneous broadening 均匀展宽 16.025

homogeneous nucleation 匀相成核 13.184

homojunction laser 同质结激光器 16.100

homojunction solar cell 同质结太阳电池 09.104

homomorphic processing 同态处理 05.243

homomorphic system 同态系统 05.242

homomorphy 同态 05.241

hop 跳,＊中继段 21.199

horizontal polarization 水平极化 04.035

horn 喇叭 04.180

horn antenna 喇叭天线 04.186

horn reflector antenna 喇叭反射天线 04.303

hot carrier diode 热载流子二极管 14.017

hot cathode ionization gauge 热阴极电离真空计 12.114

hot cathode magnetron gauge 热阴极磁控真空计 12.121

hot electron 热电子 13.224

hot electron transistor 热电子晶体管 14.042

hot extrusion 热挤压 15.290

hot pressing 热压 15.289

hot wall reactor 热壁反应器 15.040

HRP 高分辨率版 15.168

HT 希尔伯特变换 05.210

HTL 高阈逻辑 14.152

hub interconnection 中心互连 21.388

hue 色调 22.041

humid heat test 湿热试验 18.127

humidity sensor 湿[度]敏感器 07.131

humid test 湿度试验 18.126

Huygens source 惠更斯源 04.172

hybrid access 混合接入 21.386

hybrid aligned nematic display structure mode 混合排列向列模式 11.118

hybrid integrated circuit 混合集成电路 08.185

hybridization frequency 杂化频率 10.121

hybrid junction 混合接头 04.136

hybrid relay 混合继电器 08.061

hybrid ring 混合环 04.141

hybrid satellite system 综合卫星系统 20.140

hybrid switching 混合交换 21.325

hydrazine-air fuel cell 肼空气燃料电池 09.066

hydrogen thyratron 氢闸流管 10.043

hydro-thermal method 水热法 06.084

hyperbolic lens 双曲透镜 12.026

hyperbolic navigation system 双曲线导航系统 20.038

hypothetical reference connection 假想参考连接 21.153

hysteresis synchronous motor 磁滞同步电动机 08.083

I

IBC 离子束镀 15.022

IBD 离子束淀积 15.024

IBE 离子束外延 15.025

IC 集成电路 14.111

ICBD 离子团束淀积 15.026

ICBE 离子团束外延 15.027

ICRH 离子回旋共振加热 15.345

ICU 监护病室 25.090

ideal frequency domain filter 理想频域滤波器 03.422

ideal time domain filter 理想时域滤波器 03.423

identification 辨识 05.153

identification of friend or foe 敌我识别 19.074

IDN 综合数字网 21.060

IFDF 理想频域滤波器 03.422

IFF 敌我识别 19.074

IFM receiver 瞬时测频接收机 19.247

IFOV 瞬时视场 23.213

IFR 仪表飞行规则 20.125

IF rejection ratio 中频抑制比 03.303

IF transformer 中频变压器 07.095

IGFET 绝缘栅场效晶体管 14.051

ignition current 引燃电流 10.231

ignition time 着火时间 10.216

ignition voltage 着火电压 10.215

ignitor 引燃极 10.230

ignitor firing time 引燃时间 10.232

ignitron 引燃管 10.062

IIIL 等平面集成注入逻辑 14.163

IIR 无限冲激响应 05.201

I²L 集成注入逻辑 14.162

ILS 仪表着陆系统 20.094

IM 光强调制 21.281

image averaging 图象平均 05.248

image channel 图象通道 22.034

image compression 图象压缩 05.256

image converter tube 变象管 11.096

image degradation 图象退化 05.254

image display 图象显示 11.018

image encoding 图象编码 05.250

image enhancement 图象增强 05.259

image formation 图象形成 05.258

image frequency interference 镜频干扰 03.305

image intensifier 象增强器 11.095

image motion compensation 图象运动补偿 23.216

image parameter 影象参数, *镜象参数 03.355

image processing 图象处理 05.249

image reconstruction 图象重建 05.257

image recovery mixer 镜频回收混频器 19.248

image rejection mixer 图象抑制混频器 14.212

image rejection ratio 镜象抑制比 03.304

image restoration 图象恢复 05.261

image rotation 图象旋转 05.252

image segmentation 图象分割 05.255

image sharpening 图象锐化 05.260

image smoothing 图象平滑 05.253

image theory 镜象原理 04.027

image transform 图象变换 05.251

imaging plane 镜象平面 04.257

imaging radar 成象雷达 19.110

immersed electron gun 浸没式电子枪 12.005

immersion lens 浸没透镜 12.018

immersion objective lens 浸没物镜 12.019

immittance 导抗 03.018

immittance bridge 导抗电桥 17.077

immune sensor 免疫敏感器 07.135

impact avalanche transit time diode 崩越二极管, *碰撞雪崩渡越时间二极管 14.024

IMPATT diode 崩越二极管, *碰撞雪崩渡越时间二极管 14.024

impedance 阻抗 03.015

impedance cardiography 阻抗心动描记术 25.038

impedance chart 阻抗圆图 04.055

impedance matching transformer 阻抗匹配变压器 07.081

impedance plethysmography 阻抗容积描记术 25.039

implanted electrode 植入式电极 25.114

impulse invariance 冲激不变法 05.202

impulse radar 冲激雷达 19.089

impulse response 冲激响应 03.349

impurity band 杂质带 13.052

impurity cluster 杂质团 13.054

impurity concentration 杂质浓度 15.129

impurity energy level 杂质能级 13.053

in-band signalling 带内信令 21.348

inbound link 入境链路 21.218

incandescent display 白炽显示 11.013

incoherent detection 非相干检测 05.145

incoherent grain boundary 非共格晶界 13.044

incorporated scan 插入扫描 19.179

indentation 印压 15.226

indicated value 示值 17.015

indication 示值 17.015

indicator tube 指示管 11.106

indicator with extracter 录取显示器 19.167

indirect gap semiconductor 间接带隙半导体 13.007

indirectly-heated cathode 间热[式]阴极, *旁热[式]阴极 10.018

indirect recombination 间接复合 13.087

individual baseline 独立基线 20.075

inductance 电感 02.051

induction phase shifter 感应移相器 08.077

inductive reactance 感抗 03.013

inductor 电感器 07.068

inductosyn 感应同步器 08.078

industrial electronics 工业电子学 01.027

inertial damping servomotor 惯性阻尼伺服电[动]机 08.081

inertialess scanning 无惯性扫描 04.218

infinite impulse response 无限冲激响应 05.201

influence quantity 影响量 17.059

information 信息 05.009

information capacity 信息容量 05.069

information code 信息码 23.124

information display 信息显示 11.015

information distribution system 信息分发系统 21.406

information extraction 信息提取 05.139

information network 信息网 21.076

information processing 信息处理 05.177

information science 信息科学 01.029

information sink 信宿 05.032

information source 信[息]源 05.026

information system 信息系统 21.069

information technology 信息技术 01.030

information theory 信息论 05.001

infrared bonding 红外键合 15.252

infrared interference method 红外干涉法 15.256

infrared line scanner 红外行扫描仪 23.197

infrared night-vision system 红外夜视系统 23.196

infrared transmitting ceramic 透红外陶瓷 06.027

infrared transmitting crystal 透红外晶体 06.026

ingot grinding 晶锭研磨 13.140

inherent filtration 固有滤过 10.250

inherent weakness failure 本质失效 18.066

inhibit gate 禁[止]门 03.171

inhomogeneous broadening 非均匀展宽 16.026

initial charge 初充电 09.028

initial inspection 初始检查，＊初检 18.019

injection 注入 13.084

injection electroluminescence 注入电致发光 11.050

injection locking technique 注入锁定技术 16.172

injection moulding 热压铸 15.288

injection pumping 注入式泵浦 16.014

injection station 注入站 20.144

in-line gun 一列式电子枪 12.009

in-line holography 同轴全息术 16.213

in-line package switch 成列直插封装开关 08.034

inner lead bonding 内引线焊接 15.233

inorganic resist 无机光刻胶 15.176

in-place computation 同址计算 05.217

input impedance 输入阻抗 03.043

input resistance 输入电阻 03.042

INS 离子中和谱[学] 15.323

insertion force 插入力 08.025

insertion loss 插入损耗，＊介入损耗 03.353

insertion test signal 插入测试信号 22.050

in-slot signalling 时隙内信令 21.347

inspection by attributes 计数型检查 18.032

inspection by variables 计量型检查 18.033

inspection lot 检查批 18.017

instantaneous field of view 瞬时视场 23.213

instantaneous frequency measurement receiver 瞬时测频接收机 19.247

instantaneous power 瞬时功率 03.026

instrumental error 仪表误差 17.022

instrumentation radar 测量雷达 19.117

instrument flight rules 仪表飞行规则 20.125

instrument landing system 仪表着陆系统 20.094

insulated gate field effect transistor 绝缘栅场效晶体管 14.051

insulation resistance 绝缘电阻 02.014

insulation resistance meter 绝缘电阻表 17.074

insulator 绝缘体 02.013

insurance period 保险期 18.074

integrated circuit 集成电路 14.111

integrated digital network 综合数字网 21.060

integrated diode solar cell 集成二极管太阳电池 09.107

integrated inductor 集成电感器 07.074

integrated injection logic 集成注入逻辑 14.162

integrated optics 集成光学 16.186

integrated optoelectronics 集成光电子学 16.143

integrated sensor 集成敏感器 07.117

integrated services digital network 综合业务数字网 21.061

integrating circuit 积分电路 03.138

integrity 集成度 14.228

intelligent instrument 智能仪器，＊智能仪表 17.154

intelligent network 智能网 21.077

intelligent robot　智能机器人　23.024

intelligent sensor　智能敏感器　07.119

intelligent terminal　智能终端　21.306

intelligent time division multiplexer　智能时分复用器　21.112

intelligibility　可懂度　21.187

intensity modulation　光强调制　21.281

intensive care unit　监护病室　25.090

interactive layout system　交互式布图系统　14.292

interactive service　交互[型]业务　21.051

intercardinal plane　基间平面　04.193

intercept probability　截获概率　19.200

inter-clutter visibility　杂波间可见度　19.046

interconnection　互连　15.215

interelectrode capacitance　极间电容　10.237

interface　接口　21.381

interface reaction-rate constant　界面反应率常数　15.042

interface specification　接口规范　21.382

interface trapped charge　界面陷阱电荷　15.065

interfacial state　界面态　13.078

interference　干扰　19.208

interference measuring set　干扰测量仪　17.113

interference squealing　干扰哨声　03.308

interferometer antenna　干涉仪天线　04.278

interlaced code　交织码　05.106

interleaved code　交织码　05.106

interleaved pulse train　交迭脉冲列　19.255

intermediate flow　中间流　12.162

intermediate frequency amplifier　中频放大器　03.087

intermediate frequency transformer　中频变压器　07.095

intermediate layer　中间层　10.034

intermetallic compound semiconductor　金属间化合物半导体　13.017

intermittent discharge　间歇放电　09.038

inter-modal dispersion　模间色散　21.269

intermodulation　互调　03.307

internal gas detector　内气体探测器　24.101

internal photoelectric effect　内光电效应　13.198

internal quantum efficiency　内量子效率　14.101

internal reflection spectroscopy　内反射谱[学]　15.307

internal resistance　内阻　10.258

internal standardization　内标准化　24.163

interoperability　互通性　21.115

interrogation mode　询问模式　20.056

interrogator　询问器　20.054

intersatellite laser communication　星际激光通信　21.262

interstice　间隙　13.124

interstitial cluster　间隙[缺陷]团　13.125

interstitial diffusion　间隙扩散　15.111

intersymbol interference　码间干扰　21.167

intracavity gas laser　内腔式气体激光器　16.088

intra-clutter visibility　杂波内可见度　19.047

intra-modal dispersion　模内色散　21.270

intrinsic carrier　本征载流子　13.066

intrinsic electroluminescence　本征电致发光　11.049

intrinsic error　固有误差　17.024

intrinsic gettering technology　本征吸杂工艺　15.017

intrinsic quality factor　固有品质因数　10.194

intrinsic semiconductor　本征半导体　13.002

inverse channel　逆信道　05.050

inverse coaxial magnetron　反同轴磁控管　10.093

inverse filter　逆滤波器　05.237

inverse gain jamming　逆增益干扰　19.224

inverse peak voltage　反峰电压　10.272

inverse synthetic aperture radar　逆合成孔径雷达　19.102

inverse TACAN　逆式塔康　20.060

inverted Lamb dip　反兰姆凹陷　16.035

inverter　反相器，＊倒相器　03.132，逆变器　03.133

invertor　反相器，＊倒相器　03.132，逆变器　03.133

invisible range　不可视区　04.160

ion　离子　02.006

ion beam coating　离子束镀　15.022

ion beam deposition　离子束淀积　15.024

ion beam epitaxy　离子束外延　15.025

ion beam evaporation 离子束蒸发 15.088

ion beam lithography 离子束光刻 15.187

ion beam milling 离子铣，＊离子磨削 15.209

ion beam polishing 离子束抛光 15.014

ion bombardment 离子轰击 15.093

ion burn 离子斑 10.278

ion cyclotron resonance heating 离子回旋共振加热 15.345

ion-exchange membrane hydrogen-oxygen fuel cell 离子交换膜氢氧燃料电池 09.067

ion gas laser 离子气体激光器 16.081

ionic crystal semiconductor 离子晶体半导体 13.018

ionic tube 离子管 10.051

ion implantation 离子注入 15.143

ion implanter 离子注入机 15.144

ionization 电离 02.024

ionization chamber 电离室 24.115

ionization chamber with compensation 补偿电离室 24.142

ionization energy 电离能 13.060

ionization ratio 电离比 21.280

ionization relaxation oscillation 电离张弛振荡 10.143

ionization vacuum gauge 电离真空计 12.112

ionized-cluster beam deposition 离子团束淀积 15.026

ionized-cluster beam epitaxy 离子团束外延 15.027

ion microanalysis 离子微分析 15.305

ion microprobe 离子探针 15.304

ion neutralization spectroscopy 离子中和谱[学] 15.323

ion oscillation 离子振荡 10.162

ionospheric propagation 电离层传播 04.015

ionospheric scatter communication 电离层散射通信 21.245

ion plating 离子镀 15.021

ion scattering spectroscopy 离子散射谱[学] 15.315

ion sensitive FET 离子敏场效晶体管 07.132

ion sensor 离子敏感器 07.113

ion-sound shock-wave 离子声激波 10.131

ion source 离子源 15.142

IOPS 多孔硅氧化隔离 15.098

iron-nickel storage battery 铁镍蓄电池 09.053

irradiation 辐照度 21.279

IRS 内反射谱[学] 15.307

ISAR 逆合成孔径雷达 19.102

ISDN 综合业务数字网 21.061

ISFET 离子敏场效晶体管 07.132

island effect 小岛效应 10.011

isoelectronic center 等电子中心 13.059

isolated amplifier 隔离放大器 03.077

isolating transformer 隔离变压器 07.082

isolation 隔离度 04.077

isolation by oxidized porous silicon 多孔硅氧化隔离 15.098

isolation technology 隔离工艺 15.066

isolator 隔离器 04.152

isoplanar integrated injection logic 等平面集成注入逻辑 14.163

isoplanar isolation 等平面隔离 15.067

isoplanar process 等平面工艺 15.074

isostatic pressing 等静压 06.083

isothermal annealing 等温退火 15.155

isotropic etching 各向同性刻蚀 15.206

isotropic medium 各向同性媒质 04.018

isotropic radiator 各向同性辐射器 04.176

ISS 离子散射谱[学] 15.315

ITDF 理想时域滤波器 03.423

iterative impedance 重复阻抗，＊累接阻抗 03.358

ITS 插入测试信号 22.050

J

jack 插口 08.015

jamming [蓄意]干扰 19.209

jamming equation 干扰方程 19.230

jitter 抖动 21.152

Josephson tunneling logic 约瑟夫森隧道逻辑 14.158

joy stick 操纵杆 11.134

junction capacitance 结电容 14.084

junction circulator 结环行器 04.151

junction depth 结深 15.136

junction field effect transistor 结型场效晶体管 14.052

junction resistance 结电阻 14.085

K

Kalman filter 卡尔曼滤波器 05.235

Karp line 卡普线 10.181

KDP 磷酸二氢钾 06.047

keep alive 保活 11.076

Kell factor 凯尔系数 22.025

Kerr cell 克尔盒 16.160

Kerr effect 克尔效应 06.183

keyboard 键盘 11.137

keyboard switch 键盘开关 08.035

keyboard tape punch 纸带键盘凿孔机 21.300

key hierarchy 密钥分级结构 05.171

keystone distortion 梯形畸变 12.043

kinescope 显象管 11.087

kinetic vacuum pump 动量传输泵 12.066

kink 扭折 15.272

Kirchhoff's law 基尔霍夫定律 03.330

klystron 速调管 10.070

KN 铌酸钾 06.051

knee sensitivity 拐点灵敏度 10.251

Knudsen number 克努森数 12.159

k-out-of-n system 表决系统 18.097

KTN 铌钽酸钾 06.050

Kyropoulos method *基鲁普罗斯法 06.087

L

ladder network 梯型网络 03.341

lag 滞后 03.010

Lamb dip 兰姆凹陷 16.161

Lamb noise silencing circuit 兰姆消噪电路 19.262

laminar electron beam 层流电子束 12.016

laminar gun 层流电子枪 12.008

LAMMA 激光探针质量分析仪 15.344

LAN 局域网 21.065

land 连接盘 08.172

Landau damping 朗道阻尼 10.123

landing radar 着陆雷达 19.140

landing standard 着陆标准 20.106

lane 巷道 20.085

lane identification 巷道识别 20.087

lane width 巷宽 20.086

Langmuir-Blodgett film L－B膜 07.138

lanthanium titanate 钛酸镧 06.057

large scale display 大屏幕显示 11.021

large scale integrated circuit 大规模集成电路

14.114

large-signal analysis 大信号分析 10.146

Larmor rotation 拉莫尔旋动 10.125

laser 激光 16.001，激光器 16.002

laser amplifier 激光放大器 16.158

laser annealing 激光退火 15.156

laser bonding 激光键合 15.250

laser ceilometer 激光测云仪 16.188

laser channel marker 激光航道标 20.115

laser communication 激光通信 16.203

laser cutting 激光切割 16.200

laser damage 激光损伤 16.202

laser deposition 激光淀积 16.207

laser display 激光显示 11.009

laser Doppler radar 激光多普勒雷达 16.191

laser drilling 激光打孔 16.190

laser dye 激光染料 16.201

laser evaporation 激光蒸发 16.206

laser fracturing 激光破碎 16.199

laser fusion 激光核聚变 16.196

15.212

light deflection 光偏转 16.155

light-emitting diode 发光二极管 11.086

lightly doped drain technology 轻掺杂漏极技术 14.230

light pen 光笔 11.135

light pipe 光管 10.050

light self-trapping 光自陷 16.185

light valve 光阀 11.111

likelihood ratio 似然比 05.148

limit cycle 极限环 23.047

limited space charge accumulation mode 限累模式 14.103

limited torque motor 有限力矩电[动]机 08.085

limiter 限幅器 03.140

limiting 限幅 03.139

limiting amplifier 限幅放大器 03.065

limiting quality 极限质量 18.044

Lindhand Ssharff and Schiott theory LSS 理论, ＊林汉德-斯卡夫-斯高特理论 15.145

linear array [直]线阵 04.266

linear array scan 直线阵列扫描 25.058

linear code 线性码 05.125

linear detection 线性检波 03.242

linear distortion 线性失真 03.360

linear graded junction 线性缓变结 13.207

linear integrated circuit 线性集成电路 14.121

linear modulation 线性调制 03.227

linear network 线性网络 03.366, 线状网 21.082

linear phase filter 线性相位滤波器 03.421

linear polarization 线极化 04.030

linear prediction 线性预测 05.226

linear ratemeter 线性率表 24.076

linear revolver 线性旋转变压器 08.076

linear sliding potentiometer 直滑电位器 07.025

linear Taylor distribution 线性泰勒分布 04.316

line defect 线缺陷 13.119

line of constant Doppler shift 等多普勒频移线 20.132

line of position 位置线 20.032

line output transformer 行输出变压器 07.091

line pairs 线对 11.065

line scanning 行扫描 23.207

line source 线源 04.173

line spread function 线扩展函数 11.042

line stretcher 延伸线 04.112

line transformer 线间变压器 07.092

linewidth 线宽 15.198

link 链路 21.354

Lippmann holography 李普曼全息术 16.211

liquid crystal display 液晶显示 11.003

liquid crystal light valve 液晶光阀 11.114

liquid encapsulation Czochralski method 液封直拉法, ＊液封丘克拉斯基法 13.127

liquid encapsulation technique 液封技术 13.126

liquid laser 液体激光器 16.101

liquid level manometer 液位压力计 12.100

liquid phase epitaxy 液相外延 13.173

liquid ring vacuum pump 液环真空泵 12.069

liquid-sealed vacuum pump 液封真空泵 12.071

liquid source diffusion 液态源扩散 15.118

list code 列表码 05.112

lithium battery 锂电池 09.057

lithium germanate 锗酸锂 06.058

lithium germanium oxide 锗锂氧化物 06.059

lithium iodate 碘酸锂晶体 06.043

lithium-iodine cell 锂碘电池 09.059

lithium niobate 铌酸锂 06.052

lithium storage battery 锂蓄电池 09.058

lithium tantalate 钽酸锂晶体 06.044

live time 活时间 24.044

LLLTV 微光电视 22.022

LN 铌酸锂 06.052

load 负载 03.019

load characteristic 负载特性 17.048

loaded quality factor 有载品质因数 10.196

load voltage 负载电压 09.043

lobe 波瓣 04.194

lobe-on-receive only 隐蔽接收 19.261

local area network 局域网 21.065

localizer 航向信标 20.097

local network 本地网 21.070

local oscillator 本机振荡器, ＊本地振荡器 03.196

local telephone 市内电话 21.030

location hole 定位孔 08.175

location notch 定位槽 08.176

locked-rotor characteristic 堵转特性 08.093

locked-rotor exciting current 堵转励磁电流 08.094

locked-rotor exciting power 堵转励磁功率 08.095

locked-rotor torque 堵转转矩 08.099

lock-in 锁定 03.267

logarithmic amplifier 对数放大器 03.079

logarithmic ratemeter 对数率表 24.015

logarithm periodic antenna 对数周期天线 04.240

logical circuit 逻辑电路 03.169

logic analyzer 逻辑分析仪 17.114

logic signature analyzer 逻辑特征分析仪 17.116

logic simulation 逻辑模拟 14.272

logic state analyzer 逻辑状态分析仪 17.115

logic swing 逻辑摆幅 14.231

logic trouble-shooting tool 逻辑故障测试器 17.144

longitudinal mode 纵模 16.119

longitudinal mode selection 纵模选择 16.170

longitudinal wave 纵波 04.048

long line 长线 03.407

long playing record 密纹唱片 22.091

long range and tactical navigation system 罗坦系统，＊远程战术导航系统 20.071

long range navigation 罗兰，＊远程[无线电]导航 20.065

long-wire antenna 长线天线 04.241

look-through 间断观察 19.228

loop 环路 03.376

loop antenna 环天线 04.242

loop direction finder 环状天线测向器 20.047

loop gain 环路增益 23.046

LOP 位置线 20.032

LORAN 罗兰，＊远程[无线电]导航 20.065

Loran-C 罗兰－C 20.067

Loran communication 罗兰通信 20.069

Loran-C timing 罗兰－C授时 20.068

Loran retransmission 罗兰转发，＊罗尔特 20.070

LORET 罗兰转发，＊罗尔特 20.070

LORO 隐蔽接收 19.261

LORTAN 罗坦系统，＊远程战术导航系统 20.071

losing lock 失锁 03.268

loss function 损耗函数 23.064

lossless network 无耗网络 03.363

lot 批 18.013

lot size 批量 18.014

lot tolerance percent defective 批容许不合格率 18.045

loud speaker 扬声器 22.102

low-alkali ceramic 低碱瓷 06.030

low altitude surveillance radar 低空搜索雷达 19.122

low atmospheric pressure test 低气压试验 18.135

low density electron beam optics 弱流电子光学 12.002

low energy electron diffraction 低能电子衍射 15.310

low energy ion scattering 低能离子散射 15.332

lower category temperature 下限类别温度 07.003

lower-level threshold 下阈 24.066

lower sideband 下边带 03.222

low frequency amplifier 低频放大器 03.058

low-light level night vision device 微光夜视仪 23.189

low-light level television 微光电视 22.022

low noise amplifier 低噪声放大器 03.082

low pass filter 低通滤波器 03.424

low pressure chemical vapor deposition 低压CVD 15.033

low pressure plasma deposition 低压等离子[体]淀积 15.034

low probability of intercept radar 低截获率雷达 19.091

low-temperature test 低温试验 18.124

low vacuum 低真空 12.052

LPCVD 低压CVD 15.033

LPE 液相外延 13.173

LP radar 低截获率雷达 19.091

M

magnetic wiggler 磁摆动器 10.135

magnetization 磁化 02.063, 磁化强度 02.064

magnetizer 磁化器 06.189

magneto-caloric effect 磁热效应 06.185

magnetocardiography 心磁描记术 25.030

magneto-electric relay 磁电式继电器 08.055

magnetoencephalography 脑磁描记术 25.031

magnetometer 磁强计 17.086

magnetomotive force 磁通势, * 磁动势 02.079

magnetomyography 肌磁描记术 25.032

magnetooculography 眼磁描记术 25.033

magneto-optical disk 磁光盘 06.146

magneto-optical effect 磁光效应 06.180

magneto-optical modulator 磁光调制器 06.167

magneto-optic display 磁光显示 11.010

magneto plumbite type ferrite 磁铅石型铁氧体 06.169

magnetopneumography 肺磁描记术 25.034

magneto-resistance effect 磁阻效应 06.184

magnetostatic pump 静磁泵 10.139

magnetostatic surface wave 静磁表面波 06.160

magnetostatic wave 静磁波 02.082

magnetostriction 磁致伸缩 02.062

magnetostrictive effect 磁致伸缩效应 06.186

magnetotherapy 磁[力]疗法 25.099

magnetron 磁控管 10.083

magnetron sputtering 磁控溅射 15.083

magnet yoke 磁轭 06.190

main cavity 主腔 10.188

main lobe 主瓣 04.195

main pump 主泵 12.062

main reflector 主反射器 04.306

maintainability 维修性, * 可维护性 18.061

maintaining period 保管期 18.076

maintenance 维修, * 维护 18.098

majority carrier 多数载流子 13.067

majority decoding 大数判决译码, * 择多译码 05.091

male contact 阳接触件 08.019

MAN 城域网 21.067

man-machine communication 人机通信 11.060

manometer 气压计 12.099

manual command 人工指令 23.165

MAOSFET 金属－氧化铝－氧化物－半导体场效晶体管 14.065

mapping radar 地图测绘雷达 19.136

Marangoni number 马兰戈尼数 13.165

marine radar 航海雷达 19.129

mark 传号 21.172

marker beacon 指点信标 20.099

MAS 微波有源频谱仪 23.194

maser 脉泽, * 微波激射[器] 03.094

mask 掩模 15.170

mask aligner 光刻机 15.189

mask alignment 掩模对准 15.171

masked diffusion 掩蔽扩散 15.114

mask-making technology 制版工艺 15.159

mass transportation 质量输运 13.161

master group 主群 21.125

master mask 母版 15.163

master-slave flip-flop 主从触发器 03.164

master slice 母片 14.234

master station 主台 20.072

match 匹配 03.022

matched filter 匹配滤波器 03.433

matched termination 匹配终端 04.118

matching section 匹配段 04.128

matching template 匹配模板 05.269

material dispersion 材料色散 21.271

matrix display 矩阵显示 11.031

matrix receiver 矩阵接收机 19.242

maximally flat amplitude approximation 最平幅度逼近 03.385

maximally flat delay approximation 最平时延逼近 03.389

maximum entropy estimation 最大熵估计 05.228

maximum overshoot 最大超调量 23.082

maximum phase system 最大相位系统 05.238

maximum power transfer theorem 最大功率传输定理 03.336

maximum principle 极大值原理 23.026

MBE 分子束外延 13.175

MCP 微通道板 10.049

MCPCRT 微通道板示波管 11.103

mean time between failures 平均无故障工作时间,
＊平均故障间隔时间 18.079

mean time to failure 失效前平均时间,＊平均无
故障时间 18.081

measured value 观测值 17.016

measurement standard 计量标准 17.013

measuring equipment 测量设备 17.157

measuring range 测量范围 17.029

mechanically activated battery 机械激活电池
09.085

mechanical polishing 机械抛光 15.012

mechanical quality factor 机械品质因数 06.075

mechanical scanning 机械扫描 04.212

mechanical sector scan 机械扇形扫描 25.059

mechanical test 力学试验 18.137

mechatronics 机械电子学 01.021

medical cyclotron 医用回旋加速器 24.082

medical electronics 医学电子学 01.024

medical electron linear accelerator 医用电子直线加
速器 24.083

medium 媒质,＊介质 04.010

medium energy electron diffraction 中能电子衍射
15.317

medium scale integrated circuit 中规模集成电路
14.113

MEED 中能电子衍射 15.317

membrane 隔膜 09.013

membrane filtration 膜过滤 15.268

memory address register 存储器地址寄存器
14.185

memory circuit 记忆电路 03.178

memory effect 记忆效应 09.017

memoryless source 无记忆信源 05.030

memory margin 记忆裕度 11.078

meniscus 弯月面 13.151

mercury-arc rectifier 汞弧整流管 10.059

mercury-pool cathode 汞池阴极 10.025

mercury-pool rectifier 汞池整流管 10.060

mercury-vapor tube 汞气管 10.061

mesa transistor 台面晶体管 14.035

MESFET 金属－半导体场效晶体管 14.063

mesh cathode 网状阴极 10.031

mesh network 网状网 21.080

mesomeric vision 中介视觉 11.056

message 消息 05.006, 报文,＊电文
21.055

message handling system 消息处理系统,＊电信
函处理系统 21.047

message switching 报文交换,＊电文交换
21.314

messaging service 存储转发[型]业务 21.049

metabolic imaging 代谢成象 25.077

metal-air cell 金属空气电池 09.063

metal-Al$_2$O$_3$-oxide-semiconductor field effect transistor
金属－氧化铝－氧化物－半导体场效晶体管
14.065

metal-clad plate 覆箔板 08.167

metal film potentiometer 金属膜电位器 07.019

metal film resistor 金属膜电阻器 07.011

metal glaze potentiometer 金属玻璃釉电位器
07.020

metal glaze resistor 金属玻璃釉电阻器 07.015

metal-isolator-semiconductor solar cell 金属－绝缘
体－半导体太阳电池 09.112

metalized paper capacitor 金属化纸介电容器
07.052

metallic packaging 金属封装 15.239

metallization 金属化 15.214

metallorganic CVD 金属有机[化合物]CVD
13.182

metallurgical-grade silicon 冶金级硅 13.137

metal-nitride-oxide-semiconductor field effect
transistor 金属－氮化物－氧化物－半导体场
效晶体管 14.064

metal-oxide-semiconductor field effect transistor
MOS 场效晶体管,＊金属－氧化物－半导体场
效晶体管 14.059

metal-semiconductor field effect transistor 金属－半
导体场效晶体管 14.063

metal soft magnetic material 金属软磁材料
06.109

metal tape 金属带 06.134

metal vapor laser 金属蒸气激光器 16.077

meteoric trail communication 流星余迹通信
21.246

meteorological radar 气象雷达 19.121

methodical error 方法误差 17.023

method of measurement 测量方法 17.014

metrology 计量 17.006

metropolitan area network 城域网 21.067

MF communication 中频通信, *中波通信 21.010

MHS 消息处理系统, *电信函处理系统 21.047

micro-adjustable valve 微调阀 12.141

microbial sensor 微生物敏感器 07.136

microchannel plate 微通道板 10.049

microchannel plate cathode-ray tube 微通道板示波管 11.103

micro-channel plate detector 微通道板探测器 24.156

microdefect 微缺陷 13.120

microelectronics 微电子学 01.018

microgroove record 密纹唱片 22.091

micro Omega 微奥米伽[系统] 20.081

micropackaging 微封装, *微组装 15.244

microphone 传声器 22.058

micropower integrated circuit 微功耗集成电路 14.129

microprocessor 微处理器 14.167

microscan receiver 微扫接收机 19.244

microstrip 微带 04.093

microstrip antenna 微带天线 04.243

microstrip array 微带阵 04.262

microstrip dipole 微带偶极子 04.171

microwave 微波 04.058

microwave absorbing material [微波]吸收材料 19.240

microwave active spectrometer 微波有源频谱仪 23.194

microwave amplification by stimulated emission of radiation 脉泽, *微波激射[器] 03.094

microwave communication 微波通信 21.016

microwave course beacon 微波航道信标 20.116

microwave electronics 微波电子学 01.012

microwave ferrite 微波铁氧体 06.153

microwave gas discharge duplexer 微波气体放电天线开关 10.103

microwave hologram radar 微波全息雷达 23.191

microwave hybrid integrated circuit 微波混合集成电路 14.132

microwave integrated circuit 微波集成电路 14.130

microwave landing system 微波着陆系统 20.095

microwave magnetics 微波磁学 06.152

microwave monolithic integrated circuit 微波单片集成电路 14.131

microwave network 微波网络 03.374

microwave radiometer 微波辐射计 23.193

microwave radio relay communication 微波中继通信, *微波接力通信 21.239

microwave scatterometer 微波散射计 23.190

microwave thermography 微波热象图成象 25.076

microwave tube 微波管 10.065

microwave united carrier system 微波统一载波系统 23.007

middle inspection 中间检查, *中检 18.020

Mie's scattering laser radar 米氏散射激光雷达 16.220

MIG 磁控注入电子枪 12.006

migration 迁徙 12.177

Miller integrating circuit 米勒积分电路 03.153

millimeter wave 毫米波 04.061

Mills cross antenna 米尔斯交叉天线 04.279

minimum detectable signal-to-noise ratio 最小检测信噪比 19.010

minimum detectable temperature difference 最小可探测温差 23.220

minimum-entropy decoding 最小熵译码 05.134

minimum entropy estimation 最小熵估计 05.229

minimum-phase network 最小相位网络 23.029

minimum phase system 最小相位系统 05.239

minimum-time problem 最小时间问题 23.030

minority carrier 少数载流子 13.068

minor lobe 副瓣 04.196

misconvergence 失会聚 11.069

misjudgement failure 误判失效 18.068

mismatch 失配 03.023

mismatched termination 失配终端 04.117

mismatch error 失配误差 17.027

missed synchronization 漏同步 21.165

missing command 漏指令 23.162

mission failure rate 任务故障率 18.082

MIS solar cell 金属－绝缘体－半导体太阳电池 09.112

misuse failure 误用失效 18.067

mixed path 混合路径 20.020

mixer 混频器 03.192，合路器 08.146

mixing 混频 03.191

MLS 微波着陆系统 20.095

MMF 磁通势，* 磁动势 02.079

MMIC 微波单片集成电路 14.131

M-mode ultrasonic scanning M 型超声扫描 25.056

MNOSFET 金属－氮化物－氧化物－半导体场效晶体管 14.064

mobile communication 移动通信 21.286

mobile defect 可动缺陷 13.118

mobile radio station 移动站，* 移动台 21.294

mobile satellite communication 移动卫星通信 21.287

mobility 迁移率 13.079， 机动性 21.118

mobility aids 助行器 25.081

MOCVD 金属有机[化合物]CVD 13.182

modal dispersion 模[式]色散 21.273

modal noise 模式噪声 21.278

mode 模[式] 04.063

mode competition 模[式]竞争 16.121

mode converter 模式变换器 04.138

mode coupling 模[式]耦合 08.138

mode degeneracy 模[式]简并 16.120

mode filter 模式滤波器 04.139

mode hopping 模[式]跳变 16.124

mode jump 跳模 10.160

mode locking 锁模 16.165

modem 调制解调器 21.304

mode pulling effect 模[式]牵引效应 16.122

modes change-over disturbance 模转换干扰 20.034

mode scrambler 搅模器 08.154

mode selection by short cavity 短腔选模 16.152

mode selection technique 选模技术 16.169

mode separation 模[式]分隔 10.161

mode transducer 模式变换器 04.138

mode volume 模体积 16.123

MODFET 调制掺杂场效晶体管 14.056

modulation 调制 03.205

modulation distortion 调制失真 17.054

modulation-doped field effect transistor 调制掺杂场效晶体管 14.056

modulation index 调制指数 03.226

modulation transfer function 调制传递函数 11.051

modulator 调制器 03.211

modulator vacuum gauge 调制型[电离]真空计 12.117

moire 网纹干扰 22.028

moisture test 潮湿试验 18.128

molecular beam epitaxy 分子束外延 13.175

molecular device 分子器件 25.009

molecular drag pump 牵引分子泵 12.079

molecular effusion 分子泻流 12.160

molecular electronics 分子电子学 01.016

molecular flow 分子流 12.158

molecular gas laser 分子气体激光器 16.066

molecular oscillator 分子振荡器 03.112

molecular pump 分子泵 12.078

molecular sieve trap 分子筛阱 12.147

molecule 分子 02.005

molten-salt growth method 熔盐法 06.086

molybdenum gate MOS integrated circuit 钼栅 MOS 集成电路 14.136

molybdenum gate technology 钼栅工艺 15.104

momentary charge 瞬间充电 09.026

monochrome display 单色显示 11.024

monochrome TV 黑白电视 22.012

monocrystal 单晶 13.025

monolithic ceramic capacitor 独石陶瓷电容器 07.056

monolithic computer 单片计算机 14.168

monolithic integrated circuit 单片集成电路 14.119

monolithic microwave intergrated amplifier 单片微波集成放大器 14.133

monomode fiber 单模光纤 08.131

monophone 单声 22.023

monopole 单极子 04.167

monopulse radar 单脉冲雷达 19.081

monostable trigger-action circuit 单稳［触发］电路 03.159

monostatic radar 单基地雷达 19.103

MOSFET MOS 场效晶体管, *金属－氧化物－半导体场效晶体管 14.059

MOS memory MOS 存储器 14.182

MOS process technology MOS 工艺 14.109

moth bite test 虫蛀试验 18.134

mould test 霉菌试验 18.133

mounting technology 组装技术 08.194, 装架工艺 15.236

moving coil earphone 电动耳机 22.105

moving coil loudspeaker 电动扬声器 22.103

moving coil microphone 动圈传声器 22.060

moving conductor mic 电动传声器 22.062

moving target indication radar 动目标显示雷达 19.109

MQW semiconductor laser 多量子阱半导体激光器 16.061

MR 微波辐射计 23.193

M-sequence M 序列 05.040

m-sequence m 序列 05.039

MSI 中规模集成电路 14.113

MSS 多光谱扫描仪 23.181

MTBF 平均无故障工作时间, *平均故障间隔时间 18.079

MTF 调制传递函数 11.051

MTI radar 动目标显示雷达 19.109

MTTF 失效前平均时间, *平均无故障时间 18.081

M-type device M 型器件 10.066

multialkali photocathode 多碱光阴极 10.023

multi-beam antenna 多波束天线 04.282

multi-burst signal 多波群信号 22.048

multicavity magnetron 多腔磁控管 10.084

multichannel analyser 多道分析器 24.016

multichannel communication 多路通信 21.209

multichannel telemetry 多路遥测 23.094

multichip circuit 多片电路 14.120

multichrome penetration screen 多色穿透屏 10.241

multiformator 多帧照相机 24.090

multiframe 复帧 21.180

multigraph 多重图 05.288

multijunction solar cell 多结太阳电池 09.096

multilayer dielectric passivation 多层介质钝化 15.222

multilayer printed board 多层印制板 08.160

multilayer wiring 多层布线 08.189

multilevel metallization 多层金属化 15.216

multilevel resist 多层光刻胶 15.177

multimeter 多用表 17.065

multimode fiber 多模光纤 08.132

multipath effect 多径效应 19.072

multipersistence penetration screen 多余辉穿透荧光屏 10.242

multi-photon absorption 多光子吸收 16.176

multiple access 多址 21.221

multiple access channel 多接入信道 05.060

multiple-beam radar 多波束雷达 19.093

multiple ribbon growth 多带生长 13.150

multiple sampling 多次抽样 18.037

multiple-user information theory 多用户信息论 05.002

multiplexer 复用器 21.107

multiplexing 多路驱动 11.126, ［多路］复用, *复接 21.098

multiplier system 倍增系统 10.048

multi-port network 多口网络, *多端对网络 03.317

multiprocessing 多重处理 21.106

multiscaler 多路定标器 24.017

multispectral camera 多光谱相机 23.182

multispectral scanner 多光谱扫描仪 23.181

multistatic radar 多基地雷达 19.105

multistation Doppler system 多站多普勒系统 23.003

multi-step avalanche chamber 多步雪崩室 24.151

multi-terminal network 多端网络 03.315

multi-tone command 多音指令 23.152

multivibrator 多谐振荡器 03.107

multiwire proportional chamber 多丝正比室

24.116

mutual induction　互感[应]　04.004

mutual information　互信息　05.021

mutually synchronized network　互同步网　21.089

N

NA　网络分析仪　17.102，数值孔径 21.276

NAA　中子活化分析　15.303

NAK　否认　21.146

NAND gate　与非门　03.174

narrow-band amplifier　窄带放大器　03.089

narrow band filter　窄带滤波器　03.428

narrow channel effect　窄沟效应　14.280

narrow gap semiconductor　窄带隙半导体 13.008

NAS　国家空管系统　20.118

national airspace system　国家空管系统　20.118

National Television System Committee system NTSC 制　22.031

natural climate test　天然气候试验　18.120

natural language　自然语言　05.274

natural linewidth　自然线宽　16.024

navigation　导航　20.001

navigation by map-matching　地图匹配导航 20.006

navigation radar　导航雷达　19.120

navigation satellite　导航卫星　20.141

navigation system of synchronous satellite　同步卫星导航系统　20.138

N-channel MOS integrated circuit　N 沟 MOS 集成电路　14.137

NDB　无方向性信标　20.112

NEA　负电子亲和势　13.064

NEA cathode　负电子亲和势阴极　10.030

near-field region　近场区　04.155

near-Gaussian pulse shaping　近高斯脉冲成形 24.002

Neel point　奈耳温度，＊奈耳点　02.060

Neel temperature　奈耳温度，＊奈耳点　02.060

negation gate　非门　03.176

negative absorption　负吸收　16.036

negative acknowledgement　否认　21.146

negative differential mobility　负微分迁移率 13.083

negative electrode　负极　09.010

negative electron affinity　负电子亲和势　13.064

negative electron affinity cathode　负电子亲和势阴极　10.030

negative feedback　负反馈　03.050

negative feedback amplifier　负反馈放大器 03.073

negative photoresist　负性光刻胶　15.174

negative resistance oscillator　负阻振荡器　03.103

negentropy　负熵　05.017

nematic liquid crystal　向列相液晶　11.120

neodymium crystal laser　钕晶体激光器　16.090

neodymium glass laser　钕玻璃激光器　16.089

neodymium pentaphosphate laser　过磷酸钕激光器 16.070

neonatal monitor　新生儿监护仪　25.094

NEP　等效噪声功率　23.219

nephros function meter　肾功能仪　25.050

net area　净面积　24.048

NETD　等效噪声温差　23.218

network analyzer　网络分析仪　17.102

network function　网络函数　03.318

network layer　网络层　21.375

network synthesis　网络综合　03.382

neural net　神经网络　03.449

neural network　神经网络　03.449

neural network computer　神经网络计算机 25.007

neural network model　神经网络模型　25.006

neutron　中子　02.003

neutron activation analysis　中子活化分析 15.303

neutron counter tube　中子计数管　24.138

neutron detector　中子探测器　24.095

neutron monitor　中子监测器　24.139

neutron transmutation doping　中子嬗变掺杂

15.128

nibble address buffer 分时地址缓冲器 14.187

nickel matrix cathode 海绵镍阴极 10.029

niobate system ceramic 铌酸盐系陶瓷 06.036

nitrogen molecular laser 氮分子激光器 16.059

NMR 核磁共振 24.153

NMRCT 核磁共振计算机断层成象 25.067

nodal analysis method 结点分析法 14.270

node 节点 03.377, 结点 03.378

noise-cancelling mic 抗噪声传声器 22.069

noise equivalent power 等效噪声功率 23.219

noise equivalent reflectance 等效噪声反射率 23.217

noise equivalent temperature difference 等效噪声温差 23.218

noise factor 噪声系数 03.299

noise figure 噪声系数 03.299

noise figure meter 噪声系数测试仪 17.100

noise generator 噪声发生器 17.152

noise jamming 噪声干扰 19.216

noiseless channel 无噪信道 05.067

noiseless coding theorem 无噪编码定理 05.035

noise margin 噪声容限 14.253

noise radar 噪声雷达 19.090

noise temperature 噪声温度 03.300

noise tube 噪声管 10.116

nominal capacity 标称容量 09.042

nominal voltage 标称电压 09.041

non-blocking switch 无阻塞交换 21.339

nondirectional beacon 无方向性信标 20.112

non-equilibrium carrier 非平衡载流子 13.070

non-hierarchical network 无级网 21.079

nonlinear distortion 非线性失真 03.361

nonlinear integrated circuit 非线性集成电路 14.122

nonlinear network 非线性网络 03.367

nonlinear optical crystal 非线性光学晶体 16.133

nonlinear optical effect 非线性光学效应 16.132

nonlinear optics 非线性光学 16.131

nonlinear photomixing 非线性光混频 16.130

non-minimum phase system 非最小相位系统 05.240

nonplanar network 非平面网络 03.346

nonradiative recombination 无辐射复合 13.090

nonreciprocal network 非互易网络 03.365

nonreciprocal phase-shifter 非互易移相器 04.144

non-self-maintained discharge 非自持放电 10.204

non-stationary channel 非平稳信道 05.064

nonterminal character 非终结符 05.284

non-threshold logic 非阈逻辑 14.151

non-volatile semiconductor memory 非逸失性半导体存储器，*非挥发性半导体存储器 14.178

non-wire wound potentiometer 非线绕电位器 07.018

norator 任意子 03.444

NOR gate 或非门 03.177

normal capacitance 标称电容 07.058

normal charge 常规充电 09.023

normal freezing 正常凝固 13.138

normal glow discharge 正常辉光放电 10.208

normalized detectivity 归一化探测率 23.205

normalized impedance 归一化阻抗 04.076

normally off device 正常关断器件 14.218

normally on device 正常开启器件 14.219

normal resistance 标称电阻值 07.026

north reference pulse 北向参考脉冲 20.063

NOT gate 非门 03.176

nozzle 喷嘴 12.143

NTD 中子嬗变掺杂 15.128

NTL 非阈逻辑 14.151

NTSC system NTSC 制 22.031

N type semiconductor N 型半导体 13.010

nuclear battery 核电池 09.129

nuclear electronics 核电子学 01.026

nuclear emulsion 核乳胶 24.110

nuclear magnetic resonance computerized tomography 核磁共振计算机断层成象 25.067

nuclear magnetic resonance detector 核磁共振探测器 24.154

nuclear pumping 核泵浦 16.012

nuclear stethoscope 核听诊器 24.084

nucleation 成核 15.036

nuclide linear scanner 核素扫描机 24.081

nude gauge 裸规 12.123

nulcear magnetic resonance 核磁共振 24.153

nullator 零子 03.443

null depth of difference beam 差波束零深 04.203

null hypothesis 零假设 18.008

nullor 零任偶 03.445

null-type direction finding 零点型测向 23.004

null voltage 零位电压 08.088

numerical aperture 数值孔径 21.276

N-well CMOS N 阱 CMOS 14.138

Nyquist criterion 奈奎斯特判据 23.088

Nyquist diagram 奈奎斯特图 23.087

Nyquist rate 奈奎斯特速率 21.168

O

object wave 物体波 16.222

observability 可观测性 23.058

observer 观测器 23.045

OB van 转播车 22.057

octave 倍频程 03.190

OED 氧化增强扩散 15.060

OEIC 光电集成电路 16.144

off 断 08.042

off-axis holography 离轴全息术 16.212

off line 脱机 21.092

offset voltage 失调电压 03.055

ohmic contact 欧姆接触 13.221

ohmic heating 欧姆加热 10.124

ohmmeter 电阻表, *欧姆表 17.082

Ohm's law 欧姆定律 02.039

oil film light valve 油膜光阀 11.112

oil-free pump system 无油真空系统 12.090

oil-free vacuum 无油真空 12.056

oil-sealed vacuum pump 油封真空泵 12.070

Omega segment synchronization 奥米伽段同步 20.083

Omega sky wave correction table 奥米伽天波修正表 20.084

Omega system 奥米伽[系统] 20.079

omegatron mass spectrometer 回旋质谱仪 15.340

omnidirectional antenna 全向天线 04.244

omnidirectional microphone 全向传声器 22.063

omnidirectional range 全向信标, *中波导航台 20.113

on 通 08.041

once command 一次指令 23.175

one-sided sequence 单边序列 05.186

one-way communication 单向通信 21.022

on line 联机 21.091

on-off keying 通断键控 03.214

OOK 通断键控 03.214

opaque photocathode 不透明光阴极 10.022

open-circuit line 开路线 03.405

open circuit termination 开路终端 04.115

open circuit voltage 开路电压 09.044

open loop 开环 03.279

open-loop control 开环控制 23.020

open-loop frequency response 开环频率响应 23.034

open reel tape 盘[式磁]带 06.131

open systems interconnection reference model 开放系统互连参考模型 21.372

operating time 工作时间 18.104

operational amplifier 运算放大器 03.080

operational room monitor 手术室监护仪 25.095

operator factor 观察者系数 19.012

optical attenuator 光衰减器 08.149

optical biasing 光偏置 16.154

optical bistable device 光学双稳态器件 16.136

optical cable connector 光缆连接器 08.142

optical cavity 光学谐振腔 16.117

optical communication 光通信 21.259

optical coupler 光耦合器 08.144

optical fiber 光纤 08.128

optical fiber cable 光缆 08.135

optical fiber communication 光纤通信 21.260

optical fiber connector 光纤连接器 08.141

optical fiber dispersion 光纤色散 08.140

optical fiber sensor 光纤敏感器 07.110

P

PABX 专用自动小交换机，*用户自动交换机 21.332

package 管壳 15.245

package factor 封装因子 18.087

packaging 封装 15.238

packaging density 组装密度 08.195

packaging technology 组装技术 08.194

packet assembly and disassembly 分组装拆 21.340

packet switching 分组交换 21.315

packet switching network 分组交换网，*包交换网 21.087

PAD 分组装拆 21.340

page mode 页模式 14.248

page-nibble mode 页分段模式 14.247

pair of stations 台对 20.074

PAL system PAL 制 22.032

PAM 脉幅调制 03.232

panel TV 平板电视 22.020

panoramic indicator 全景显示器 19.170

panoramic receiver 全景接收机 19.243

panoramic spectrum analyzer 全景频谱分析仪 17.109

paper-lined dry cell 纸板干电池 09.081

paper tape reperforator 纸带复凿机 21.301

PAR 精密进场雷达 19.141

parabolic antenna 抛物面天线 04.299

parabolic torus antenna 抛物环面天线 04.300

paraboloidal reflector 抛物面反射器 04.307

parallel polarization 平行极化 04.037

paramagnetism 顺磁性 02.054

parameter estimation 参量估计 05.141

parametric amplifier 参量放大器 03.092

parametric detection 参量型检测 05.146

parametric mixer 参量混频器 03.194

parametric test 参数检验 18.009

parasitic amplitude modulation 寄生调幅 03.207

parasitic capacitance 寄生电容 02.045

parasitic echo 寄生回波 19.031

parasitic element 无源[单]元，*寄生[单]元 04.166

parasitic emission 寄生发射 10.005

parasitic feedback 寄生反馈 03.052

parasitic frequency 寄生频率 06.076

parasitic oscillation 寄生振荡 03.100

para-tellurite crystal 对位黄碲矿晶体，*聚合亚碲酸晶体 06.042

parity check 奇偶校验 05.082

parking meter 停靠表 20.152

PARS 光声拉曼谱[学] 15.309

partial dislocation 不全位错 13.102

partial inversion 部分反转 16.005

partial pressure 分压力 12.057

partial pressure analyser 分压分析器 12.098

partial pressure vacuum gauge 分压真空计 12.097

PAS 光声光谱[学] 15.331

Paschen curve 帕邢曲线 10.219

pass band 通带 03.411

passivation technology 钝化工艺 15.221

passive cavity 无源谐腔 16.126

passive component 无源元件 14.249

passive detection 无源探测 19.050

passive display 被动显示 11.035

passive guidance 无源制导 19.058

passive jamming 无源干扰 19.212

passive mode-locking 被动锁模 16.166

passive network 无源网络 03.347

passive tracking 无源跟踪 19.052

path 通道，*路径 21.148

patient monitor 病人监护仪 25.086

pattern distortion 图形畸变 15.160

pattern generator 图形发生器 15.141

pattern matching 模式匹配 05.267

pattern primitives 模式基元 05.268

pattern recognition 模式识别 05.266

PBX 专用小交换机，*用户小交换机 21.333

PCD 等离子体耦合器件 14.070

P-channel MOS integrated circuit　P 沟 MOS 集成电
　路　14.140

PCM　脉码调制　03.236

PCM telemetry　脉码调制遥测　23.096

PCN　个人通信网　21.289

PD　等离子[体]显示　11.002

PDM　脉宽调制　03.233

PDME　精密测距器　20.053

PDP　等离子[体]显示板　11.023

PD radar　脉冲多普勒雷达　19.088

peak control power at locked-rotor　峰值堵转控制
　功率　08.097

peak current at locked-rotor　峰值堵转电流
　08.096

peak detection　峰值检波　03.245

peak detection　峰值检测　24.025

peaker　峰化器　03.155

peak power meter　峰值功率计　17.093

peak searching　寻峰　24.077

PECT　正电子发射[型]计算机断层成象
　25.070

PECVD　等离子[体]增强 CVD　15.032

peel strength　抗剥强度　08.178

PEL　粉末电致发光　11.047

pencil-beam antenna　笔形波束天线　04.292

peniotron　潘尼管　10.105

Penning vacuum gauge　潘宁真空计　12.115

perfect crystal　完美晶体　13.095

perfect dislocation　完全位错　13.101

perfect medium　理想媒质　04.017

performance characteristic　性能特性　17.058

perinatal monitor　围产期监护仪　25.093

period　周期　03.003

periodic sequence　周期序列　05.183

period meter for reactor　反应堆周期仪　24.019

periodogram　周期图　05.222

peripheral interface　外部接口　21.385

periscope antenna　潜望镜天线　04.293

permanent magnet　永磁体　06.091

permanent magnetic material　永磁材料　06.090

permeability　磁导率　02.066,　渗透率
　12.168

permeable base transistor　可渗基区晶体管
　14.041

permeameter　磁导计　17.087

permeation　渗透　12.167

permissible error　允许误差　17.025

permittivity　介电常数,＊电容率　02.015

perpendicular polarization　垂直极化　04.038

persistence　余辉　10.282

personal communication network　个人通信网
　21.289

personal mobile communication　个人移动通信
　21.288

perveance　导流系数　12.047

PET　多晶硅发射极晶体管　14.045

phase　相位　03.008

Phase Alternation Line system　PAL 制　22.032

phase array　相控阵　04.259

phase bunching　相位群聚　10.150

phase comparator　相位比较器　03.263

phase comparison monopulse　比相单脉冲　19.060

phase comparison positioning　比相定位　23.005

phase conjugation　相位共轭　16.142

phased array radar　相控阵雷达　19.097

phase delay　相时延　03.402

phase-delay of difference frequency　差频相位延迟
　20.035

phase detection　检相,＊鉴相　03.261

phase detector　检相器,＊鉴相器　03.262

phase equalizer　相位均衡器　21.130

phase-frequency characteristic　相频特性　03.048

phase jitter　相位抖动　03.204

phase-lag network　相位滞后网络　23.070

phase-lead network　相位超前网络　23.071

phase-lock　锁相　03.264

phase-locked frequency discriminator　锁相鉴频器
　03.260

phase-locked loop　锁相环[路]　03.265

phase-locked oscillator　锁相振荡器　03.288

phase margin　相位裕量　23.072

phase matching angle　相位匹配角　16.137

phase meter　相位计　17.090

phase modulated transmitter　调相发射机　03.283

phase modulation　调相　03.210

phase modulator　调相器　03.213

pilot signal 导频信号 21.136

pilot warning indicator 驾驶员告警指示器 20.153

pinch-off voltage 夹断电压 14.088

pincushion distortion 枕形畸变 12.046

pinhole 针孔 15.038

pinhole lens 针孔透镜 12.025

PIN junction diode PIN结二极管 14.011

Pirani gauge 皮氏计, *皮拉尼真空规 12.110

piston 活塞 04.109

piston vacuum pump 往复真空泵 12.067

pixel 象素 11.039

PL 位置线 20.032

PLA 可编程逻辑阵列 14.194

plain conductor 裸导线 08.120

plain flange 平板法兰[盘] 04.098

plain joint 平接关节 04.100

planar array 平面阵 04.263

planar defect 面缺陷 13.117

planar diode 平面二极管 14.004

planar ferrite 平面型铁氧体 06.173

planar network 平面网络 03.345

planar technology 平面工艺 15.073

planar transistor 平面晶体管 14.031

plane polarization 平面极化 04.029

plane wave 平面波 04.044

plan position indicator 平面位置显示器 19.160

plaque 基板 09.011

plasma 等离子体 10.127

plasma-coupled device 等离子体耦合器件 14.070

plasma diagnostic 等离子体诊断 10.129

plasma display 等离子[体]显示 11.002

plasma display panel 等离子[体]显示板 11.023

plasma-enhanced CVD 等离子[体]增强CVD 15.032

plasma etching 等离子[体]刻蚀 15.210

plasma frequency 等离子体频率 10.128

plasma instability 等离子体不稳定性 10.130

plasma oxidation 等离子[体]氧化 15.052

plasma sputtering 等离子[体]溅射 15.081

plastic film capacitor 塑料膜电容器 07.054

plastic package 塑封 15.242

plateau 坪 24.147

plateau slope 坪斜 24.148

plated-through hole 金属化孔 08.171

plate for ultra-microminiaturization 超微粒干版 15.169

platinotron 泊管 10.098

PLD 可编程逻辑器件 14.193

plex grammar 交织文法 05.295

PLL 锁相环[路] 03.265

plotting tablet 标图板 11.136

plug 插塞 08.016

plug-in discharge tube 插入式放电管 10.064

plunger 活塞 04.109

PM 调相 03.210

PM transmitter 调相发射机 03.283

PN code 伪噪声码, *PN码 05.038

PN junction PN结 13.205

PN junction detector PN结探测器 24.118

PN junction diode PN结二极管 14.010

PN junction isolation PN结隔离 15.072

PNPN negative resistance laser PNPN负阻激光器 14.067

Pockels cell 泡克耳斯盒 16.163

Poincare sphere 庞加莱球 04.226

point contact diode 点接触二极管 14.012

point contact solar cell 点接触太阳电池 09.109

point defect 点缺陷 13.116

point graph 点图 05.289

point spread function 点扩展函数 11.043

point target 点目标 19.023

point to multipoint communication 点－多点通信 21.258

point to point communication 点－点通信 21.257

poisoning of cathode 阴极中毒 10.038

polar capacitor 极性电容器 07.048

polarization 极化, *偏振 02.020

polarization diversity 极化分集, *偏振分集 21.253

polarized relay 极化继电器 08.052

polar semiconductor 极性半导体 13.023

pole 极点 03.324, 极, *刀 08.043

pole-zero cancellation 极零[点]相消, *零极

点相消 24.047

pole-zero method 零[点]极点法 23.052

polishing 抛光 15.009

polycell method 多元胞法 14.264

polycide gate 多晶硅-硅化物栅 15.097

polycrystal 多晶 13.026

polycrystalline silicon solar cell 多晶硅太阳电池 09.097

polygraph 多导生理记录仪 25.053

polysilicon emitter transistor 多晶硅发射极晶体管 14.045

ponderomotive force 有质动力 10.132

population inversion 粒子数反转 16.031

porous ceramic 多孔陶瓷 06.018

porous glass 多孔玻璃 06.019

port 端口 04.114

position 位 08.045

position fixing 定位 20.008

position line 位置线 20.032

position location reporting system 位置报告系统 20.158

position repetitive error 定位重复误差 20.009

position root-mean-square error 定位均方根误差 20.010

position sensitive detector 位置灵敏探测器 24.107

position transducer 位置传感器 07.144

positive displacement pump 变容真空泵 12.064

positive electrode 正极 09.009

positive feedback 正反馈 03.051

positive photoresist 正性光刻胶 15.175

positron 正电子 02.008

positron emission computerized tomography 正电子发射[型]计算机断层成象 25.070

positron spectroscope 正电子谱仪 24.080

postbaking 后烘 15.183

post-deflection acceleration 偏转后加速 12.035

potassium dideuterium phosphate 磷酸二氘钾 06.046

potassium dihydrogen phosphate 磷酸二氢钾 06.047

potassium niobate 铌酸钾 06.051

potassium sodium tartrate *酒石酸钾钠 06.045

potassium tantalate-niobate 铌钽酸钾 06.050

potential barrier 势垒 13.211

potential difference 电位差 02.031

potential drop 电位降 02.034

potentiometer 电位器 07.017

Potter horn 玻特喇叭 04.183

powder electroluminescence 粉末电致发光 11.047

power 功率 03.024

power amplifier 功率放大器 03.059

power divider 功率分配器 04.147

power electronics 功率电子学, *电力电子学 01.022

power loss 功率损耗 06.104

power management 功率管理 19.229

power meter 功率计 17.091

power reflectance 功率反射率 04.311

power source [电]源 02.033

power spectrum estimation 功率谱估计 05.224

power splitter 功率分配器 04.147

power supply [电]源 02.033

power transformer 电源变压器 07.083

power transmittance 功率透射率 04.312

Poynting vector 玻印亭矢[量], *能流密度矢[量] 04.028

PPI 平面位置显示器 19.160

PPM 脉位调制 03.234

preamplifier 前置放大器 03.070

preassignment 预分配 21.227

precharge cycle 预充电周期 14.251

precise VOR 精密伏尔 20.044

precision 精密度 17.032

precision approach radar 精密进场雷达 19.141

precision distance measuring equipment 精密测距器 20.053

precision potentiometer 精密电位器 07.021

precision resistor 精密电阻器 07.010

predecessor 前导 05.118

prediffusion 预扩散 15.107

preemphasis network 预加重网络 03.375

preferred orientation 择优取向 15.158

prefix code 前缀码 05.119

prefix method synchronization 词头法同步

218

pseudo noise code 伪噪声码，＊PN 码 05.038

pseudo-random code ranging 伪随机码测距 23.008

pseudo-random sequence 伪随机序列 05.037

PSK 相移键控 03.217

PTF 可编程横向滤波器 14.213

P type semiconductor P 型半导体 13.011

public network 公用网，＊公众网 21.072

pugging 捏练 15.284

pull-in 捕捉 03.270

pull-in range 捕捉带 03.271

pull-off strength 拉脱强度 08.177

pulse 脉冲 03.116

pulse amplifier 脉冲放大器 03.091

pulse amplitude 脉冲幅度 03.119

pulse-amplitude modulation 脉幅调制 03.232

pulse back edge 脉冲后沿 03.123

pulse capacitor 脉冲电容器 07.043

pulse-code modulation 脉码调制 03.236

pulse-code-modulation telemetry 脉码调制遥测 23.096

pulse compression radar 脉冲压缩雷达 19.080

pulse compression receiver 脉压接收机 19.241

pulse current charge 脉冲充电 09.030

pulse detection 脉冲检波 03.246

pulse duration modulation 脉宽调制 03.233

pulsed gasdynamic laser 脉冲气动激光器 16.087

pulsed magnetron 脉冲磁控管 10.085

pulse Doppler radar 脉冲多普勒雷达 19.088

pulse front edge 脉冲前沿 03.121

pulse generator 脉冲发生器 17.141

pulse modulation 脉冲调制 03.231

pulse-phase system 脉相系统 20.041

pulse-position modulation 脉位调制 03.234

pulse power 脉冲功率 03.025

pulse radar 脉冲雷达 19.079

pulse repetition frequency 脉冲重复频率 19.148

pulse shape discriminator ·脉冲形状鉴别器 24.058

pulse spike 脉冲尖峰 16.040

pulse steering circuit 脉冲引导电路 03.166

pulse-time modulation 脉时调制 03.235

pulse train 脉冲串 05.185

pulse transformer 脉冲变压器 07.089

pulse transmitter 脉冲发射机 03.284

pulse width 脉冲宽度 03.124

pulse-width modulation 脉宽调制 03.233

pump fluid 泵工作液 12.089

pumping 泵浦，＊抽运 16.006

pumping efficiency 泵浦效率 16.018

pumping rate 泵浦速率 16.019

pump rate distribution 泵浦速率分布 16.020

puncture 击穿 02.021

purity of carrier frequency 载频纯度 21.140

push-button switch 按钮开关 08.033

push-pull power amplifier 推挽功率放大器 03.066

PVD 物理汽相淀积 13.183

PVOR 精密伏尔 20.044

P-well CMOS P 阱 CMOS 14.141

PWI 驾驶员告警指示器 20.153

PWM 脉宽调制 03.233

pyramidal horn antenna 角锥喇叭天线 04.188

pyroelectric ceramic 热[释]电陶瓷 06.025

pyroelectric crystal 热[释]电晶体 06.024

pyroelectric vidicon 热[释]电视象管 11.094

pyrogenic technique of oxidation 加热合成氧化技术 15.059

Q

QAM 正交调制 03.218

Q-factor 品质因数 03.356

Q meter Q 表 17.075

QMS 四极质谱仪 15.343

q-percentile life 可靠寿命 18.084

QRC 快速反应能力 19.199

Q-switching Q 开关 16.146

quadrature-axis output impedance 交轴输出阻抗 08.092

quadrature-axis voltage 交轴电压 08.089

quadrature modulation　正交调制　03.218

quadrupole lens　四极透镜　11.129

quadrupole mass spectrometer　四极质谱仪
15.343

qualification test　鉴定试验　18.116

qualified product　合格品　18.024

qualitative information　定性信息　05.010

quality control　质量控制　18.050

quality factor　品质因数　03.356

quality feedback　质量反馈　18.051

quality index　质量指标　18.053

quality management　质量管理　18.052

quantum electronics　量子电子学　01.008

quantum well heterojunction laser　量子阱异质结激
光器　14.066

quarter-wave transformer　四分之一波长变换器
04.106

quartz crystal　石英晶体　06.041

quartz reaction chamber　石英反应室　15.056

quartz resonator　石英谐振器　03.287

quasi-homogeneous alignment　准沿面排列
11.123

quasi-stable state　准稳态　03.157

quench　淬灭　24.161

quench correction　淬灭校正　24.162

quenching effect　淬灭效应，＊猝灭效应
24.164

quick charge　快速充电　09.024

quick reaction capability　快速反应能力　19.199

R

rack-and-panel connector　机柜连接器　08.008

radar　雷达　19.001

radar anti-reconnaissance　雷达反侦察　19.204

radar approach control system　雷达进近管制系统
20.121

radar astronomy　雷达天文学　19.073

radar camouflage　反雷达伪装　19.203

radar countermeasures　雷达对抗　19.189

radar coverage diagram　雷达威力图　19.006

radar cross section　雷达截面积　19.007

radar database　雷达数据库　19.201

radar decoy　雷达诱饵　19.239

radar echo　雷达回波　19.030

radar equation　雷达方程　19.005

radar horizon　雷达地平线　19.008

radar indicator　雷达显示器　19.159

radar link　雷达中继　19.078

radar net　雷达网　19.003

radar pilotage　雷达领航　20.130

radar plot　雷达点迹　19.184

radar range　雷达探测距离　19.004

radar relay　雷达中继　19.078

radar repeater　雷达转发器　19.147

radar resolution　雷达分辨力　19.009

radar scope　雷达显示器　19.159

radar seeker　雷达寻的器　19.146

radar simulator　雷达仿真器，＊雷达模拟器
19.077

radar station　雷达站　19.002

radar track　雷达航迹　19.185

radial transmission line　径向线　04.095

radiation　辐射　04.026

radiation content meter　辐射含量计　24.032

radiation damage　辐射损伤　13.113

radiation detector　辐射探测器　24.091

radiation efficiency　辐射效率　04.161

radiation indicator　辐射指示器　24.035

radiation intensity　辐射强度　04.162

radiation logging assembly　辐射测井装置
24.030

radiation meter　辐射测量仪　24.031

radiation monitor　辐射监测器　24.034

radiation resistance　辐射电阻　04.321

radiation spectrometer　辐射能谱仪　24.033

radiation test　辐射试验　18.148

radiation transducer　辐射传感器　07.146

radiation warning assembly　辐射报警装置
24.029

radiator　辐射器　04.174

radioactive ionization gauge　放射性[电离]真空计

12.113

radioactivity meter 放射性活度测量仪 24.022

radio beacon 无线电信标 20.111

radio-beacon buoy 无线电浮标 20.114

radio communication 无线通信 21.004

radio compass 无线电罗盘 20.048

radioelectronics 无线电电子学 01.002

radio frequency amplifier 射频放大器 03.086

radio frequency mass spectrometer 射频质谱仪 15.341

radio frequency sputtering 射频溅射 15.082

radioimmunoassay instrument 放射免疫仪器 24.087

radio interferometer 无线电干涉仪 23.010

radio magnetic indicator 无线电磁指示器 20.155

radiometer 辐射计 23.192

radio microphone 无线传声器 22.068

radio nuclide imaging 核素成象 25.073

radio paging 无线电寻呼 21.053

radiotechnics 无线电技术 01.003

radio telemetry 无线电遥测 23.100

radome 天线罩 04.313

radon meter 氡气仪 24.054

Rake reception 分离多径接收 21.244

RAM 随机[存取]存储器 14.171

Raman effect 拉曼效应 10.133

Raman laser 拉曼激光器 16.079

random asccess memory 随机[存取]存储器 14.171

random code 随机码 05.052

random error 随机误差 17.020

random pulser 随机脉冲产生器 24.074

random scan 随机扫描 19.178

range 量程 17.028

range-azimuth display 距离-方位显示器 19.161

range distribution 射程分布 15.147

range-elevation display 距离-仰角显示器 19.163

range gate deception 距离[门]欺骗 19.225

range-height indicator 距离高度显示器 19.165

range marker 距离标志 19.176

range noise 距离噪声 19.027

ranging code 测距码 20.057

ranging system 测距系统 20.037

RAPCON 雷达进近管制系统 20.121

rare earth-cobalt permanent magnet 稀土钴永磁体 06.099

rare earth magnet 稀土磁体 06.098

rare earth semiconductor 稀土半导体 13.021

raster scan 光栅扫描 19.177

rate distortion function [信息]率失真函数 05.057

rate distortion theory [信息]率失真理论 05.058

rated voltage 额定电压 07.061

rate process model 反应速率模型 18.091

ratio discriminator 比率鉴频器 03.259

ratio meter 比值计 17.079

ray collimator 射线准直器 24.089

γ-ray detector γ射线探测器 24.094

α-ray detector α射线探测器 24.097

β-ray detector β射线探测器 24.098

Rayleigh number 瑞利数 13.166

Rayleigh region 瑞利区 06.108

RBS 卢瑟福背散射谱[学] 15.329

RC coupling amplifier 阻容耦合放大器 03.071

RCS 雷达截面积 19.007

RCTL 电阻-电容-晶体管逻辑 14.144

reactance 电抗 03.014

reactance network 电抗网络 03.362

reactance theorem 电抗定理 03.337

reactive evaporation 反应蒸发 15.087

reactive ion etching 反应离子刻蚀 15.205

reactive sputter etching 反应溅射刻蚀 15.208

reactive sputtering 反应溅射 15.085

reactivity meter 反应性仪 24.020

reactor 电抗器 07.078

Read diode 里德二极管 14.022

read-only memory 只读存储器 14.174

real-time command 实时指令 23.168

real time communication 实时通信 21.021

real time oscilloscope 实时示波器 17.125

real time signal processing 实时信号处理 05.180

real-time telemetry 实时遥测 23.098

rebatron 聚束管, *黎帕管 10.114

receiver 接收机 03.290

receiving inspection 交收检查 18.040

reciprocal network 互易网络 03.364

reciprocity theorem 互易定理 03.333

recognition 识别 05.154

recognition confidence 识别置信度 19.254

recoil permeability 回复磁导率 02.070

recoil proton counter 反冲质子计数器 24.135

recombination 复合 13.085

record 唱片 22.087

recorder 录音机 22.074

recording 录制 22.072

recording head 记录头 06.116

recovery command 回收指令 23.157

recovery time 恢复时间 03.149

rectangular pulse 矩形脉冲 03.117

rectangular waveguide 矩形波导 04.080

rectangular window 矩形窗 05.221

rectifier diode 整流二极管 14.007

rectifier transformer 整流变压器 07.097

recurrent code 连环码 05.110

recursive grammar 递归文法 05.296

recursive language 递归语言 05.276

redox cell 氧化还原电池 09.071

reduced channel 简约信道 05.061

reduced incidence matrix 简约关联矩阵 14.269

reduced-order state observer 降阶状态观测器 23.090

reduced pressure oxidation 减压氧化 15.050

redundancy 冗余[度] 05.022

redundant information 冗余信息 05.013

redundant technique 冗余技术 14.236

reed relay 舌簧继电器 08.063

reentrant cavity 重入式谐振腔 10.187

reference boresight of antenna 天线基准轴 04.221

reference carrier 参考载波 21.204

reference circuit 参考电路 21.179

reference condition 标准条件 17.060

reference electrode 参比电极 07.139

reference equivalent 参考当量 21.178

reference tape 参考带 22.086

reference wave beam 参考波束 16.175

reference white 参考白 22.038

reflection 反射 04.022

reflection bridge 反射电桥 17.078

reflection coefficient 反射系数 03.351

reflection high energy electron diffraction 反射高能电子衍射 15.311

reflection space 反射空间 10.155

reflection topography 反射形貌法 13.191

reflective tracking 反射式跟踪 19.054

reflectivity 反射率 23.204

reflectometer 反射计 17.095

reflector 反射器 04.179

reflex klystron 反射速调管 10.072

reflex receiver 来复接收机 03.292

reflow 回流 15.218

reflow welding 再流焊 08.196

refraction 折射 04.024

refractory metal gate MOS integrated circuit 难熔金属栅 MOS 集成电路 14.139

refractory metal silicide 难熔金属硅化物 15.105

refresh cycle 刷新周期 14.240

regenerative fuel cell 再生燃料电池 09.068

regenerative receiver 再生接收机 03.293

region description 区域描绘 05.262

region of limited proportionality 有限正比区 24.145

register 寄存器 03.179

regular epitaxy 正外延 13.176

regular grammar 正常文法 05.298

regulating autotransformer 调压自耦变压器 07.086

rehabilitation engineering 康复工程 25.014

rejection 拒收 18.042

relative altitude 相对高度 20.027

relative loss factor 比损耗因数 06.105

relative vacuum gauge 相对真空计 12.102

relativistic bunching 相对论群聚 10.149

relativistic magnetron 相对论磁控管 10.115

relaxation oscillator 张弛振荡器 03.106

relay 继电器 08.049

relay station 中继站, *接力站 21.240

release force 释放力 08.047

reliability　可靠性　18.059,　可靠度　18.060

reliability certification　可靠性认证　18.089

reliability test　可靠性试验　18.113

reluctance　磁阻　02.080

remote control　遥控　23.107

remote control command　遥控指令　23.112

remote control dynamics　遥控动力学　23.108

remote control station　遥控站　23.109

remotely controlled extraman　遥控机械手　23.110

remotely controlled vehicle　遥控运载器　23.111

remote regulating　遥调　23.113

remote sensing　遥感　23.179

remote terminal　远端站　21.336

removing of photoresist by oxidation　氧化去胶　15.200

removing of photoresist by plasma　等离子[体]去胶　15.201

rendezvous radar　交会雷达　19.145

repair rate　修复率　18.083

repair time　修复时间　18.108

repeatability　重复性　17.034

repeater jamming　转发式干扰　19.219

repetitive frequency laser　重复频率激光器　16.055

replay　重放　22.097

reprocessed product　返修品　18.029

reproducibility　复现性, ＊再现性　17.035

reproducing head　重放头　06.119

reproduction　重放　22.097

required time　需求时间　18.101

reserve cell　储备电池　09.076

reset force　复位力　08.048

residence time　滞留时间　12.175

residual magnetism　剩磁　02.074

residual response　剩余响应　17.042

residual sideband　残留边带　03.223

residual voltage　剩余电压　07.063

resistance　电阻　02.036

resistance sea　电阻海　10.248

resistance tolerance　阻值允差　07.030

resistance trimming　阻值微调　07.029

resistivity　电阻率　02.037

resistor　电阻器　07.007

resistor-capacitor-transistor logic　电阻－电容－晶体管逻辑　14.144

resistor-transistor logic　电阻－晶体管逻辑　14.145

resolution　分辨力　22.036

resolution bandwidth　分辨带宽　17.040

resolving time　分辨时间　24.023

resonance　谐振, ＊共振　03.029

resonant cavity　谐振腔, ＊共振腔　04.078

response function　响应函数　03.320

response time　响应时间　11.041

responsive jamming　响应式干扰　19.221

restore circuit　恢复电路　14.211

retrace ratio　逆程率　03.150

retrace time　回扫时间　03.148

retrieval service　检索业务　21.050

retrodirective antenna　倒向天线　04.245

retrograde solubility　退缩性溶解度　13.155

return loss　回波损耗　17.036

reverberation room　混响室　22.054

reverse breakdown voltage　反向击穿电压　14.087

reversed field focusing　倒向场聚焦　12.030

reverse loss　反向损耗　06.159

reverse osmosis　反渗透　15.266

reversible scaler　可逆定标器　24.056

reversing time　反转时间　08.108

revolver　旋转变压器　08.073

Reynolds number　雷诺数　13.163

RF ion plating　射频离子镀　15.023

RFI suppression capacitor　抑制射频干扰电容器　07.040

RHEED　反射高能电子衍射　15.311

RHI　距离高度显示器　19.165

rhumb line　恒向线　20.021

ribbon cable　带状电缆, ＊扁平电缆　08.127

ribbon silicon solar cell　带状硅太阳电池　09.113

Riccati equation　里卡蒂方程　23.085

ridged horn　脊形喇叭　04.181

ridge waveguide　脊[形]波导　04.085

RIE　反应离子刻蚀　15.205

right characteristic　右特性　10.267

rigid solar cell array 刚性太阳电池阵 09.117

ring array 环形阵 04.264

ring demodulator 环形解调器 03.254

ringing 振铃 21.138

ring network 环状网 21.083

ring oscillator 环形振荡器 14.210

ripple current 纹波电流 07.066

rippled field magnetron 脉动场磁控管 10.101

ripple voltage 纹波电压 07.064

rise time 上升时间 03.120

rising-sun resonator system 旭日式谐振腔系统 10.192

robot 机器人 23.023

robustness 坚韧性, *鲁棒性 05.147

Rochelle salt 罗谢尔盐 06.045

roll correction 滚动校正 23.206

rolled groove method 滚槽法 15.254

roll forming 轧膜 15.301

roll-off 滚降 21.185

ROM 只读存储器 14.174

root-locus method 根轨迹法 23.044

Roots vacuum pump 罗茨真空泵 12.076

rotary joint 旋转关节 04.148

rotary piston vacuum pump 定片真空泵, *旋转活塞真空泵 12.065

rotary switch 旋转开关 08.030, 旋转制交换机 21.329

rotating joint 旋转关节 04.148

rotating mirror Q-switching 转镜式 Q 开关 16.149

roughing line 粗抽管路 12.092

roughing vacuum pump 粗抽泵 12.061

rough vacuum 粗真空 12.053

rounding 舍入 05.189, 磨圆 15.282

route 路由 21.355

router 网路, *路由器 21.367

Routh-Hurwitz criterion 劳斯－赫尔维茨判据 23.086

routine test 例行试验 18.114

row decoder 行译码器 14.189

RS 罗谢尔盐 06.045

RTL 电阻－晶体管逻辑 14.145

ruby laser 红宝石激光器 16.074

running torque-frequency characteristic 运行矩频特性 08.113

runway visual range 跑道视距 20.108

Rutherford backscattering spectroscopy 卢瑟福背散射谱[学] 15.329

rutile ceramic 金红石瓷 06.033

S

SAES 扫描俄歇电子能谱[学] 15.324

safety command 安全指令 23.144

safety remote control 安全遥控 23.143

sagger 匣钵 15.293

salt atmosphere test 盐雾试验 18.132

samarium-cobalt magnet 钐钴磁体 06.097

SAMOS memory 叠栅雪崩注入 MOS 存储器 14.183

sample 样本 18.022

sampled data system 取样数据系统 14.293

sampler 取样器, *采样器 17.151

sampling 取样, *抽样, *采样 05.188

sampling control 取样控制, *采样控制 23.018

sampling head 取样器, *采样器 17.151

sampling oscilloscope 取样示波器 17.126

sampling plan 抽样方案 18.034

sampling without replacement 无放回抽样 18.031

sampling with replacement 有放回抽样 18.030

sand and dust test 沙尘试验 18.121

SAR 合成孔径雷达 19.101

satellite-based navigation 星基导航 20.004

satellite broadcasting 卫星广播 22.009

satellite communication 卫星通信 21.211

satellite coverage 卫星覆盖区 20.142

satellite-Doppler navigation system 多普勒卫导系统 20.139

satellite navigation 卫星导航, *卫导 20.134

satellite surveillance radar 卫星监视雷达

19.144

satellite switch 星上交换 21.341

satellite tracking station 卫星跟踪站 20.143

saturable absorption Q-switching 可饱和吸收 Q 开关 16.151

saturable reactor 饱和电抗器 07.079

saturation parameter 饱和参量 16.004

sawtooth waveform 锯齿波形 03.145

SBE effect 超扭曲双折射效应 11.084

SBN 铌酸钡锶 06.054

SBS 受激布里渊散射 16.140

scalar network analyzer 标量网络分析仪 17.103

scaler 定标器 24.055

scaling-down 按比例缩小 14.258

SCAMS 扫描微波频谱仪 23.187

scan 扫描 03.146

scan angle 扫描角 04.211

scan converter tube 扫描转换管 11.101

scan expansion lens 扫描扩展透镜 11.131

scanning Auger electron spectroscopy 扫描俄歇电子能谱[学] 15.324

scanning electron microscopy 扫描电子显微镜 [学] 15.325

scanning microwave spectrometer 扫描微波频谱仪 23.187

scan sector 扫描扇形 04.213

scan width 扫频宽度 17.041

scatter 散射 04.023

scatter communication 散射通信 21.241

scattering coefficient 散射系数 03.352

scatterometer 散射计 23.199

scene 景物 05.247

Schmidt trigger 施密特触发器 03.160

Schottky barrier 肖特基势垒 13.220

Schottky barrier diode 肖特基势垒二极管 14.018

Schottky integrated injection logic 肖特基集成注入逻辑 14.164

Schottky solar cell 肖特基太阳电池 09.103

scintillation 闪烁 11.040

scintillation detector 闪烁探测器 24.124

scintillation error 起伏误差 19.038

scintillation interference 起伏干扰 19.039

scintillation proportional detector 闪烁正比探测器 24.125

scintillation spectrometer 闪烁谱仪 24.067

scintillator 闪烁体 24.126

scintillator solution 闪烁体溶液 24.157

scoop-proof connector 防斜插连接器 08.013

scotopic vision 暗视觉 11.055

SCPC 单路单载波 21.229

scrambler 扰码器 21.134

scrambling 置乱 05.175

screen grid 屏栅极 10.226

screening 筛选 18.149

screen printing 丝网印刷 08.192

screw dislocation 螺形位错 13.104

scribing 划片 15.223

scrubbing 刷洗 15.180

SDH 同步数字系列 21.064

SDM 空分复用 21.102

SDMA 空分多址 21.225

sealing 封口 15.277

seal tightness test 密封性试验 18.144

sea of gate 门海 14.196

search gas 检漏气体 12.131

search radar 搜索雷达, * 监视雷达 19.113

sea-water activated battery 海水激活电池 09.084

SEC 次级电子导电 10.009

SECAM system SECAM 制 22.033

secondary battery 蓄电池 09.045

secondary electron 次级电子 10.008

secondary electron conduction 次级电子导电 10.009

secondary electron emission 次级电子发射 10.004

secondary flat 次平面 15.004

secondary ion mass spectroscopy 二次离子质谱 [学] 15.316

secondary phase factor 二次相位因数 20.017

secondary radar 二次雷达 19.143

secondary radiator 次级辐射器, * 次级辐射体 04.319

second harmonic generation 二次谐波发生

16.129

second-order system 二阶系统 23.040

secrecy capacity 保密容量 05.158

secrecy system 保密系统 05.159，保密体制 05.160

secret command 保密指令 23.145

sector display 扇形显示 19.173

sector TACAN 扇形塔康 20.059

secure communications 保密通信，＊安全通信 21.020

secure voice communication system 保密电话通信系统 21.399

security 安全性 21.117

sedimentation analysis 沉降分析法 15.273

seed crystal 籽晶 13.136

see-through plate 透明版 15.167

segment display 笔划显示 11.030

segregation coefficient 分凝系数 13.156

Seignette salt ＊塞格涅特盐 06.045

selective diffusion 选择扩散 15.113

selective doping 选择掺杂 15.126

selective epitaxy 选择外延 13.171

selective level meter 选频电平表 17.071

selective oxidation 选择氧化 15.053

selectivity 选择性 03.301

self-aligned isolation process 自对准隔离工艺 15.076

self-aligned MOS integrated circuit 自对准 MOS 集成电路 14.143

self breaking time 自制动时间 08.106

self-contained navigation 自主导航 20.002

self-diffusion 自扩散 15.108

self-discharge 自放电 09.033

self-focusing 自聚焦 16.224

self-focusing optical fiber 自聚焦光纤 16.225

self inductance 自感 07.099

self induction 自感[应] 04.003

self information 自信息 05.020

self-isolation 自隔离 15.075

self-maintained discharge 自持放电 10.203

self mode-locking 自锁模 16.171

self-oscillation 自激振荡 03.096

self-phasing array 自[动定]相阵 04.268

self-powered neutron detector 自给能中子探测器 24.104

self-quenched counter 自淬灭计数器 24.136

self-restoring bootstrapped drive circuit 自恢复自举驱动电路 14.220

SEM 扫描电子显微镜[学] 15.325

semi-active guidance 半有源制导 19.057

semiconducting glass 半导体玻璃 06.017

semiconductive ceramic 半导体陶瓷 06.015

semiconductor 半导体 13.001

semiconductor detector 半导体探测器 24.117

semiconductor laser 半导体激光器 16.053

semiconductor sensor 半导体敏感器 07.115

semiconductor thermoelectric cooling module 半导体温差制冷电堆 09.126

semi-custom IC 半定制集成电路 14.126

semi-permanent magnetic material 半永磁材料 06.092

semitransparent photocathode 半透明光阴极 10.021

sense amplifier 读出放大器 14.188

sensing element 敏感元 07.102

sensitive switch 微动开关 08.032

sensitivity 灵敏度 03.298

sensitivity-time control 灵敏度时间控制 19.156

sensor 敏感器，＊敏感元件 07.101

sentence error probability 误句概率 05.138

separated angle of difference beam 差波束分离角 04.205

separating force 分离力 08.024

separation standard 间隔标准 20.126

separator 隔板 09.012

septate waveguide 隔膜波导 04.084

sequence division modulation telemetry 序列分割调制遥测 23.101

Sequential Color and Memory system SECAM 制 22.033

sequential decoding 序贯译码 05.124

sequential detector 序贯检测器 05.150

sequential lobing 时序波瓣控制 04.200

sequential sampling 序贯取样 18.038

service area 工作区 20.015

servo amplifier 伺服放大器 03.093

227

servomechanism 伺服机构 23.067

servomotor 伺服电[动]机 08.080

servo system 伺服系统 23.066

session layer 会话层 21.377

SETAC 扇形塔康 20.059

set-reset flip-flop 置位－复位触发器 03.162

settling time 调整时间 23.069

SFL 衬底馈电逻辑 14.160

shading 暗影 10.245

shadow mask 荫罩 10.234

shallow energy level 浅能级 13.049

shallow junction technology 浅结工艺 15.138

Shannon entropy 香农熵 05.005

Shannon theory 香农理论 05.004

shaped-beam antenna 赋形波束天线 04.283

shaping 成型 15.275

shaping circuit 整形电路 03.135

shaping time constant 成形时间常数 24.007

sheet resistance 薄层电阻 13.063

shelf life 贮藏寿命 09.018

SHF communication 超高频通信，＊厘米波通信 21.014

SHG 二次谐波发生 16.129

shielding factor 屏蔽系数 10.260

shift invariant system 移不变系统 05.190

shift register 移位寄存器 03.180

shipborne radar 船载雷达 19.126

shock test 冲击试验 18.140

short channel effect 短沟效应 14.263

short-circuit line 短路线 03.406

short circuit termination 短路终端 04.116

shower counter 簇射计数器 24.129

sideband 边带 03.220

side effect 边缘效应 15.202

side lobe 旁瓣，＊边瓣 04.197

sidelobe blanking 旁瓣消隐 19.260

sidelobe cancellation 旁瓣对消 19.259

side-looking radar 侧视雷达 19.100

sidetones ranging 侧音测距 23.006

sieve analysis 筛分析法 15.291

signal 信号 05.007

signal analyzer 信号分析仪 17.110

signal environment density 信号环境密度 19.198

signal flow graph 信号流图 03.379

signal format 信号格式 20.150

signal generator 信号发生器 17.132

signalling 信令 21.342

signal processing 信号处理 05.179

signal sorting 信号分类 19.252

signal to clutter ratio 信号杂波比，＊信杂比 19.048

signal to jamming ratio 信号干扰比，＊信干比 19.231

signal to noise ratio 信噪比 10.265

significance level 显著性水平 18.011

significant result 显著性结果 18.012

SIIL 肖特基集成注入逻辑 14.164

silica colloidal polishing 二氧化硅乳胶抛光 15.015

silicide 硅化物 15.099

silicon assembler 硅汇编程序 14.192

silicon compiler 硅编译器 14.191

silicon controlled rectifier 可控硅整流器 14.074

silicon dioxide 二氧化硅 15.045

silicon gate 硅栅 15.101

silicon gate MOS integrated circuit 硅栅 MOS 集成电路 14.134

silicon gate N-channel technique 硅栅 N 沟道技术 15.102

silicon gate self-aligned technology 硅栅自对准工艺 15.103

silicon on insulator 绝缘体上硅薄膜 15.271

silicon on sapphire 蓝宝石上硅薄膜 15.270

silicon oxynitride 氮氧化硅 15.096

silicon ribbon growth 硅带生长 13.148

silicon solar cell 硅太阳电池 09.099

silicon target vidicon 硅靶视象管 11.093

Si[Li] detector 硅[锂]探测器 24.121

simple lens 单透镜 12.022

simplex 单工 21.200

SIMS 二次离子质谱[学] 15.316

simulated line 仿真线 03.439

simulator 仿真器，＊模拟器 14.275

sine-cosine revolver 正余弦旋转变压器 08.074

single-arm spectrometer 单臂谱仪 24.009

single-channel analyser 单道分析器 24.008

single channel per carrier 单路单载波 21.229

single frequency laser 单频激光器 16.057

single heterojunction laser 单异质结激光器 16.058

single mode operation 单模工作 16.034

single-photon emission computerized tomography 单光子发射[型]计算机断层成象，＊单光子发射计算机化断层显象 25.071

single pulse laser 单脉冲激光器 16.056

single sampling 一次抽样 18.035

single-side abrupt junction 单边突变结 13.208

single-sideband modulation 单边带调制 03.228

single sided board 单面板 08.158

single tone command 单音指令 23.149

single transistor memory 单管单元存储器 14.179

singularity 奇点 03.326

sintering 烧结 15.225

six-port automatic network analyzer 六端口自动网络分析仪 17.107

skin effect 趋肤效应，＊集肤效应 04.006

sky wave 天波 04.012

slab laser 条形激光器 16.092

slave station 副台 20.073

sleeve-dipole antenna 套筒偶极子天线 04.189

sleeve-stub antenna 套筒短柱天线 04.190

SLF communication 超低频通信，＊超长波通信 21.006

slicing 切片 15.005

slide screw tuner 滑动螺钉调配器 04.126

sliding load 滑动负载 04.120

sliding pulser 滑移脉冲产生器 24.042

sliding vane rotary vacuum pump 旋片真空泵 12.068

slip band 滑移带 13.110

slip-casting 注浆 15.300

slipping time 滑行时间 08.107

slip plane 滑移面 13.111

slope discriminator 斜率鉴频器 03.257

slope efficiency 斜率效率 16.041

slope transmission 提升传输，＊加重传输 21.197

slot antenna 缝隙天线 04.191

slotted line 开槽线 04.105

slow wave line 慢波线 10.164

slow wave structure 慢波结构 10.165

small perturbance theory 小扰动理论 23.028

small scale integrated circuit 小规模集成电路 14.112

small-signal analysis 小信号分析 10.145

small-signal gain 小信号增益 16.032

smart instrument 智能仪器，＊智能仪表 17.154

smart sensor 灵巧敏感器 07.118

SMC 表面安装元件 07.005

smectic liquid crystal 近晶相液晶 11.119

SMIIS 太阳微波干涉成象系统 23.188

Smith chart 史密斯圆图 04.057

Smith-Purcell effect 史密斯－珀塞尔效应 10.136

SMMW 亚毫米波 04.062

SMT 表面安装技术 08.188

SN 交换网络 21.338

SNA 标量网络分析仪 17.103

snatch-disconnect connector 分离连接器 08.012

socket 插座 08.014

soft error rate 软失效率 14.237

soft magnetic ferrite 软磁铁氧体材料 06.102

soft magnetic material 软磁材料 06.101

soft-switch modulator 软管调制器 19.150

software defined network 软件定义网 21.075

SOI 绝缘体上硅薄膜 15.271

solar cell 太阳[能]电池 09.089

solar cell module 太阳电池组合件 09.120

solar cell panel 太阳电池组合板 09.119

solar grade silicon solar cell 太阳级硅太阳电池 09.111

solar microwave interferometer imaging system 太阳微波干涉成象系统 23.188

solar photovoltaic energy system 光伏型太阳能源系统 09.123

solar pumping 日光泵浦 16.016

solderability test 可焊性试验 18.143

solder side 焊接面 08.170

solid-beam efficiency [立体]波束效率 04.163

solid conductor 实心导线 08.121

solid electron beam 实心电子束 12.014

solid electronics 固体电子学 01.017

solid phase epitaxy 固相外延 13.174

solid solubility 固溶度 13.153

solid solution 固溶体 13.152

solid solution semiconductor 固溶体半导体 13.024

solid state circuit 固体电路 14.209

solid state laser 固体激光器 16.068

solid state magnetron 固态磁控管 10.102

solid state modulator 固态调制器 19.152

solid state relay 固体继电器 08.060

solid state sensor 固态敏感器 07.108

solid tantalum electrolytic capacitor 固体钽电解电容器 07.050

solid track detector 固体径迹探测器 24.109

solidus 固相线 13.154

solitary wave 孤[子]波 10.141

soliton laser 孤子激光器 16.069

SONET 同步光纤网，＊光同步网 21.063

sorption 收附 12.169

sorption pump 吸附泵 12.082

sorption trap 吸附阱 12.146

SOS 蓝宝石上硅薄膜 15.270

source coding 信源编码 05.033

space 空号 21.173

spaceborne radar 星载雷达 19.128

space charge 空间电荷 10.010

space-charge grid 空间电荷栅极 10.225

space-charge-limited current 空间电荷限制电流 13.214

space charge wave 空间电荷波 10.157

space communication 空间通信 21.212

space diversity 空间分集 21.251

space division multiple access 空分多址 21.225

space division multiplexing 空分复用 21.102

space division switching 空分制交换 21.323

space electronics 空间电子学 01.025

space harmonics 空间谐波 10.170

space lattice 空间点阵 13.037

space-tapered array 变距阵 04.269

span 量程 17.028

SPANA 六端口自动网络分析仪 17.107

spark chamber 火花室 24.113

spark detector 火花探测器 24.099

spark leak detector·火花检漏仪 12.128

spark source mass spectrometry 火花源质谱[术] 15.333

SPC exchange 程控交换机 21.331

specific capacitance 比电容 07.059

specific capacity 比容量 09.004

specific conductance 电导率 02.011

specific energy 比能量 09.003

specific power 比功率 09.002

specimen 样品 18.018

speckle effect 斑点效应 16.173

SPECT 单光子发射[型]计算机断层成象，＊单光子发射计算机化断层显象 25.071

spectral purity 频谱纯度 17.051

spectroscope amplifier 谱仪放大器 24.061

spectrum analyzer 频谱分析仪 17.108

spectrum estimation 谱估计 05.223

spectrum index 谱指数 24.167

spectrum stabilizer 稳谱器 24.075

spectrum stripping 剥谱 24.005

speech coding 语音编码 21.309

speech network 语音网络 14.252

speech signal processing 语声信号处理 05.232

speed check tape 测速带 22.082

speed control 速度控制 23.068

speed-up capacitor 加速电容 03.134

spherical aberration 球差 12.038

spherical array 球面阵 04.265

spherical wave 球面波 04.043

sphygmography 脉搏描记术 25.037

spike leakage energy 波尖漏过能量 10.271

spillover 漏失 04.320

spinel type ferrite 尖晶石型铁氧体 06.171

spin-flip Raman laser 自旋反转拉曼激光器 16.105

spinning 甩胶 15.181

spin tuned magnetron 旋转调谐磁控管 10.089

spiral lens 螺旋透镜 12.024

spiral-phase antenna 螺旋相位天线 04.275

split-folded wave guide 分离折叠波导 10.180

step-and-repeat system 分步重复系统 15.196

step angle 步进角 08.117

Stepanov method 斯蒂潘诺夫方法 13.135

step attenuator 步进衰减器 17.122

step-by-step cut-off test 逐步截尾试验 18.147

step-by-step switch 步进制交换 21.328

step-coverage 台阶覆盖 15.044

step frequency 步进频率 08.115

step index 阶跃折射率 21.283

step index fiber 突变光纤 08.129

stepped antenna 阶梯天线 04.296

stepped-impedance transformer 步进阻抗变换器 04.108

stepping motor 步进电[动]机 08.082

stepping relay 步进继电器 08.059

step pitch 步距 08.116

step recovery diode 阶跃恢复二极管 14.016

step voltage 阶跃电压 03.130

stereo display 立体显示 11.029

stereophone 立体声 22.024

stereophonic broadcasting 立体声广播 22.005

stereophonic record 立体声唱片 22.090

stereophonic TV 立体声电视 22.018

stereoscopic TV 立体电视 22.017

sticking probability 粘附概率 12.176

still picture broadcasting 静止图象广播 22.007

stimulated absorption 受激吸收 16.050

stimulated Brillouin scattering 受激布里渊散射 16.140

stimulated emission 受激发射 16.048

stimulated Raman scattering 受激拉曼散射 16.141

STM 同步传递方式，*同步转移方式 21.317

stochastic-control theory 随机控制理论 23.027

stoichiometry 化学计量 13.157

stop band 阻带 03.412

stopping distance 阻止距离 15.150

stopping power 阻止本领 15.151

storage battery 蓄电池 09.045

storage capacitance 存储电容 14.283

storage life 贮存寿命 18.073

storage oscilloscope 存储示波器 17.130

storage period 贮存期 18.075

storage traveling wave tube 储频行波管 10.080

storage tube 存储管 11.099

store and forward switching 存储转发交换 21.313

stored-program control exchange 程控交换机 21.331

straight advancing klystron 直射速调管 10.071

stranded conductor 绞合导线 08.122

stratospheric propagation 平流层传播 04.016

stream cipher 流密码 05.167

streamer chamber 流光室 24.114

stress corrosion 应力腐蚀 18.151

stress-induced defect 应力感生缺陷 15.157

string 串 05.278

string grammar 串文法 05.281

string language 串语言 05.280

stripe type laser 条形激光器 16.092

strip line 带[状]线 04.092

stripping of photoresist 去胶 15.199

strobe marker 选通标志 19.182

strobe pulse 选通脉冲 19.181

strong inversion 强反型 13.213

strontium barium niobate 铌酸钡锶 06.054

structural type transducer 结构式传感器 07.109

stub 短截线 04.113

studio 演播室 22.056

stylus 唱针 22.093

sub-bit code 副比特码 23.155

subclutter visibility 杂波下可见度 19.045

subcommutator 副交换子 23.105

subjective information 主观信息 05.011

sublimation pump 升华泵 12.087

submarine communication 海底通信 21.208

submillimeter wave 亚毫米波 04.062

subreflector 副反射器 04.308

subsample 子样本 18.023

subscriber line interface circuit 用户专线接口电路 14.217

subscriber's line 用户线路 21.352

subscriber's loop 用户线路 21.352

substar 星下点 20.147

substitutional diffusion 替位扩散 15.112

substitutional impurity 替位杂质 13.056

substitution error　替代误差　17.026

substrate　基片　08.190,　衬底　15.002

substrate bias　衬底偏置　14.262

substrate bias effect of MOSFET　MOSFET 衬偏效应　14.276

substrate fed logic　衬底馈电逻辑　14.160

sub-synchronous layer　次同步层　10.177

subtrack　星下点轨迹,＊子轨迹　20.148

successor　后继　05.097

suffix code　后缀码　05.098

sum beam　和波束　04.199

supercode　超码　05.088

superconducting electronics　超导电子学　01.020

superconducting magnet　超导磁体　06.191

superconductor detector　超导探测器　24.152

super group　超群　21.123

superheterodyne receiver　超外差接收机　03.297

superlattice　超晶格　13.039

super master group　超主群　21.126

superposition theorem　叠加定理　03.334

superradiance　超辐射　16.029

superregeneration receiver　超再生接收机　03.295

supertwisted birefringent effect　超扭曲双折射效应　11.084

super β transistor　超 β 晶体管　14.046

supplementary channel broadcasting　附加信道广播　22.004

supplementary service　补充业务,＊附加业务　21.027

suppressor grid　抑制栅极　10.227

suppressor vacuum gauge　抑制型[电离]真空计　12.119

surface accumulation layer　表面积累层　13.075

surface antenna　面天线　04.253

surface barrier detector　面垒探测器　24.119

surface channel　表面沟道　13.073

surface concentration　表面浓度　15.133

surface contact diode　面接触二极管　14.013

surface contamination meter　表面污染剂量仪　24.003

surface depletion layer　表面耗尽层　13.074

surface inversion layer　表面反型层　13.072

surface mounted component　表面安装元件　07.005

surface mounted device　表面安装器件　07.006

surface mounting inductor　表面安装电感器　07.069

surface mounting technology　表面安装技术　08.188

surface potential　表面势　13.076

surface reaction control　表面反应控制　15.043

surface recombination　表面复合　13.088

surface state　表面态　13.077

surface wave　表面波　04.046

surface wave antenna　表面波天线　04.297

surge current　浪涌电流　07.065

surge voltage　浪涌电压　07.062

surplus factor　多余因数　03.381

surveillance radar　搜索雷达,＊监视雷达　19.113

survivability　生存性　21.116

susceptance　电纳　03.016

susceptibility　磁化率　02.065

sustaining　维持　11.074

sweep　扫描　03.146

sweep frequency oscillator　扫频振荡器　03.109

sweeping generator　扫描发生器　03.151

sweep time　扫描时间　03.147

swept [frequency] generator　扫频发生器　17.136

swept frequency interferometer　扫频干涉仪　23.009

swept frequency reflectometer　扫频反射计　17.098

swirl defect　漩涡缺陷　13.122

switch　开关　08.029,　交换机　21.326

switch command　开关指令　23.158

switched capacitor　开关电容器　14.229

switching　交换　21.310

switching capacity filter　开关电容滤波器　03.419

switching circuit　开关电路　03.131

switching diode　开关二极管　14.003

switching loss　开关损耗　14.092

switching mode power supply transformer　开关电源变压器　07.088

switching network 开关网络 03.373, 交换网络 21.338

switching system 交换系统 21.311

switching time 开关时间 14.091

switching transistor 开关晶体管 14.030

SWR 驻波比 04.054

syllable 音节 21.188

symbol 符号 05.008

symbolic layout method 符号布图法 14.266

symbol synchronization 码元同步 21.162

symmetrical network 对称网络 03.343

symmetric channel 对称信道 05.059

symmetric source 对称信源 05.029

synchro 自整角机 08.067

synchronism 同步 03.274

synchronization 同步 03.274

synchronized broadcasting 同步广播 22.006

synchronized discrete address beacon system 同步离散地址信标系统 20.120

synchronizer 同步器 03.275

synchronizing speed 同步速度 10.174

synchronizing torque 整步转矩 08.100

synchronous baseline 同步基线 20.076

synchronous detector 同步检波器 03.252

synchronous digital hierarchy 同步数字系列 21.064

synchronous optical network 同步光纤网, *光同步网 21.063

synchronous transfer mode 同步传递方式, *同步转移方式 21.317

synchronous transmission 同步传输 21.096

synchro receiver 自整角接收机 08.071

synchro transformer 自整角变压器 08.072

synchro transmitter 自整角发送机 08.070

syndrome 校正子 05.084

synthesized signal generator 合成信号发生器 17.134

synthesized sweep generator 合成扫频发生器 17.137

synthetic aperture 合成孔径, *综合孔径 04.223

synthetic aperture radar 合成孔径雷达 19.101

synthetic display 综合显示 19.172

systematic error 系统误差 17.021

system voltmeter 系统电压表 17.069

T

TAB 带式自动键合 15.249

TAB package 带式自动键合封装 14.224

tabular display 表格显示 11.033

TAC 时间-幅度变换器 24.069

TACAN 塔康, *战术空中导航系统 20.058

tachogenerator 测速发电机 08.079

tactical air navigation system 塔康, *战术空中导航系统 20.058

tail warning radar 护尾雷达 19.131

tandem exchange 汇接局 21.334

tangential sensitivity 正切灵敏度 14.105

tape automated bonding 带式自动键合 15.249

tape automated bond package 带式自动键合封装 14.224

tape base 带基 06.125

tapered waveguide 渐变[截面]波导, *锥面波导 04.096

target acquisition 目标捕获 19.064

target capacity 目标容量 19.013

target electromagnetic signature 目标电磁特征 19.016

target fluctuation 目标起伏 19.037

target function 目标函数 23.057

target glint 目标闪烁 19.035

target identification 目标识别 19.014

target illumination radar 目标照射雷达 19.118

target noise 目标噪声 19.026

target scattering matrix 目标散射矩阵 19.015

TASI 时分话音内插 21.234

TDANA 时域自动网络分析仪 17.106

TDM 时分复用 21.101

TDMA 时分多址 21.223

TDMS 热解吸质谱[术] 15.326

TED 转移电子器件 14.068

telecommunication 电信，* 远程通信 21.002

telecommunication service 电信业务 21.024

teleconference 远程会议 21.045

telegraph 电报 21.035

telegraph network 电报网 21.086

telegraphy 电报 21.035，电报学 21.036

telemail-telephone set 书写电话机 21.034

telemechanics 远动学 23.115

telemetry 遥测 23.091

telephone 电话 21.028

telephone network 电话网 21.085

telephone set 电话机 21.298

telephony 电话 21.028，电话学 21.029

teleprinter 电传机 21.299

teleservice 用户终端业务，* 完备电信业务 21.026

teletex 高级用户电报，* 智能用户电报 21.039

teletext 图文电视，* 广播型图文 21.040

teletext broadcasting 图文电视广播 22.008

teletraffic engineering 通信业务工程，* 电信业务工程 21.362

television 电视 22.011

television camera 电视摄象机 22.070

television set 电视机 22.108

telex 用户电报，* 电传 21.037

TEM cell 横电磁波室 17.162

TEM mode 横电磁模，* TEM 模 04.068

TE mode 横电模，* TE 模，* H 模 04.069

temperature compensating capacitor 温度补偿电容器 07.036

temperature cycling test 温度循环试验 18.122

temperature humidity infrared radiometer 温度湿度红外辐射计 23.195

temperature sensor 温度敏感器 07.127

temperature voltage cut-off charge 温度 – 电压切转充电 09.032

tensor permeability 张量磁导率 06.156

TEOS 正硅酸乙酯 15.055

terminal attenuator 终端衰减器 10.186

terminal character 终结符 05.283

terminal equipment 终端设备 21.296

terminal voltage 端电压 09.039

terminal VOR 终端伏尔 20.045

termination type power meter 终端式功率计 17.094

terrain-avoidance radar 地形回避雷达 19.135

terrain-following radar 地形跟踪雷达 19.134

terrain following system 地形跟踪系统 20.129

terrestrial communication link 地面通信线路 21.254

teslameter 特斯拉计 06.200

test 测试 17.007

test card 测试卡 22.051

test channel 试验信道 05.053

testing 测试 17.007

test piece 试验样品 18.118

test receiver 测试接收机 17.155

test record 测试唱片 22.088

test tape 测试带 22.083

tetherless access 无线接入 21.292

tetraethoxysilane 正硅酸乙酯 15.055

texture analysis 纹理分析 05.265

textured cell 绒面电池 09.122

TFEL 薄膜电致发光 11.048

TFT 薄膜晶体管 14.037

TGS 硫酸三甘肽 06.049

THEED 透射高能电子衍射 15.312

thermal breakdown 热击穿 14.098

thermal compensation alloy 热补偿合金 06.112

thermal conductivity vacuum gauge 热传导真空计 12.109

thermal convection 热对流 13.159

thermal decomposition deposition 热分解淀积 15.030

thermal decomposition epitaxy 热解外延 13.178

thermal design 热设计 18.088

thermal desorption mass spectrometry 热解吸质谱［术］ 15.326

thermal fatigue 热疲劳 18.150

thermal imager 热象仪 23.198

thermal-lensing compensation 热透镜补偿 16.042

thermally activated battery 热激活电池 09.082

thermal oxidation 热氧化 15.046

thermal point defect 热点缺陷 13.121

thermal relay　热继电器　08.056

thermal shock test　热冲击试验　18.123

thermal transpiration　热流逸　12.163

thermionic cathode　热离子阴极　10.016

thermionic energy generator　热离子发电器　09.130

thermistor　热敏电阻　07.125

thermochromism　热致变色　11.059

thermocompression bonding　热压焊　15.227

thermocouple vacuum gauge　热偶真空计，*温差热偶真空规　12.111

thermoelectric device　热电器件　14.069

thermoelectric effect　热电效应，*温差电效应　02.085

thermoelectric generator　温差发电器　09.128

thermoelectric refrigerator　温差电致冷器　14.075

thermography　热象图成象，*热敏成象法　25.075

thermoluminescence detector　热致发光探测器　24.102

thermoluminescent dosemeter　热致发光剂量计　24.064

thermomagnetic writing　热磁写入　06.147

thermo-molecular vacuum gauge　热分子真空计，*克努森真空计　12.108

thermo-photovoltaic device　热光伏器件　09.125

thermoprobe method　热探针法　13.190

thermosonic bonding　热超声焊　15.228

Thevenin's theorem　戴维宁定理　03.332

thickening technology　增密工艺　15.037

thick film hybrid integrated circuit　厚膜混合集成电路　08.187

thick film ink　厚膜浆料　08.193

thick film [integrated] circuit　厚膜[集成]电路　08.184

thin film deposition　薄膜淀积　15.028

thin film electroluminescence　薄膜电致发光　11.048

thin film hybrid integrated circuit　薄膜混合集成电路　08.186

thin film [integrated] circuit　薄膜[集成]电路　08.183

thin film solar cell　薄膜太阳电池　09.094

thin film transistor　薄膜晶体管　14.037

thin gate oxide　薄栅氧化层　15.094

thinned array antenna　疏化阵天线　04.276

THIR　温度湿度红外辐射计　23.195

threat level　威胁等级　19.253

three-channel monopulse　三通道单脉冲　19.062

three dimensional display　三维显示　11.028

three dimensional integrated circuits　三维集成电路　14.128

three-dimensional radar　三坐标雷达　19.099

three-level system　三能级系统　16.043

three primary colors　三基色　22.040

three-probe method　三探针法　13.188

three-terminal network　三端网络　03.313

threshold　阈　05.152

threshold current　阈值电流　14.090

threshold current density　阈电流密度　16.047

threshold decoding　阈译码　05.129

threshold detector　阈探测器　24.105

threshold logic circuit　阈逻辑电路　14.150

threshold voltage　阈值电压　14.089

threshold wavelength　阈值波长　10.014

through hole　通孔　08.191

throughput　吞吐量，*流量　05.070

throw　掷　08.044

thyratron　闸流管　10.042

thyristor　晶闸管　14.048

thyroid function meter　甲状腺功能仪　25.048

time-amplitude converter　时间-幅度变换器　24.069

time analyser　时间分析器　24.068

time assignment speech interpolation　时分话音内插　21.234

time base　时基　17.045

time-base circuit　时基电路　03.152

time blanking　时间消隐　19.183

time-coincidence command　时间符合指令　23.166

time compression　时间压缩　19.180

time constant　时间常数　03.040

time-delay command　延时指令　23.174

time-delay telemetry　延时遥测　23.102

transmission 传输 03.390

transmission high energy electron diffraction 透射高
能电子衍射 15.312

transmission line 传输线 03.391

transmission medium 传输媒质，＊传输媒体
21.094

transmission probability 传输概率 12.157

transmission rate 传输速率 21.155

transmitter 发射机 03.280

transmultiplex 复用转换 21.113

transparency 透明[性]，＊透明度 21.203

transparent ceramic 透明陶瓷 06.028

transparent ferroelectric ceramic 透明铁电陶瓷
06.012

transponder 应答器 20.055

transponder jamming 应答式干扰 19.220

transport layer 运输层 21.376

transport test 运输试验 18.136

transversal filter 横向滤波器 03.420

transversal wave 横波 04.047

transverse electric and magnetic mode 横电磁模，
＊TEM 模 04.068

transverse electric mode 横电模，＊TE 模，
＊H 模 04.069

transversely excited atmospheric pressure CO_2 laser
横向激励大气压 CO_2 激光器，＊TEA CO_2 激光
器 16.073

transverse magnetic mode 横磁模，＊TM 模，
＊E 模 04.070

transverse mode 横模 16.118

transverse mode-locking 横模锁定 16.157

transverse mode selection 横模选择 16.168

trap 阱 12.144

TRAPATT diode 俘越二极管，＊俘获等离子体
雪崩触发渡越时间二极管 14.026

trapezoidal distortion 梯形畸变 12.043

trapezoidal wave 梯形波 03.154

trapped plasma avalanche triggered transit time diode
俘越二极管，＊俘获等离子体雪崩触发渡越
时间二极管 14.026

traveling solvent zone method 移动溶液区熔法
13.131

traveling wave 行波 04.052

traveling-wave antenna 行波天线 04.246

traveling wave phototube 光电行波管 10.078

travelling wave tube 行波管 10.077

tree 树 05.304

tree code 树码 05.122

tree frontier 树缘 05.307

tree grammar 树文法 05.292

tree language 树语言 05.293

tree leaves 树叶 05.306

tree representation 树表示 05.303

tree root 树根 05.305

tree structure 树结构 05.302

trellis code 格码 05.096

triangular window 三角[形]窗 05.219

tributary station 分支局 21.337

trickle charge 涓流充电 09.022

trigger electrode 触发极 10.229

trigger flip-flop 计数触发器 03.161

trigger gap 起动隙缝 10.220

triggering 触发 17.046

trigger tube 触发管 10.044

triglycine sulfide 硫酸三甘肽 06.049

trimmer capacitor 微调电容器 07.035

trimmer potentiometer 微调电位器 07.024

trimming 修整 15.294

trimming inductor 微调电感器 07.076

tristate buffer 三态缓冲器 14.197

tristate logic 三态逻辑 14.157

trochoidal focusing mass spectrometer 余摆线聚焦
质谱仪 15.342

trochoidal vacuum pump 余摆线真空泵 12.072

tropospheric propagation 对流层传播 04.014

tropospheric scatter communication 对流层散射通
信 21.243

TR tube TR 管，＊保护放电管 10.040

true altitude 真实高度 20.028

true value 真值 17.017

trunk 中继线 21.353

truth table 真值表 03.170

TSL 三态逻辑 14.157

TTL 晶体管－晶体管逻辑 14.147

TTL compatibility TTL 兼容性 14.243

tuned amplifier 调谐放大器 03.084

tuned oscillator　调谐振荡器　03.105

tuned reflectometer　调配反射计　17.097

tuning　调谐　03.032

tuning screw pin　调谐销钉　10.198

tunnel diode　隧道二极管　14.019

tunnel effect　隧道效应　13.200

tunneling　隧穿　13.218

turbomolecular pump　涡轮分子泵　12.080

turn ratio　匝比　07.100

turnstile antenna　绕杆式天线　04.248

turntable　电唱盘　22.094

TV　电视　22.011

TVOR　终端伏尔　20.045

TV with dual sound programmes　双伴音电视　22.019

twin boundary　孪晶间界　13.109

twin crystal　孪晶　13.108

twist　扭曲　08.182

twisted nematic mode　扭曲向列模式　11.082

two-channel monopulse　双通道单脉冲　19.061

two dimensional display　二维显示　11.027

two-frequency gas laser　双频气体激光器　16.082

two-photon absorption　双光子吸收　16.217

two-photon fluorescence method　双光子荧光法　16.218

two-port network　二口网络，*双口网络，*二端对网络　03.316

two-probe method　双探针法　13.187

two-sided lapping　双面研磨　15.007

two-sided sequence　双边序列　05.187

two-terminal network　二端网络　03.312

two-wire system　二线制　21.144

TWS　边搜索边跟踪　19.063

TWT　行波管　10.077

twystron　行波速调管　10.073

U

UCT　超声计算机断层成象　25.072

UHF communication　特高频通信，*分米波通信　21.013

ULF communication　特低频通信，*特长波通信　21.007

ultimate vacuum　极限真空　12.054

ultrafast opto-electronics　超快光电子学　16.003

ultrafiltration　超过滤　15.264

ultra-high vacuum　超高真空　12.050

ultra pure water　超纯水　15.263

ultrashort light pulse　超短光脉冲　16.145

ultrasonic bonding　超声键合　15.251

ultrasonic computerized tomography　超声计算机断层成象　25.072

ultrasonic Doppler blood flow imaging　超声多普勒血流成象　25.063

ultrasonic Doppler blood flowmeter　超声多普勒血流仪　25.062

ultrasonic guides for the blind　超声导盲器　25.082

ultraviolet laser　紫外激光器　16.107

umbilical connector　自动脱落连接器　08.011

umbrella antenna　伞形天线　04.249

umbrella reflector antenna　伞形反射天线　04.304

unattended operation　无人值守　21.295

unattended repeater　无人增音站　21.238

uncertainty　不确定度　17.033

under-convergence　欠会聚　12.032

undercutting　钻蚀　15.211

underdamped response　欠阻尼响应　23.036

underheated emission　欠热发射　10.006

undershoot　下冲　03.127

underwater laser radar　水下激光雷达　16.219

underwater penetration　透水深度　20.018

uniaxial ferrite　单轴型铁氧体　06.170

uniform line　均匀线　03.404

unijunction transistor　单结晶体管　14.032

unilateral　单向[性]　03.327

unipolar transistor　单极晶体管　14.033

unit cell　晶胞　13.028

unit impulse function　单位冲激函数　03.322

unit of measurement　计量单位　17.012

unit-sample sequence　单位取样序列　05.184

V

21.215

vessel approach and berthing system 舰船停靠系统 20.151

VFD 真空荧光显示 11.006

VFR 目视飞行规则 20.124

V-groove isolation V形槽隔离 15.068

V-groove MOS field effect transistor V形槽 MOS 场效晶体管 14.061

VHF communication 甚高频通信, *超短波通信 21.012

VHF omnirange and tactical air navigation system 伏塔克 20.046

VHSI 超高速集成电路 14.116

via hole 通孔 08.191

vibration milling 振动磨 15.298

vibration test 振动试验 18.138

video amplifier 视频放大器 03.090

video cassette recorder 盒式录象机 22.079

video compression 视频压缩 19.158

video conference 电视会议 21.044

video disk 视盘 22.092

video head 视频磁头 06.138

video processing circuit 视频信号处理电路 14.215

video processor 视频处理器 14.214

video recording head 录象头 06.139

video reproducing head 放象头 06.140

video tape 录象带 06.141

video tape recorder 录象机 22.076

video telephone 可视电话 21.043

videotex 可视图文, *交互型图文 21.041

video track 视频磁迹 06.142

vidicon 视象管 11.091

view-finder 寻象器 22.071

view finder tube 寻象管 11.097

VIL 垂直注入逻辑 14.161

violet solar cell 紫光太阳电池 09.105

virtual cathode 虚阴极 10.033

virtual circulit 虚电路 21.319

virtual leak 虚漏 12.166

viscosity vacuum gauge 粘滞真空计 12.106

viscous flow 粘滞流 12.161

visibility factor 可见度系数 19.011

visible range 可视区 04.159

visual aids 助视器 25.080

visual angle 视角 23.212

visual field 视场 23.211

visual flight rules 目视飞行规则 20.124

Vlasov equation 弗拉索夫方程 10.142

VLBI 甚长基线干涉仪 23.001

VLF communication 甚低频通信, *甚长波通信 21.008

VLSI 超大规模集成电路 14.115

VMOSFET V形槽 MOS 场效晶体管 14.061

VNA 矢量网络分析仪 17.104

vocoder 声码器 21.308

VODAS 音控防鸣器 21.232

voice activation 话音激活 21.233

voice-operated device anti-singing 音控防鸣器 21.232

VOLSCAN system 容积扫描系统, *沃尔斯康系统 20.096

voltage 电压 02.040

voltage amplifier 电压放大器 03.068

voltage controlled avalanche oscillator 电压控制雪崩振荡器 14.207

voltage controlled oscillator 压控振荡器 03.266

voltage gradient 电压梯度 08.090

voltage regulator 调压器 07.085

voltage sensor 电压敏感器 07.129

voltage stabilizing didoe 稳压二极管 14.008

voltage stabilizing transformer 稳压变压器 07.090

voltage standing wave ratio 电压驻波比 17.037

voltage-tuned magnetron 电压调谐磁控管 10.091

voltmeter 电压表, *伏特表 17.081

volumetric specific energy 体积比能量 09.006

volumetric specific power 体积比功率 09.005

VOR 伏尔, *甚高频全向信标 20.042

VOR scanned array 电扫伏尔天线阵 20.049

VORTAC 伏塔克 20.046

voting system 表决系统 18.097

VPE 汽相外延 13.172

VSAT 甚小[孔径]地球站 21.215

VSWR 电压驻波比 17.037

VTL 可变阈逻辑 14.153

VTM 电压调谐磁控管 10.091

VTR 录象机 22.076

W

wafer 晶片，*圆片 15.001

walk time 游动时间 24.070

wall effect 壁效应 24.141

wall hung TV 壁挂电视 22.021

WAN 广域网 21.066

warehouse-in inspection 入库检验 18.054

warehouse-out inspection 出库检验 18.055

warm-up time 预热时间 17.062

warp 翘曲 08.181

water load 水负载 04.121

wave digital filter 波数字滤波器 03.418

waveform relaxation method 波形松弛法 14.260

wave-form synthesizer 波形合成器 17.139

wave front 波前 04.049

wavefront reconstruction 波前再现 16.174

waveguide 波导 04.079

waveguide dispersion 波导色散 21.272

waveguide flange 波导法兰[盘] 04.097

waveguide gas laser 波导式气体激光器 16.054

waveguide iris 波导膜片 04.130

waveguide switch 波导开关 04.146

waveguide tuner 波导调配器 04.125

waveguide twist 扭波导 04.104

waveguide window 波导窗 04.131

wave impedance 波阻抗 03.393

wavelength 波长 03.005

wavelength division multiplexer 波分复用器 08.151

wavelength division multiplexing 波分复用 21.277

wavemeter 波长计 17.089

wave parameter 波参数 03.392

·WDM 波分复用 21.277

wear-out failure period 耗损失效期 18.069

weather avoidance 气象回避 20.128

weather penetration 气象穿越 20.127

weather radar 气象雷达 19.121

web crystal 蹼状晶体 13.142

Weber effect 韦伯效应 10.138

web grammar 网文法 05.294

wedge 劈 04.123

wedge bonding 楔焊 15.232

wedge termination 劈形终端 04.124

weighted curve 加权曲线 22.049

weight enumerator 重量枚举器 05.133

Weiner filter 维纳滤波器 05.236

well-type scintillation counter 井型闪烁计数器 24.086

wet-oxygen oxidation 湿氧氧化 15.048

whip antenna 鞭状天线 04.251

white balance 白平衡 22.035

whole-body gamma spectrum analyser 全身γ谱分析器 24.063

whole-body radiation meter 全身辐射计 24.062

wide area network 广域网 21.066

wide-band amplifier 宽带放大器 03.088

window amplifier 窗放大器 24.006

window function 窗函数 05.218

wire antenna 线天线 04.252

wire communication 有线通信 21.003

wired remote control 有线通控 23.114

wired telemetry 有线遥测 23.092

wire-grid lens antenna 线栅透镜天线 04.298

withdrawal force 拔出力 08.026

word error probability 误字概率 05.137

word line 字线 14.256

work function 逸出功，*功函数 10.012

working point 工作点 06.100

work station 工作站 21.307

wow and flutter 抖晃 22.096

wrap-around type solar cell 卷包式太阳电池 09.108

wrap contact 绕接接触件 08.022

writing 写入 11.075

Wullenweber antenna 乌兰韦伯天线 04.280

X

X-CT　X射线计算机断层成象　25.066

XPS　X射线光电子能谱［学］　15.314

X-ray computerized tomography　X射线计算机断层成象　25.066

X-ray detector　X射线探测器　24.096

X-ray laser　X射线激光器　16.052

X-ray lithography　X射线光刻　15.185

X-ray microanalysis　X射线微分析　15.327

X-ray photoelectron spectroscopy　X射线光电子能谱［学］　15.314

X-ray proportional counter　X射线正比计数器　24.128

X-ray resist　X射线光刻胶　15.179

X-ray topography　X射线形貌法　13.192

X-ray tube　X射线管　10.047

X-Y recorder　X－Y记录器　17.153

Y

Yagi antenna　八木天线　04.254

YAG laser　钇铝石榴石激光器　16.102

yield　成品率　15.260

YIG single crystal device　钇铁石榴石单晶器件　06.161

Y junction　Y接头　04.103

yttrium aluminate laser　铝酸钇激光器　16.086

yttrium aluminium garnet laser　钇铝石榴石激光器　16.102

yttrium iron garnet single crystal device　钇铁石榴石单晶器件　06.161

Z

Zener breakdown　齐纳击穿　13.217

Zener diode　齐纳二极管　14.023

zero　零点　03.325

zero channel threshold　零道阈　24.057

zero crossing detector　零交叉检测器　03.251

zero-crossing discriminator　过零鉴别器　24.038

zero detection probability　零探测概率　24.160

zero-error system　零误差系统　23.053

zero gap semiconductor　零带隙半导体　13.009

zero-memory channel　零记忆信道　05.062

zero-memory source　零记忆信源　05.031

zero-order holder　零阶保持器　23.055

zero-shifting technique　零点移位法　03.383

zero steady-state error system　零稳态误差系统　23.054

zero temperature coefficient point　零温度系数点　06.078

zigzag filter　曲折滤波器　03.416

zigzag slow wave line　曲折线慢波线　10.179

zinc blende lattice structure　闪锌矿晶格结构　13.040

zinc chloride type dry cell　氯化锌型干电池　09.080

zinc-silver storage battery　锌银蓄电池　09.052

zone melting　区域熔炼　13.130

Z-transform　Z变换　05.192

汉 英 索 引

A

B

薄膜[集成]电路　thin film [integrated] circuit　08.183

薄膜唱片　film disk　22.089

薄膜电感器　film inductor　07.072

薄膜电致发光　thin film electroluminescence, TFEL　11.048

薄膜淀积　thin film deposition　15.028

薄膜混合集成电路　thin film hybrid integrated circuit　08.186

薄膜晶体管　thin film transistor, TFT　14.037

薄膜太阳电池　thin film solar cell　09.094

薄膜阴极　film cathode　10.024

薄栅氧化层　thin gate oxide　15.094

保管期　maintaining period　18.076

*保护放电管　TR tube　10.040

保护环　guard ring　14.235

保活　keep alive　11.076

保密电话通信系统　secure voice communication system　21.399

保密量　amount of secrecy　05.157

保密容量　secrecy capacity　05.158

保密体制　secrecy system　05.160

保密通信　secure communication　21.020

保密系统　secrecy system　05.159

保密学　cryptology　05.155

保密指令　secret command　23.145

*保温阴极　heat-shielded cathode　10.019

保险期　insurance period　18.074

保真度　fidelity　03.302

饱和参量　saturation parameter　16.004

饱和电抗器　saturable reactor　07.079

报文　message　21.055

报文交换　message switching　21.314

*暴沸　bumping　12.149

暴力式聚焦　brute force focusing　12.029

曝光　exposure　15.191

爆腾　bumping　12.149

北向参考脉冲　north reference pulse　20.063

背场背反射太阳电池　back surface reflection and back surface field solar cell　09.092

背场太阳电池　back surface field solar cell, BSF cell　09.093

背反射太阳电池　back surface reflection solar cell,

BSR solar cell　09.091

背景辐射　background emission　23.202

背景起伏　background fluctuation　23.201

背射天线　backfire antenna　04.230

贝弗里奇天线　Beverage antenna　04.231

贝里斯分布　Bayliss distribution　04.314

钡长石瓷　celsian ceramic　06.003

倍频　frequency multiplication　03.187

倍频程　octave　03.190

倍频链　frequency multiplier chain　03.189

倍频器　frequency multiplier　03.188

倍增极　dynode　11.116

倍增系统　dynode system, multiplier system　10.048

被动锁模　passive mode-locking　16.166

被动显示　passive display　11.035

本地网　local network　21.070

*本地振荡器　local oscillator　03.196

本机振荡器　local oscillator　03.196

本原码　primitive code　05.086

本征半导体　intrinsic semiconductor　13.002

本征电致发光　intrinsic electroluminescence　11.049

本征吸杂工艺　intrinsic gettering technology　15.017

本征载流子　intrinsic carrier　13.066

本质失效　inherent weakness failure　18.066

崩越二极管　impact avalanche transit time diode, IMPATT diode　14.024

泵工作液　pump fluid　12.089

泵浦　pumping　16.006

泵浦速率　pumping rate　16.019

泵浦速率分布　pump rate distribution　16.020

泵浦效率　pumping efficiency　16.018

*逼真度　fidelity　03.302

比电容　specific capacitance　07.059

比幅单脉冲　amplitude comparison monopulse　19.059

比功率　specific power　09.002

比例式旋转变压器　proportional revolver　08.075

比例指令　proportional command　23.147

比率鉴频器　ratio discriminator　03.259

比能量　specific energy　09.003

比容量　specific capacity　09.004

比损耗因数　relative loss factor　06.105

比相单脉冲　phase comparison monopulse　19.060

比相定位　phase comparison positioning　23.005

比值计　ratio meter　17.079

笔划显示　segment display　11.030

笔形波束天线　pencil-beam antenna　04.292

闭管真空扩散　closed ampoule vacuum diffusion　15.117

闭环　closed loop　03.278

闭环控制　closed-loop control　23.021

闭环频率响应　closed-loop frequency response　23.033

壁挂电视　wall hung TV　22.021

壁效应　wall effect　24.141

鞭状天线　whip antenna　04.251

*边瓣　side lobe　04.197

边带　sideband　03.220

边界层　boundary layer　13.162

边搜索边跟踪　track-while-scan, TWS　19.063

边图　edge graph　05.287

边缘插座连接器　edge-socket connector　08.010

边缘效应　edge effect　07.067, side effect　15.202

编码　encoding　05.074

编码定理　coding theorem　05.034

编码发射机　coded transmitter　19.153

编译码器　coder　21.184

*扁平电缆　flat cable, ribbon cable　08.127

扁平封装　flat packaging　15.241

扁平阴极射线管　flat cathode-ray tube　11.108

扁形电池　button cell　09.049

变长码　variable length code　05.044

Z 变换　Z-transform　05.192

变换增益　conversion gain　24.004

变距阵　space-tapered array　04.269

变频　frequency conversion　03.198

变频器　frequency converter　03.199

变频振动试验　variable frequency vibration test　18.139

变容二极管　variable capacitance diode, varactor diode　14.015

变容真空泵　positive displacement pump　12.064

变象管　image converter tube　11.096

变压比　transformation ratio　08.091

变压器　transformer　07.080

变压器耦合放大器　transformer coupling amplifier　03.072

辨识　identification　05.153

遍历信源　ergodic source　05.027

标称电容　normal capacitance　07.058

标称电压　nominal voltage　09.041

标称电阻值　normal resistance　07.026

标称容量　nominal capacity　09.042

*标定　calibration　17.008

标量网络分析仪　scalar network analyzer, SNA　17.103

标图板　plotting tablet　11.136

标准白　standard white　22.037

标准单元　standard cell　14.110

标准单元法　standard cell method　14.259

标准罗兰　standard Loran　20.066

标准太阳电池　standard solar cell　09.090

标准条件　reference condition　17.060

标准信号发生器　standard signal generator　17.133

标准阻止截面　standard stopping cross section　15.152

Q 表　Q meter　17.075

表格显示　tabular display　11.033

表观磁导率　apparent permeability　02.067

表观品质因数　apparent quality factor　10.195

表决系统　k-out-of-n system, voting system　18.097

表面安装电感器　surface mounting inductor　07.069

表面安装技术　surface mounting technology, SMT　08.188

表面安装器件　surface mounted device　07.006

表面安装元件　surface mounted component, SMC　07.005

表面波　surface wave　04.046

表面波天线　surface wave antenna　04.297

表面反型层　surface inversion layer　13.072

表面反应控制　surface reaction control　15.043

表面复合　surface recombination　13.088

表面沟道　surface channel　13.073

表面耗尽层 surface depletion layer 13.074

表面积累层 surface accumulation layer 13.075

表面浓度 surface concentration 15.133

表面势 surface potential 13.076

表面态 surface state 13.077

表面污染剂量仪 surface contamination meter 24.003

表示层 presentation layer 21.378

宾主效应 guest-host effect, GH effect 11.046

丙类放大器 class C amplifier 03.062

病人监护仪 patient monitor 25.086

玻壳 glass bulb, glass envelope 10.236

玻璃半导体 glass semiconductor 13.019

玻璃封装 glass packaging 15.243

玻特喇叭 Potter horn 04.183

玻印亭矢[量] Poynting vector 04.028

波瓣 lobe 04.194

波参数 wave parameter 03.392

波长 wavelength 03.005

波长计 wavemeter 17.089

波导 waveguide 04.079

波导波长 guide wavelength 04.075

波导窗 waveguide window 04.131

波导法兰[盘] waveguide flange 04.097

波导开关 waveguide switch 04.146

波导膜片 waveguide iris 04.130

波导色散 waveguide dispersion 21.272

波导式气体激光器 waveguide gas laser 16.054

波导调配器 waveguide tuner 04.125

波分复用 wavelength division multiplexing, WDM 21.277

波分复用器 wavelength division multiplexer 08.151

波尖漏过能量 spike leakage energy 10.271

波前 wave front 04.049

波前再现 wavefront reconstruction 16.174

[波]束波导 beam waveguide 04.083

波束角 beam angle 04.202

波束宽度 beamwidth 04.208

V波束雷达 V-beam radar 19.092

波束立体角 beam solid angle 04.204

波束天线 beam antenna 04.281

波束调向 beam steering 04.206

波束形状因数 beam shape factor 04.207

波数字滤波器 wave digital filter 03.418

波特 baud 21.156

波纹喇叭 corrugated horn 04.182

波形合成器 wave-form synthesizer 17.139

波形松弛法 waveform relaxation method 14.260

波阻抗 wave impedance 03.393

箔条包 chaff bundle 19.233

箔条[丝] chaff 19.232

箔条云 chaff cloud 19.234

箔条走廊 chaff corridor 19.235

箔线 tinsel conductor 08.126

伯德图 Bode diagram 23.083

伯格斯矢量 Burgers vector 13.041

伯格算法 Burg's algorithm 05.227

泊管 platinotron 10.098

捕捉 pull-in 03.270

捕捉带 pull-in range 03.271

补偿电离室 ionization chamber with compensation 24.142

补偿定理 compensation theorem 03.335

补充业务 supplementary service 21.027

不对称交流充电 asymmetric alternating current charge 09.031

不合格品 defective item 18.026

不合格品率 fraction defective 18.028

不可视区 invisible range 04.160

不能工作时间 down time 18.103

不全位错 partial dislocation 13.102

不确定度 uncertainty 17.033

不透明光阴极 opaque photocathode 10.022

*布拉格元接收机 acoustooptical receiver, Bragg-cell receiver 19.246

布里奇曼方法 Bridgman method 13.134

布里渊图 Brillouin diagram 10.166

布图规则检查 layout rule check, LRC 14.287

步进电[动]机 stepping motor 08.082

步进继电器 stepping relay 08.059

步进角 step angle 08.117

步进频率 step frequency 08.115

步进衰减器 step attenuator 17.122

步进制交换 step-by-step switch 21.328

步进阻抗变换器 stepped-impedance transformer

04.108

步距　step pitch　08.116

C

沉降分析法　sedimentation analysis　15.273

衬比度　contrast　22.039

衬底　substrate　15.002

衬底馈电逻辑　substrate fed logic, SFL　14.160

衬底偏置　substrate bias　14.262

MOSFET 衬偏效应　substrate bias effect of MOSFET　14.276

城域网　metropolitan area network, MAN　21.067

成核　nucleation　15.036

成列直插封装开关　in-line package switch　08.034

成品检验　product inspection　18.057

成品率　yield　15.260

成象雷达　imaging radar　19.110

成型　forming, shaping　15.275

成形电路　forming circuit　03.136

成形时间常数　shaping time constant　24.007

成组浮点　block floating point　05.215

乘积检波器　product detector　03.250

程控交换机　stored-program control exchange, SPC exchange　21.331

程控衰减器　programmable attenuator　17.123

程控信号发生器　programmable signal generator　17.135

程控仪器　programmable instrument　17.150

程序控制　program control　23.017

程序指令　program command　23.148

承载业务　bearer service　21.025

迟电位　late potential　25.121

尺寸共振　dimensional resonance　06.103

尺度传感器　dimension transducer　07.145

充电　charge　02.043

充电保持能力　charge retention　09.020

充电接收能力　charge acceptance　09.021

充电效率　charge efficiency　09.027

充气电涌放电器　gas-filled surge arrester　10.045

充气阀　charge valve　12.133

充气管　gas filled tube, gaseous tube　10.052

充气整流管　gas-filled rectifier tube　10.058

冲淡比　collapsing ratio　19.022

冲击试验　shock test　18.140

冲激不变法　impulse invariance　05.202

冲激雷达　impulse radar　19.089

冲激响应　impulse response　03.349

虫蛀试验　moth bite test　18.134

重放　reproduction, replay　22.097

重放头　reproducing head　06.118

重复频率激光器　repetitive frequency laser　16.055

重复性　repeatability　17.034

重复阻抗　iterative impedance　03.358

重入式谐振腔　reentrant cavity　10.187

重影　ghost　22.026

抽象码　abstract code　05.047

*抽样　sampling　05.188

抽样方案　sampling plan　18.034

*抽运　pumping　16.006

畴壁共振　domain wall resonance　02.084

初充电　initial charge　09.028

初级辐射器　primary radiator　04.175

*初检　initial inspection　18.019

初始检查　initial inspection　18.019

初缩　first minification　15.161

出境链路　outbound link　21.219

出库检验　warehouse-out inspection　18.055

出气　outgassing　12.165

出现电势谱[学]　appearance potential spectroscopy, APS　15.318

除气　degassing　12.164

储备电池　reserve cell　09.076

储备式阴极　dispenser cathode　10.027

储能电容器　energy storage capacitor　07.038

*储频　frequency memory　19.227

储频行波管　storage traveling wave tube　10.080

触点　contact　08.037

触点负载　contact load　08.038

触点熔接　contact weld　08.065

触点粘结　contact adhesion　08.064

触发　triggering　17.046

触发管　trigger tube　10.044

触发极　trigger electrode　10.229

穿心电容器　feed-through capacitor　07.045

穿越辐射探测器　transition radiation detector　24.155

传播　propagation　03.398

传播常数　propagation constant　03.394

传播速度　propagation velocity　03.399

传导电流　conduction current　04.007

传递函数 transfer function 03.350

传感器 transducer 07.103

传号 mark 21.172

传声器 microphone 22.058

传输 transmission 03.390

传输概率 transmission probability 12.157

*传输媒体 transmission medium 21.094

传输媒质 transmission medium 21.094

传输速率 transmission rate 21.155

传输线 transmission line 03.391

传真 fax, facsimile 21.038

船载雷达 shipborne radar 19.126

串 string 05.278

串级控制 cascade control 23.019

串级校正 cascade compensation 23.039

*串联补偿 cascade compensation 23.039

串扰 crosstalk 21.191

串文法 string grammar 05.281

*串音 crosstalk 21.191

串语言 string language 05.280

窗放大器 window amplifier 24.006

窗函数 window function 05.218

床旁监护仪 bedside monitor 25.087

垂面排列 homeotropic alignment 11.124

垂直极化 perpendicular polarization 04.038

垂直结太阳电池 vertical junction solar cell 09.095

垂直排列相畸变模式 deformation of vertically aligned phase mode 11.083

垂直注入逻辑 vertical injection logic, VIL 14.161

磁摆动器 magnetic wiggler 10.135

磁保持继电器 magnetic latching relay 08.054

磁层 magnetic coating 06.126

磁场 magnetic field 02.047

磁场强度 magnetic field strength 02.048

*磁场丘克拉斯基法 magnetic field Czochralski method 13.129

磁场直拉法 magnetic field Czochralski method 13.129

磁秤 magnetic balance 06.192

磁尺 magnescale 07.140

磁畴 magnetic domain 02.061

磁存储器 magnetic memory 06.143

磁带 magnetic tape 06.123

磁导计 permeameter 17.087

磁导率 magnetic permeability, permeability 02.066

磁电式继电器 magneto-electric relay 08.055

*磁动势 magnetomotive force, MMF 02.079

磁轭 magnet yoke 06.190

磁放大器 magnetic amplifier 06.115

磁分离 magnetic separation 06.194

磁粉 magnetic powder 06.127

磁浮轴承 magnetic bearing 06.196

磁感应 magnetic induction 02.049

磁感[应]强度 magnetic induction 02.050

磁共振 magnetic resonance 06.188

磁共振成象 magnetic resonance imaging 25.068

磁鼓 magnetic drum 06.137

磁光盘 magneto-optical disk 06.146

磁光调制器 magneto-optical modulator 06.167

磁光显示 magneto-optic display 11.010

磁光效应 magneto-optical effect 06.180

磁后效 magnetic after effect 02.083

磁化 magnetization 02.063

磁化率 magnetic susceptibility, susceptibility 02.065

磁化器 magnetizer 06.189

磁化强度 magnetization 02.064

磁迹 magnetic track 06.128

磁极 magnetic pole 02.052

*磁记录媒体 magnetic recording medium 06.121

磁记录媒质 magnetic recording medium 06.121

磁矩 magnetic moment 02.053

磁聚焦 magnetic focusing 06.199

磁卡 magnetic card 06.124

磁控管 magnetron 10.083

磁控溅射 magnetron sputtering 15.083

磁控注入电子枪 magnetic injection gun, MIG 12.006

磁老化 magnetic aging 06.106

磁[力]疗法 magnetotherapy 25.099

磁流体 magnetic fluid 06.193

磁路 magnetic circuit 02.078

磁敏感器 magnetic sensor 07.123

磁能积 magnetic energy product 02.081

磁耦合 magnetic coupling 06.197

磁偶极子　magnetic dipole　04.170

磁盘　magnetic disk　06.122

磁泡　magnetic bubble　06.148

磁平　magnetic level　22.081

磁屏蔽电子枪　magnetic shielded gun　12.004

磁铅石型铁氧体　magneto plumbite type ferrite　06.169

磁强计　magnetometer　17.086

磁热效应　magneto-caloric effect　06.185

磁调制器　magnetic modulator　19.151

磁通计　fluxmeter　17.085

*磁通密度 magnetic flux density　02.050

磁通势　magnetomotive force, MMF　02.079

磁头　magnetic head　06.117

磁头缝隙　magnetic head gap　06.120

磁透镜　magnetic lens　12.021

磁心　magnetic core　06.113

磁性半导体　magnetic semiconductor　13.022

磁性材料　magnetic material　06.089

磁性录制　magnetic recording　22.073

磁悬浮　magnetic suspension　06.195

磁悬浮转子真空计　magnetic suspension spinning rotor vacuum gauge　12.107

磁粘滞性　magnetic viscosity　13.167

磁致冷　magnetic cooling　06.198

磁致伸缩　magnetostriction　02.062

磁致伸缩效应　magnetostrictive effect　06.186

磁滞回线　magnetic hysteresis loop　02.073

磁滞损耗　magnetic hysteresis loss　02.077

磁滞同步电动机　hysteresis synchronous motor　08.083

磁滞[现象]　magnetic hysteresis　02.072

磁转矩计　torque magnetometer　06.202

磁阻　reluctance　02.080

磁阻效应　magneto-resistance effect　06.184

词头法同步　prefix method synchronization　21.160

次级电子　secondary electron　10.008

次级电子导电　secondary electron conduction, SEC　10.009

次级电子发射　secondary electron emission　10.004

次级辐射器　secondary radiator　04.319

*次级辐射体　secondary radiator　04.319

次品　degraded product　18.025

次平面　secondary flat　15.004

次同步层　sub-synchronous layer　10.177

粗抽泵　roughing vacuum pump　12.061

粗抽管路　roughing line　12.092

粗抽时间　time for roughing　12.156

粗真空　rough vacuum　12.053

*猝灭效应　quenching effect　24.164

簇射计数器　shower counter　24.129

簇形晶体　cluster crystal　13.141

淬灭　quench　24.161

淬灭校正　quench correction　24.162

淬灭效应　quenching effect　24.164

存储电容　storage capacitance　14.283

存储管　storage tube　11.099

MOS 存储器　MOS memory　14.182

存储器地址寄存器　memory address register　14.185

存储示波器　storage oscilloscope　17.130

存储转发交换　store and forward switching　21.313

存储转发[型]业务　messaging service　21.049

错误定位子　error-locator　05.085

错误型　error pattern　05.083

D

达林顿功率管　Darlington power transistor　14.047

大规模集成电路　large scale integrated circuit, LSI　14.114

大屏幕显示　large scale display　11.021

大气激光通信　atmospheric laser communication　21.261

大数判决译码　majority decoding　05.091

大信号分析　large-signal analysis　10.146

大圆航线　course line of great circle　20.022

戴维宁定理　Thevenin's theorem　03.332

带电粒子探测器　charged particle detector　24.092

带基　tape base　06.125

带宽　bandwidth　03.034

带内信令　in-band signalling　21.348

带式自动键合 tape automated bonding, TAB 15.249

带式自动键合封装 tape automated bond package, TAB package 14.224

带通滤波器 band pass filter 03.426

带外信令 out-of-band signalling 21.349

带隙 band gap 13.045

带状电缆 flat cable, ribbon cable 08.127

带状硅太阳电池 ribbon silicon solar cell 09.113

带[状]线 strip line 04.092

带阻滤波器 band stop filter 03.427

代数码 algebraic code 05.090

代谢成象 metabolic imaging 25.077

待命时间 stand-by time 18.105

丹倍效应 Dember effect 13.202

单臂谱仪 single-arm spectrometer 24.009

单边带调制 single-sideband modulation, SSB modulation 03.228

单边突变结 single-side abrupt junction 13.208

单边序列 one-sided sequence 05.186

单道分析器 single-channel analyser 24.008

单工 simplex 21.200

单管单元存储器 single transistor memory 14.179

*单光子发射计算机化断层显象 single-photon emission computerized tomography, SPECT 25.071

单光子发射[型]计算机断层成象 single-photon emission computerized tomography, SPECT 25.071

单基地雷达 monostatic radar 19.103

单极晶体管 unipolar transistor 14.033

单极子 monopole 04.167

单结晶体管 unijunction transistor 14.032

单晶 monocrystal 13.025

单路单载波 single channel per carrier, SCPC 21.229

单脉冲激光器 single pulse laser 16.056

单脉冲雷达 monopulse radar 19.081

单面板 single sided board 08.158

单模工作 single mode operation 16.034

单模光纤 monomode fiber 08.131

单片集成电路 monolithic integrated circuit 14.119

单片计算机 monolithic computer 14.168

单片微波集成放大器 monolithic microwave intergrated amplifier 14.133

单频激光器 single frequency laser 16.057

单色显示 monochrome display 11.024

单声 monophone 22.023

单透镜 einzel lens, simple lens 12.022

单位冲激函数 unit impulse function 03.322

单位阶跃函数 unit step function 03.321

单位阶跃响应 unit step response 23.035

单位取样序列 unit-sample sequence 05.184

单稳[触发]电路 monostable trigger-action circuit 03.159

单向[性] unilateral 03.327

单向通信 one-way communication 21.022

单异质结激光器 single heterojunction laser 16.058

单音指令 single tone command 23.149

单元尺寸 cell size 14.225

单轴型铁氧体 uniaxial ferrite 06.170

胆甾相液晶 cholesteric liquid crystal 11.121

钽酸锂晶体 lithium tantalate, LT 06.044

氮分子激光器 nitrogen molecular laser 16.059

氮化铝瓷 aluminium nitride ceramic 06.040

氮氧化硅 silicon oxynitride 15.096

弹道晶体管 ballistic transistor 14.038

挡板 baffle 12.142

挡板阀 baffle valve 12.134

*刀 pole 08.043

刀形天线 blade antenna 04.233

倒角 edge rounding 13.139

倒谱 cepstrum 05.230

*倒相器 inverter, invertor 03.132

倒向场聚焦 reversed field focusing 12.030

倒向天线 retrodirective antenna 04.245

倒序 bit-reversed order 05.214

导[出]型滤波器 derived type filter 03.431

导波 guided wave 04.051

导出包络 derived envelope 20.078

导带 conduction band 13.046

导电箔 conductive foil 08.168

导电图形 conductive pattern 08.164

导管电极 catheter electrode 25.115

导航　navigation　20.001
导航雷达　navigation radar　19.120
导航卫星　navigation satellite　20.141
导抗　immittance, adpedance　03.018
导抗电桥　immittance bridge　17.077
导联系统　lead system　25.117
导流系数　perveance　12.047
导纳　admittance　03.017
导纳圆图　admittance chart　04.056
导频信号　pilot signal　21.136
导线　conductor　08.119
道比　channel ratio　24.166
道宽　channel width　24.011
德拜长度　Debye length　13.215
灯丝　filament　10.222
灯丝变压器　filament transformer　07.084
等波纹逼近　equal ripple approximation　03.387
等电子中心　isoelectronic center　13.059
等多普勒频移线　line of constant Doppler shift　20.132
等幅传输　flat transmission　21.196
等幅面　equiamplitude surface　04.042
等高显示器　constant altitude indicator, CAI　19.169
*等级网　hierarchical network　21.078
等精度曲线　contours of constant geometric accuracy　20.011
等静压　isostatic pressing　06.083
等离子体　plasma　10.127
等离子体不稳定性　plasma instability　10.130
等离子[体]溅射　plasma sputtering　15.081
等离子[体]刻蚀　plasma etching　15.210
等离子体耦合器件　plasma-coupled device, PCD　14.070
等离子体频率　plasma frequency　10.128
等离子[体]去胶　removing of photoresist by plasma　15.201
等离子[体]显示　plasma display, PD　11.002
等离子[体]显示板　plasma display panel, PDP　11.023
等离子[体]氧化　plasma oxidation　15.052
等离子[体]增强 CVD　plasma-enhanced CVD, PECVD　15.032

等离子体诊断　plasma diagnostic　10.129
等平面隔离　isoplanar isolation　15.067
等平面工艺　isoplanar process　15.074
等平面集成注入逻辑　isoplanar integrated injection logic, IIIL　14.163
等位面　equipotential surface　02.030
等温退火　isothermal annealing　15.155
等相面　equiphase surface　04.041
等效电源定理　equivalent source theorem　03.331
等效辐射温度　equivalent radiant temperature　23.203
等效网络　equivalent network　03.342
等效隙缝　equivalent gap　10.156
等效噪声反射率　noise equivalent reflectance　23.217
等效噪声功率　noise equivalent power, NEP　23.219
等效噪声温差　noise equivalent temperature difference, NETD　23.218
低碱瓷　low-alkali ceramic　06.030
低截获率雷达　low probability of intercept radar, LP radar　19.091
低空搜索雷达　low altitude surveillance radar, LASR　19.122
低能电子衍射　low energy electron diffraction, LEED　15.310
低能离子散射　low energy ion scattering, LEIS　15.332
低频放大器　low frequency amplifier　03.058
低频通信　LF communication　21.009
低气压试验　low atmospheric pressure test　18.135
低通滤波器　low pass filter　03.424
低温泵　cryopump　12.088
低温电子学　cryoelectronics　01.007
低温试验　low-temperature test　18.124
低压 CVD　low pressure chemical vapor deposition, LPCVD　15.033
低压等离子[体]淀积　low pressure plasma deposition　15.034
低噪声放大器　low noise amplifier　03.082
低真空　low vacuum　12.052
迪尔－格罗夫模型　Deal-Grove model　15.095
*迪克－菲克斯电路　Dicke-Fix circuit　19.155

电荷引发器件 charge priming device, CPD 14.205

电荷注入器件 charge injection device, CID 14.204

电荷转移器件 charge transfer device, CTD 14.206

电呼吸描记术 electropneumography 25.029

电化致变色 electrochemichromism 11.045

电话 telephone, telephony 21.028

电话机 telephone set 21.298

电话网 telephone network 21.085

电话学 telephony 21.029

电极 electrode 10.221

电解电容器 electrolytic capacitor 07.047

[电]介质 dielectric 02.012

电抗 reactance 03.014

电抗定理 reactance theorem 03.337

电抗器 reactor 07.078

电抗网络 reactance network 03.362

电可擦编程只读存储器 electrically-erasable programmable read only memory, EEPROM 14.177

电控双折射模式 electrically controlled birefringence mode, ECB mode 11.117

电离 ionization 02.024

电离比 ionization ratio 21.280

电离层传播 ionospheric propagation 04.015

电离层散射通信 ionospheric scatter communication 21.245

电离能 ionization energy 13.060

电离室 ionization chamber 24.115

电离张弛振荡 ionization relaxation oscillation 10.143

电离真空计 ionization vacuum gauge 12.112

*电力电子学 power electronics 01.022

电疗法 electropathy, electrotherapy 25.108

电流 current 02.035

电流表 ammeter 17.080

电流放大器 current amplifier 03.069

电流分配比 current division ratio 10.246

电流开关型逻辑 current-switching mode logic, CML 14.165

电路 electric circuit 02.038

电路仿真 circuit simulation 03.446

电路交换 circuit switching 21.312

电路提取 circuit extraction 14.282

电路拓扑[学] circuit topology 03.447

电麻醉 electro-anaesthesia 25.102

电纳 susceptance 03.016

*电脑 electronic computer 01.028

电啮合长度 electrical engagement length 08.028

电凝法 electrocoagulation 25.101

电偶极子 electric dipole 04.169

电抛光 electropolishing 15.013

电平 level 03.289

电平表 level meter 17.070

电平漂移二极管 level-shifting diode 14.027

电迁徙 electromigration 15.217

电桥 bridge 17.076

电切术 electrocision 25.103

电容 capacitance 02.042

电容传声器 condenser microphone, electrostatic mic 22.061

电容电压法 capacitance voltage method, CV method 15.257

电容量允差 capacitance tolerance 07.060

*电容率 dielectric constant, permittivity 02.015

电容器 capacitor 07.031

电扫伏尔天线阵 VOR scanned array 20.049

电扫雷达 electronically scanned radar 19.094

*电势 electric potential 02.029

电视 television, TV 22.011

电视会议 video conference 21.044

电视机 television set 22.108

电视摄象机 television camera 22.070

电枢控制 armature control 08.109

电碎石法 electrolithotrity 25.107

电台磁方位 magnetic bearing of station 20.025

电台方位 bearing of station 20.023

电台航向 heading of station 20.024

电调滤波器 electrically tunable filter 06.165

电调振荡器 electrically tunable oscillator 06.166

电透药法 electromedication 25.106

电位 electric potential 02.029

电位差 potential difference 02.031

电位降 potential drop 02.034

电位器　potentiometer　07.017

电位梯度　electric potential gradient　02.041

* 电文　message　21.055

* 电文交换　message switching　21.314

电细胞融合　electric cell fusion　25.105

电信　telecommunication　21.002

* 电信函处理系统　message handling system, MHS
21.047

电信业务　telecommunication service　21.024

* 电信业务工程　teletraffic engineering　21.362

电休克　electroshock　25.109

电压　voltage　02.040

电压表　voltmeter　17.081

电压放大器　voltage amplifier　03.068

电压控制雪崩振荡器　voltage controlled avalanche
oscillator　14.207

[电]压敏电阻器　varistor　07.126

电压敏感器　voltage sensor　07.129

电压梯度　voltage gradient　08.090

电压调谐磁控管　voltage-tuned magnetron, VTM
10.091

电压驻波比　voltage standing wave ratio, VSWR
17.037

电泳显示　electrophoretic display, EPD　11.014

[电]源　power source, power supply　02.033

电源变压器　power transformer　07.083

电晕　corona　02.026

电晕放电　corona discharge　10.211

电晕计数器　corona counter　24.127

电针术　electropuncture　25.100

电致变色　electrochromism　11.007

电致变色显示　electrochromic display, ECD
11.008

电致发光　electroluminescence, EL　11.004

电致发光显示　electroluminescent display, ELD
11.005

电致伸缩陶瓷　electrostrictive ceramic　06.029

电轴　electrical boresight　04.222

电子　electron　02.004

电子保密　electronic security, ELSEC　19.197

电子测量　electronic measurements　17.001

电子电话电路　electronic telephone circuit, ETC
14.200

电子电压表　electronic voltmeter　17.067

电子对抗　electronic countermeasures, ECM
19.186

电子发射　electron emission　10.001

电子反对抗　electronic counter-countermeasures,
ECCM　19.187

电子反对抗改善因子　ECCM improvement factor,
EIF　19.207

电子肺量计　electrospirometer　25.047

电子干扰　electronic jamming　19.210

电子感生解吸　electron-induced desorption, EID
12.173

电子工程学　electronic engineering　01.004

电子光学　electron optics　01.010

电子轨迹　electron trajectory　12.027

电子核子双共振谱[学]　electron nuclear double
resonance spectroscopy, ENDORS　15.336

电子回轰　electron back bombardment　10.163

电子回旋共振加热　electron cyclotron resonance
heating, ECRH　15.346

* 电子回旋脉泽　gyrotron, electron cyclotron
maser, ECM　10.106

电子计算机　electronic computer　01.028

电子块　electron block　10.152

电子能量损失能谱[学]　electron energy loss
spectroscopy, EELS　15.334

电子欺骗　electronic deception　19.192

电子枪　electron gun　12.003

电子亲和势　electron affinity　13.061

电子情报　electronic intelligence, ELINT　19.195

电子群聚　electron bunching　10.148

电子扫描　electronic scanning　04.209

电子束　electron beam　12.013

电子束半导体器件　electron beam semiconductor
device, EBS device　14.071

电子束泵浦　electron beam pumping, EBP　16.009

电子束泵浦半导体激光器　electron-beam pumped
semiconductor laser　16.060

电子束参量放大器　electron beam parametric
amplifier　10.069

电子束光刻　electron beam lithography　15.186

电子束光刻胶　electron beam resist　15.178

电子束曝光系统　electron beam exposure system

11.081

动态随机[存取]存储器 dynamic random access memory, DRAM 14.173

动态心电图监护系统 dynamic ECG monitoring system, Holter system 25.097

动作电位 action potential 25.119

抖动 jitter 21.152

抖动调谐磁控管 dither tuned magnetron 10.090

抖晃 wow and flutter 22.096

斗链器件 bucket brigade device, BBD 14.208

独立基线 individual baseline 20.075

独石陶瓷电容器 monolithic ceramic capacitor 07.056

读出放大器 sense amplifier 14.188

堵转励磁电流 locked-rotor exciting current 08.094

堵转励磁功率 locked-rotor exciting power 08.095

堵转特性 locked-rotor characteristic 08.093

堵转转矩 locked-rotor torque 08.099

渡越时间 transit time 10.147

端泵浦 end-pumping 16.010

端电压 terminal voltage 09.039

端口 port 04.114

端射阵天线 end-fire array antenna 04.273

端效应 end effect 24.143

*短波通信 HF communication 21.011

短程透镜天线 geodesic lens antenna 04.289

短沟效应 short channel effect 14.263

短截线 stub 04.113

短路线 short-circuit line 03.406

短路终端 short circuit termination 04.116

短腔选模 mode selection by short cavity 16.152

断 off 08.042

断续指令 discontinuous command 23.151

堆垛层错 stacking fault 13.107

堆积效应 pile-up effect 24.014

对称网络 symmetrical network 03.343

对称信道 symmetric channel 05.059

对称信源 symmetric source 05.029

对称振子天线 doublet antenna 04.185

对话[型]业务 conversational service 21.048

对流层传播 tropospheric propagation 04.014

对流层散射通信 tropospheric scatter communication

21.243

对偶[性] duality 03.329

对偶码 dual code 05.092

对偶网络 dual network 03.344

对数放大器 logarithmic amplifier 03.079

对数率表 logarithmic ratemeter 24.015

对数周期天线 logarithm periodic antenna 04.240

对位黄碲矿晶体 para-tellurite crystal 06.042

对准精度 alignment precision 15.172

钝化工艺 passivation technology 15.221

多波群信号 multi-burst signal 22.048

多波束雷达 multiple-beam radar 19.093

多波束天线 multi-beam antenna 04.282

多步雪崩室 multi-step avalanche chamber 24.151

多层布线 multilayer wiring 08.189

多层光刻胶 multilevel resist 15.177

多层介质钝化 multilayer dielectric passivation 15.222

多层金属化 multilevel metallization 15.216

多层印制板 multilayer printed board 08.160

多次抽样 multiple sampling 18.037

多重处理 multiprocessing 21.106

多重图 multigraph 05.288

多带生长 multiple ribbon growth 13.150

多导生理记录仪 polygraph 25.053

多道分析器 multichannel analyser 24.016

*多端对网络 multi-port network 03.317

多端网络 multi-terminal network 03.315

多尔夫－切比雪夫分布 Dolph-Chebyshev distribution 04.315

多光谱扫描仪 multispectral scanner, MSS 23.181

多光谱相机 multispectral camera 23.182

多光子吸收 multi-photon absorption 16.176

多基地雷达 multistatic radar 19.105

多碱光阴极 multialkali photocathode 10.023

多接入信道 multiple access channel 05.060

多结太阳电池 multijunction solar cell 09.096

多晶 polycrystal 13.026

多晶硅发射极晶体管 polysilicon emitter transistor, PET 14.045

多晶硅－硅化物栅 polycide gate 15.097

多晶硅太阳电池 polycrystalline silicon solar cell

09.097

多径效应　multipath effect　19.072

多孔玻璃　porous glass　06.019

多孔硅氧化隔离　isolation by oxidized porous silicon, IOPS　15.098

多孔陶瓷　porous ceramic　06.018

多口网络　multi-port network　03.317

多量子阱半导体激光器　MQW semiconductor laser　16.061

多路定标器　multiscaler　24.017

[多路]分用　demultiplexing　21.099

[多路]复用　multiplexing　21.098

多路驱动　multiplexing　11.126

多路通信　multichannel communication　21.209

多路遥测　multichannel telemetry　23.094

多模光纤　multimode fiber　08.132

多片电路　multichip circuit　14.120

多普勒导航　Doppler navigation　20.131

多普勒伏尔　Doppler VOR, DVOR　20.043

多普勒跟踪　Doppler tracking　23.002

多普勒雷达　Doppler radar　19.086

多普勒卫导系统　satellite-Doppler navigation system　20.139

多普勒展宽　Doppler broadening　16.027

多腔磁控管　multicavity magnetron　10.084

多色穿透屏　multichrome penetration screen　10.241

多色色散　chromatic dispersion　21.268

多数载流子　majority carrier　13.067

多丝正比室　multiwire proportional chamber　24.116

多谐振荡器　multivibrator　03.107

多义度　prevarication　05.024

多音指令　multi-tone command　23.152

多用表　multimeter　17.065

多用户信息论　multiple-user information theory　05.002

多余辉穿透荧光屏　multipersistence penetration screen　10.242

多余因数　surplus factor　03.381

多元胞法　polycell method　14.264

多站多普勒系统　multistation Doppler system　23.003

多帧照相机　multiformator　24.090

多址　multiple access　21.221

E

俄歇电子能谱[学]　Auger electron spectroscopy, AES　15.306

额定电压　rated voltage　07.061

恶性码　catastrophic code　05.093

厄兰　Erlang　21.363

扼流法兰[盘]　choke flange　04.099

扼流关节　choke joint　04.101

扼流圈　choke　07.077

扼流式活塞　choke piston, choke plunger　04.305

耳机　earphone　22.104

耳蜗电描记术　electrocochleography　25.024

铒激光器　erbium laser　16.062

二次抽样　double sampling　18.036

二次雷达　secondary radar　19.143

二次离子质谱[学]　secondary ion mass spectroscopy, SIMS　15.316

二次相位因数　secondary phase factor　20.017

二次谐波发生　second harmonic generation, SHG　16.129

*二端对网络　two-port network　03.316

二端网络　two-terminal network　03.312

二硅化物　disilicide　15.100

二极管　diode　14.001

二极管泵浦　diode pumping　16.011

二极管电子枪　diode gun　12.011

二极管-晶体管逻辑　diode-transistor logic, DTL　14.146

二阶系统　second-order system　23.040

二口网络　two-port network　03.316

二维显示　two-dimensional display　11.027

二线制　two-wire system　21.144

二氧化硅　silicon dioxide　15.045

二氧化硅乳胶抛光　silica colloidal polishing

二氧化碳激光器　carbon dioxide laser　16.063

F

发光二极管　light-emitting diode, LED　11.086

发光强度　luminous intensity　11.064

发光效率　luminous efficiency　11.067

发射　emission　21.256

发射机　transmitter　03.280

发射极耦合逻辑　emitter coupled logic, ECL　14.149

发射结　emitter junction　14.076

发射区　emitter region　14.077

发射区陷落效应　emitter dipping effect　15.139

发射型计算机断层成象　emission computerized tomography, ECT　25.069

发现概率　detection probability　19.017

法布里－珀罗谐振腔　Fabry-Perot resonator　16.112

法拉第效应　Faraday effect　06.182

翻板阀　flap valve　12.138

反冲质子计数器　recoil proton counter　24.135

反堆积　pile-up rejection　24.018

反峰电压　inverse peak voltage　10.272

反康普顿 γ 谱仪　anti-Compton gamma ray spectrometer　24.021

反馈　feedback　03.049

*反馈补偿　feedback compensation　23.041

反馈回路　feedback loop　23.042

反馈校验　feedback check　23.153

反馈校正　feedback compensation　23.041

反扩散　back-diffusion　12.150

反兰姆凹陷　inverted Lamb dip　16.035

反雷达　anti-radar　19.202

反雷达伪装　radar camouflage　19.203

反迫击炮雷达　counter-mortar radar　19.124

反射　reflection　04.022

反射电桥　reflection bridge　17.078

反射高能电子衍射　reflection high energy electron diffraction, RHEED　15.311

反射计　reflectometer　17.096

反射空间　reflection space　10.155

反射率　reflectivity　23.204

反射器　reflector　04.179

反射式跟踪　reflective tracking　19.054

反射速调管　reflex klystron　10.072

反射系数　reflection coefficient　03.351

反射形貌法　reflection topography　13.191

反渗透　reverse osmosis　15.266

反铁磁性　anti-ferromagnetism　02.057

反铁电晶体　antiferroelectric crystal　06.013

反铁电陶瓷　antiferroelectric ceramic　06.014

反同轴磁控管　inverse coaxial magnetron　10.093

反相器　inverter, invertor　03.132

反向二极管　backward diode　14.005

反向击穿电压　reverse breakdown voltage　14.087

反向损耗　reverse loss　06.159

反[蓄意]干扰　anti-jamming　19.211

反隐形技术　anti-stealth technology　19.066

反应堆周期仪　period meter for reactor　24.019

反应溅射　reactive sputtering　15.085

反应溅射刻蚀　reactive sputter etching　15.208

反应离子刻蚀　reactive ion etching, RIE　15.205

反应速率模型　rate process model　18.091

反应性仪　reactivity meter　24.020

反应蒸发　reactive evaporation　15.087

反转时间　reversing time　08.108

返波　backward wave　10.173

返波管　backward wave tube, BWT　10.081

返波振荡器　backward wave oscillator　03.113

返流　back-streaming　12.151

返修品　reprocessed product　18.029

范阿塔反射器　Van Atta reflector　19.238

泛射式电子枪　flood gun　12.010

泛搜索路由选择　flooding routing　21.360

方波　square wave　03.118

方波发生器　square-wave generator　17.142

方法误差　methodical error　17.023

方角平屏显象管　flat squared picture tube, FS picture tube　11.104

方块电阻　square resistance　13.062

方位标志　bearing marker　19.175

方位－仰角显示器 azimuth-elevation display, C-scope 19.162

方位引导单元 azimuth guidance unit 20.101

方向滤波器 directional filter 03.429

方向效应 directive effect 20.019

方向性 directivity 04.224

方向性增益 directive gain 04.225

方形蓄电池 prismatic cell 09.047

防斜插连接器 scoop-proof connector 08.013

防撞雷达 anticollision radar 19.133

仿真器 simulator 14.275

仿真线 simulated line, artificial line 03.439

放大 amplification 03.041

放电 discharge 02.044

放电率 discharge rate 09.034

放电特性曲线 discharge characteristic curve 09.035

放射免疫仪器 radioimmunoassay instrument 24.087

放射性[电离]真空计 radioactive ionization gauge 12.113

放射性活度测量仪 radioactivity meter 24.022

放射自显影 autoradiography 24.088

放象头 video reproducing head 06.140

非涅耳数 Fresnel number 16.127

非涅耳等值线 Fresnel contour 04.157

非涅耳区 Fresnel region 04.158

非本征半导体 extrinsic semiconductor 13.003

非共格晶界 incoherent grain boundary 13.044

非互易网络 nonreciprocal network 03.365

非互易移相器 nonreciprocal phase-shifter 04.144

* 非挥发性半导体存储器 non-volatile semiconductor memory 14.178

非晶磁性材料 amorphous magnetic material 06.178

非晶硅 amorphous silicon 13.027

非晶硅太阳电池 amorphous silicon solar cell 09.098

非晶态半导体 amorphous semiconductor 13.004

非均匀展宽 inhomogeneous broadening 16.026

非门 negation gate, NOT gate 03.176

非平衡载流子 non-equilibrium carrier 13.070

非平面网络 nonplanar network 03.346

非平稳信道 non-stationary channel 05.064

非稳定谐振腔 unstable resonator 16.113

* 非卧床监护 ambulatory monitoring 25.098

非线绕电位器 non-wire wound potentiometer 07.018

非线性光混频 nonlinear photomixing 16.130

非线性光学 nonlinear optics 16.131

非线性光学晶体 nonlinear optical crystal 16.133

非线性光学效应 nonlinear optical effect 16.132

非线性集成电路 nonlinear integrated circuit 14.122

非线性失真 nonlinear distortion 03.361

非线性网络 nonlinear network 03.367

非相干检测 incoherent detection 05.145

非逸失性半导体存储器 non-volatile semiconductor memory 14.178

非匀相成核 heterogeneous nucleation 13.185

非终结符 nonterminal character 05.284

非周期天线 aperiodic antenna 04.229

非自持放电 non-self-maintained discharge 10.204

非最小相位系统 non-minimum phase system 05.240

非阈逻辑 non-threshold logic, NTL 14.151

飞点扫描仪 flying spot scanner, FSS 23.183

飞行时间质谱仪 time-of-flight mass spectrometer 15.338

飞行时间中子谱仪 time-of-flight neutron spectrometer 24.024

肺磁描记术 magnetopneumography 25.034

分辨带宽 resolution bandwidth 17.040

分辨力 resolution 22.036

分辨时间 resolving time 24.023

分布布拉格反射型激光器 distributed Bragg reflection type laser, DBR type laser 16.108

分布参数集成电路 distributed parameter integrated circuit 14.123

分布参数网络 distributed parameter network 03.369

分布电容 distributed capacitance 02.046

分布发射式正交场放大管 distributed emission crossed-field amplifier laser 10.096

分布反馈半导体激光器 distributed-feedback semiconductor laser, DBF semiconductor laser

16.064

分布反馈激光器　distributed feedback laser, DBF
　　laser　16.065

分布目标　distributed target　19.024

分布作用放大器　extended interaction amplifier,
　　EIA　10.118

分布作用速调管　extended interaction klystron,
　　distributed interaction klystron　10.074

分布作用振荡器　extended interaction oscillator,
　　EIO　10.117

分步重复系统　step-and-repeat system　15.196

分层　delamination　08.179

分集　diversity　21.249

分级设计法　hierarchical design method　14.281

分级网　hierarchical network　21.078

＊分接　demultiplexing　21.099

分离多径接收　Rake reception　21.244

分离力　separating force　08.024

分离连接器　snatch-disconnect connector, break-
　　away connector　08.012

分离型［电离］真空计　extractor vacuum gauge
　　12.118

分离折叠波导　split-folded wave guide　10.180

分路器　splitter　08.145

分米波　decimeter wave　04.059

＊分米波通信　UHF communication　21.013

分凝系数　segregation coefficient　13.156

分配［型］业务　distribution service　21.052

分频　frequency division　03.185

分频器　frequency divider　03.186

分散控制　decentralized control　23.154

分时地址缓冲器　nibble address buffer　14.187

分压分析器　partial pressure analyser　12.098

分压力　partial pressure　12.057

分压真空计　partial pressure vacuum gauge　12.097

分用器　demultiplexer　21.108

分支点　breakout　08.137

分支光缆　branched optical cable　08.136

分支局　tributary station　21.337

分子　molecule　02.005

分子泵　molecular pump　12.078

分子电子学　molecular electronics　01.016

分子流　molecular flow　12.158

分子器件　molecular device　25.009

分子气体激光器　molecular gas laser　16.066

分子筛阱　molecular sieve trap　12.147

分子束外延　molecular beam epitaxy, MBE
　　13.175

分子泻流　molecular effusion, effusive flow　12.160

分子振荡器　molecular oscillator　03.112

分组交换　packet switching　21.315

分组交换网　packet switching network　21.087

分组码　block code　05.094

分组密码　block cipher　05.163

分组装拆　packet assembly and disassembly, PAD
　　21.340

粉末电致发光　powder electroluminescence, PEL
　　11.047

封口　sealing　15.277

封装　packaging　15.238

封装因子　package factor　18.087

蜂窝状无线电话　cellular radio telephone　21.290

峰包功率　envelope power　10.273

峰化器　peaker　03.155

峰值堵转电流　peak current at locked-rotor　08.096

峰值堵转控制功率　peak control power at locked-
　　rotor　08.097

峰值功率计　peak power meter　17.093

峰值检波　peak detection　03.245

峰值检测　peak detection　24.025

缝隙天线　slot antenna　04.191

否认　negative acknowledgement, NAK　21.146

敷粉阴极　coated powder cathode, CPC　10.026

辐射　radiation　04.026

辐射报警装置　radiation warning assembly　24.029

辐射测井装置　radiation logging assembly　24.030

辐射测量仪　radiation meter　24.031

辐射传感器　radiation transducer　07.146

辐射电阻　radiation resistance　04.321

辐射含量计　radiation content meter　24.032

辐射计　radiometer　23.192

辐射监测器　radiation monitor　24.034

辐射能谱仪　radiation spectrometer　24.033

辐射器　radiator　04.174

辐射强度　radiation intensity　04.162

辐射试验　radiation test　18.148

辐射损伤 radiation damage 13.113

辐射探测器 radiation detector 24.091

辐射效率 radiation efficiency 04.161

辐射指示器 radiation indicator 24.035

辐照度 irradiation 21.279

幅度分析器 amplitude analyser 24.026

幅度检波 amplitude detection 03.243

幅度鉴别器 amplitude discriminator 24.028

幅度-时间变换器 amplitude-time converter 24.027

幅度噪声 amplitude noise 19.028

幅频特性 amplitude-frequency characteristic 03.047

幅相图 amplitude-phase diagram 23.043

幅移键控 amplitude shift keying, ASK 03.215

幅值控制 amplitude control 08.110

符号 symbol 05.008

符号布图法 symbolic layout method 14.266

符[合]门 coincidence gate 03.172

伏尔 very high frequency omnidirectional range, VOR 20.042

伏塔克 VHF omnirange and tactical air navigation system, VORTAC 20.046

*伏特表 voltmeter 17.081

*俘获等离子体雪崩触发渡越时间二极管 trapped plasma avalanche triggered transit time diode, TRAPATT diode 14.026

俘越二极管 trapped plasma avalanche triggered transit time diode, TRAPATT diode 14.026

服务等级 grade of service, GOS 21.364

浮充电 floating charge 09.029

浮动安装连接器 float mounting connector 08.005

*浮脱工艺 lift-off technology 15.212

浮栅雪崩注入 MOS 场效晶体管 floating gate avalanche injection MOSFET 14.060

浮栅雪崩注入 MOS 存储器 floating gate avalanche injection type MOS memory, FAMOS memory 14.184

弗拉索夫方程 Vlasov equation 10.142

辅助参考脉冲 auxiliary reference pulse 20.064

辅助腔 compensated cavity, auxiliary cavity 10.189

副瓣 minor lobe 04.196

副比特码 sub-bit code 23.155

副反射器 subreflector 04.308

副交换子 subcommutator 23.105

副台 slave station 20.073

覆箔板 metal-clad plate 08.167

赋形波束天线 shaped-beam antenna 04.283

复合 recombination 13.085

复合靶 composite target 15.092

复合介质电容器 composite dielectric capacitor 07.051

复合控制 compound control 23.013

复合目标 compound target 19.025

复合永磁体 composite permanent magnet 06.094

复极化比 complex polarization ratio 04.040

*复接 multiplexing 21.098

复频率 complex frequency 03.323

复数磁导率 complex permeability 02.068

复位力 reset force 08.048

复现性 reproducibility 17.035

复印效应 print-through 22.101

复用器 multiplexer 21.107

复用转换 transmultiplex 21.113

复帧 multiframe 21.180

傅里叶分析仪 Fourier analyzer 17.111

腹点 antinode 04.053

负电子亲和势 negative electron affinity, NEA 13.064

负电子亲和势阴极 negative electron affinity cathode, NEA cathode 10.030

负反馈 negative feedback 03.050

负反馈放大器 negative feedback amplifier 03.073

负极 negative electrode 09.010

负熵 negentropy 05.017

负微分迁移率 negative differential mobility 13.083

负吸收 negative absorption 16.036

负性光刻胶 negative photoresist 15.174

负载 load 03.019

*负载比 duty ratio 03.129

负载电压 load voltage 09.043

负载特性 load characteristic 17.048

PNPN 负阻激光器 PNPN negative resistance laser 14.067

负阻效应 dynatron effect 10.249

负阻振荡器 negative resistance oscillator 03.103

附加信道广播 supplementary channel broadcasting 22.004

* 附加业务 supplementary service 21.027

附着 adhesion 15.237

G

* 改正性维护 corrective maintenance 18.100

盖革-米勒区 Geiger-Müller region 24.146

干版 dry plate 15.165

干充电电池 dry charged battery 09.073

干法刻蚀 dry etching 15.204

干放电电池 dry discharged battery 09.072

干封真空泵 dry-sealed vacuum pump 12.074

干扰 interference 19.208

干扰测量仪 interference measuring set 17.113

干扰方程 jamming equation 19.230

干扰哨声 interference squealing 03.308

干涉仪天线 interferometer antenna 04.278

干氧氧化 dry-oxygen oxidation 15.047

感抗 inductive reactance 03.013

感应同步器 inductosyn 08.078

感应移相器 induction phase shifter 08.077

刚管调制器 hard-switch modulator 19.149

刚性太阳电池阵 rigid solar cell array 09.117

刚玉－莫来石瓷 corundum-mullite ceramic 06.031

港口监视雷达 harbor surveillance radar 19.130

高 Q 电感器 high Q inductor 07.071

高场畴雪崩振荡 high-field domain avalanche oscillation 14.104

高纯锗谱仪 high purity germanium spectrometer 24.040

高电子迁移率场效晶体管 high electron mobility transistor, HEMT 14.054

高度表 altimeter 20.100

高度空穴效应 altitude-hole effect 20.133

高分辨率版 high resolution plate, HRP 15.168

高分辨率成象光谱仪 high resolution image spectrometer, HIRIS 23.184

高级用户电报 teletex 21.039

高阶模 high-order mode 16.114

高能粒子谱仪 high energy particle spectrometer 24.039

高频变压器 high frequency transformer 07.087

高频放大器 high frequency amplifier 03.085

高频放电 high-frequency discharge 10.212

高频通信 HF communication 21.011

高清晰度电视 high definition TV, HDTV 22.016

高斯束 Gaussian beam 16.037

高速充电 fast charge 09.025

高通滤波器 high pass filter 03.425

高温试验 high-temperature test 18.125

高效中继线 high usage trunk 21.149

高压电阻器 high voltage resistor 07.014

高压硅堆 high voltage silicon stack 14.072

高压可调谐 CO_2 激光器 high pressure tunable CO_2 laser 16.067

高压氧化 high pressure oxidation 15.051

高阈逻辑 high threshold logic, HTL 14.152

高真空 high vacuum 12.051

告警指令 alarm command 23.156

锆钛酸铅陶瓷 lead zirconate titanate ceramic 06.032

割集码 cutset code 05.095

镉汞电池 cadmium-mercuric oxide cell 09.056

镉镍蓄电池 cadmium-nickel storage battery 09.050

镉银蓄电池 cadmium-silver storage battery 09.051

格拉斯霍夫数 Grashof number 13.164

格雷戈里反射面天线 Gregorian reflector antenna 04.302

格码 trellis code 05.096

格型滤波器 lattice filter 03.415

格状网 grid network 21.084

隔板 separator 09.012

隔离变压器 isolating transformer 07.082

* 隔离电容器 blocking capacitor 07.037

隔离度 isolation 04.077

隔离放大器 isolated amplifier 03.077

隔离工艺 isolation technology 15.066

隔离孔 clearance hole 08.174

隔离器 isolator 04.152

隔膜 membrane 09.013

隔膜波导 septate waveguide 04.084

隔膜真空计 diaphragm gauge 12.105

隔直流电容器 biocking capacitor 07.037

铬版 chromium plate 15.164

* 铬带 chromium-oxide tape 06.136

铬氧磁带 chromium-oxide tape 06.136

个人通信网 personal communication network, PCN 21.289

个人移动通信 personal mobile communication 21.288

各向同性辐射器 isotropic radiator 04.176

各向同性刻蚀 isotropic etching 15.206

各向同性媒质 isotropic medium 04.018

各向异性刻蚀 anisotropic etching 15.207

各向异性媒质 anisotropic medium 04.019

根轨迹法 root-locus method 23.044

根梅尔-普恩模型 Gummel-Poon model 14.268

跟踪 tracking 03.269

跟踪雷达 tracking radar 19.111

耿[氏]二极管 Gunn diode 14.021

耿[氏]效应 Gunn effect 13.197

耿[氏]效应振荡器 Gunn effect oscillator 03.114

工序检验 process inspection 18.056

工业纯铁 Armco iron 06.111

工业电子学 industrial electronics 01.027

MOS 工艺 MOS process technology 14.109

工艺过程监测 processing monitoring 15.259

工艺模拟 processing simulation 14.267

工作比 duty cycle, duty factor 19.070

工作点 working point 06.100

工作区 service area 20.015

工作冗余 active redundancy 18.095

工作时间 operating time 18.104

工作站 work station 21.307

* 功函数 work function 10.012

功率 power 03.024

功率电子学 power electronics 01.022

功率反射率 power reflectance 04.311

功率放大器 power amplifier 03.059

功率分配器 power divider, power splitter 04.147

功率管理 power management 19.229

功率计 power meter 17.091

功率谱估计 power spectrum estimation 05.224

功率损耗 power loss 06.104

功率透射率 power transmittance 04.312

功能材料 functional material 06.001

功能码 function code 23.120

功能陶瓷 functional ceramic 06.004

功能效应 functional effect 06.002

功能性电刺激 functional electrostimulation, FES 25.112

功能性神经肌肉电刺激 functional neuromuscular stimulation, FNS 25.113

公用网 public network 21.072

* 公众网 public network 21.072

弓度 bow 08.180

汞池阴极 mercury-pool cathode 10.025

汞池整流管 mercury-pool rectifier 10.060

汞弧整流管 mercury-arc rectifier 10.059

汞气管 mercury-vapor tube 10.061

共淀积 codeposition 15.031

共格晶界 coherent grain boundary 13.043

共极化 co-polarization 04.033

共溅射 cosputtering 15.084

共焦谐振腔 confocal resonator 16.115

共路信令 common channel signalling, CCS 21.343

共模抑制比 common-mode rejection ratio 03.056

共心谐振腔 concentric resonator 16.116

共形天线 conformal antenna 04.271

共形阵天线 conformal array antenna 04.270

共用网 commonuser network 21.073

* 共振 resonance 03.029

共振峰 formant 05.233

共振腔 resonant cavity 04.078

共蒸发 coevaporation 15.090

沟槽 ditch groove 04.129

沟道效应 channeling effect 15.146

N 沟 MOS 集成电路 N-channel MOS integrated circuit 14.137

P 沟 MOS 集成电路 P-channel MOS integrated circuit 14.140

估计 estimation 05.140

孤[子]波 solitary wave 10.141

孤子激光器 soliton laser 16.069

骨架 grid 09.014

故障 failure 18.065

[故障]安全性 fail safe 18.092

故障率 failure rate 18.077

故障树分析 fault tree analysis, FTA 18.093

故障诊断 failure diagnosis 15.258

固定电感器 fixed inductor 07.070

固定电容器 fixed capacitor 07.032

固定电阻器 fixed resistor 07.008

固定回波 stationary echo 19.032

固定连接器 fixed connector 08.004

固定型铅蓄电池 stationary lead-acid storage battery 09.062

固溶度 solid solubility 13.153

固溶体 solid solution 13.152

固溶体半导体 solid solution semiconductor 13.024

固态磁控管 solid state magnetron 10.102

固态敏感器 solid state sensor 07.108

固态调制器 solid state modulator 19.152

固体电路 solid state circuit 14.209

固体电子学 solid electronics 01.017

固体激光器 solid state laser 16.068

固体继电器 solid state relay 08.060

固体径迹探测器 solid track detector 24.109

固体钽电解电容器 solid tantalum electrolytic capacitor 07.050

固相外延 solid phase epitaxy 13.174

固相线 solidus 13.154

固有滤过 inherent filtration 10.250

固有品质因数 intrinsic quality factor 10.194

固有误差 intrinsic error 17.024

拐点灵敏度 knee sensitivity 10.251

冠心病监护病室 coronary care unit, CCU 25.089

观测器 observer 23.045

观测值 measured value 17.016

观察者系数 operator factor 19.012

ATR 管 ATR tube 10.041

TR 管 TR tube 10.040

管壳 package 15.245

管理图 control chart 18.048

管芯 die 15.246

惯态面 habit face 13.149

惯性阻尼伺服电[动]机 inertial damping servomotor 08.081

光泵 optical pump 16.007

光泵浦 optical pumping 16.008

光笔 light pen 11.135

光参量放大 optical parametric amplification 16.134

光参量振荡 optical parametric oscillation 16.135

光掺杂 photodoping 15.127

光磁效应 photomagnetic effect 06.181

光电池 photocell 14.073

光电导 photoconduction 13.203

光电导衰退 photoconductivity decay 13.204

光电导效应 photoconductive effect 11.053

光电对抗 electrooptical countermeasures 19.191

光电二极管 photodiode 14.020

光电发射 photoelectric emission 10.003

光电化学电池 photoelectrochemical cell 09.121

光电集成电路 optoelectronic IC, OEIC 16.144

光电晶体管 phototransistor 14.039

光电离 photo ionization 10.217

光电效应 photoelectric effect 02.087

光电行波管 traveling wave phototube 10.078

光[电]阴极 photocathode 10.020

光电转换效率 photoelectric conversion efficiency 09.087

* 光电子能谱法 electron spectroscopy for chemical analysis, ESCA 15.320

光电子学 optoelectronics, photoelectronics 01.009

光度学 photometry 11.062

光发送机 optical transmitter 21.264

光阀 light valve, LV 11.111

光伏器件 photovoltaic device 09.124

光伏效应 photovoltaic effect 13.201

光伏型太阳能源系统 solar photovoltaic energy system 09.123

光隔离器 optical isolator 08.152

光孤子 optical soliton 16.038

光管 light pipe 10.050

光机扫描仪 optical-mechanical scanner 23.185

光接收机 optical receiver 21.265

光开关 optical switch 08.148

267

光刻 photolithography 15.184

光刻机 mask aligner 15.189

光刻胶 photoresist 15.173

光缆 optical fiber cable 08.135

光缆连接器 optical cable connector 08.142

光零差探测 optical homodyne detection 16.181

光滤波器 optical filter 08.150

光脉冲压缩技术 compression technique of light pulse 16.153

光敏感器 photo-sensor, optical sensor 07.120

光敏微晶玻璃 photaceram 06.072

光耦合器 optical coupler 08.144

光偏置 optical biasing 16.154

光偏转 light deflection 16.155

光频标 optical frequency standard 16.177

光频频分复用 optical frequency division multiplexing 16.178

光强调制 intensity modulation, IM 21.281

光栅扫描 raster scan 19.177

光声光谱[学] photoacoustic spectroscopy, PAS 15.331

光声拉曼谱[学] photoacoustic Raman spectroscopy, PARS 15.309

光时域反射仪 optical time domain reflectometer, OTDR 21.267

*光视效率 luminous efficiency 11.067

光视效能 luminous efficacy 11.057

光衰减器 optical attenuator 08.149

光调制器 optical modulator 16.156

光通量 luminous flux 11.063

光通信 optical communication 21.259

*光同步网 synchronous optical network, SONET 21.063

光外差探测 optical heterodyne detection 16.180

光纤 optical fiber 08.128

光纤包层 fiber cladding 08.134

光纤固定接头 optical fiber splice 08.143

光纤激光器 fiber laser 16.094

光纤连接器 optical fiber connector 08.141

光纤敏感器 optical fiber sensor, fiberoptic sensor 07.110

光纤色散 optical fiber dispersion 08.140

光纤束 fiber bundle 21.266

光纤通信 optical fiber communication 21.260

光纤陀螺 optic fiber gyroscope 07.142

光信息处理 optical information processing 16.179

光学存储 optical storage 16.182

光学双稳态器件 optical bistable device 16.136

光学投影曝光法 optical projection exposure method 15.194

光学谐振腔 optical resonator, optical cavity 16.117

光学章动 optical nutation 16.184

光晕 halation, halo 10.253

光致变色玻璃 photochromic glass 06.074

光致变色性 photochromism 06.073

光致发光剂量计 photoluminescent dosemeter 24.037

光致发光探测器 photoluminescence detector 24.103

*光致抗蚀剂 photoresist 15.173

光注入器 optical injector 08.147

光子 photon 02.007

光子回波 photon echo 16.183

光自陷 light self-trapping 16.185

广播 broadcasting 22.001

[广播]收音机 broadcast receiver 22.107

广播型图文 teletext 21.040

广播业务 broadcast service 21.046

广延X射线吸收精细结构 extended X-ray absorption fine structure, EXAFS 15.328

广域网 wide area network, WAN 21.066

规范文法 canonical grammar 05.297

规约 protocol 21.380

硅靶视象管 silicon target vidicon 11.093

硅编译器 silicon compiler 14.191

硅带生长 silicon ribbon growth 13.148

硅化物 silicide 15.099

硅汇编程序 silicon assembler 14.192

硅[锂]探测器 Si[Li] detector 24.121

硅栅 silicon gate 15.101

硅栅N沟道技术 silicon gate N-channel technique 15.102

硅栅MOS集成电路 silicon gate MOS integrated circuit 14.134

硅栅自对准工艺 silicon gate self-aligned technology

17.134

合格品　qualified product　18.024

合金二极管　alloy diode　14.002

合金结　alloy junction　14.079

合金晶体管　alloy transistor　14.029

合路器　mixer　08.146

盒[式磁]带　cassette tape　06.133

盒式录象机　video cassette recorder, VCR　22.079

盒式录音机　cassette recorder　22.078

盒式透镜　box lens　11.130

盒形天线　cheese antenna　04.285

黑白电视　black and white TV, monochrome TV　22.012

黑白显象管　black and white picture tube　11.089

黑底　black matrix　10.252

黑底屏　black matrix screen　11.061

黑晕　black halo　10.254

横波　transversal wave　04.047

横磁模　transverse magnetic mode, TM mode　04.070

横电磁波室　TEM cell　17.162

横电磁模　transverse electric and magnetic mode, TEM mode　04.068

横电模　transverse electric mode, TE mode　04.069

横模　transverse mode　16.118

横模锁定　transverse mode-locking　16.157

横模选择　transverse mode selection　16.168

横向激励大气压 CO_2 激光器　transversely excited atmospheric pressure CO_2 laser　16.073

横向寄生晶体管　lateral parasitic transistor　14.040

横向滤波器　transversal filter　03.420

恒比鉴别器　constant-fraction discriminator　24.041

恒温恒湿试验　constant temperature and moisture test　18.129

恒向线　rhumb line　20.021

恒虚警率　constant false alarm rate, CFAR　19.020

轰炸雷达　bombing radar　19.132

宏单元　macro cell　14.274

红宝石激光器　ruby laser　16.074

红外干涉法　infrared interference method　15.256

红外行扫描仪　infrared line scanner　23.197

红外键合　infrared bonding　15.252

红外前视系统　forward-looking infrared system,

FLIS　23.186

红外夜视系统　infrared night-vision system　23.196

厚膜[集成]电路　thick film [integrated] circuit　08.184

厚膜混合集成电路　thick film hybrid integrated circuit　08.187

厚膜浆料　thick film ink　08.193

后烘　postbaking　15.183

后继　successor　05.097

后缀码　suffix code　05.098

呼损　call loss　21.369

弧光放电　arc discharge　10.210

弧光放电管　arc discharge tube　10.056

护尾雷达　tail warning radar　19.131

*互补 MOS 集成电路　complementary MOS intergrated circuit, CMOSIC　14.135

互补晶体管逻辑　complementary transistor logic, CTL　14.154

互感[应]　mutual induction　04.004

互连　interconnection　15.215

互谱　cross spectrum　05.198

互熵　cross-entropy　05.018

互调　intermodulation　03.307

互通性　interoperability　21.115

互同步网　mutually synchronized network　21.089

互信息　mutual information　05.021

互易定理　reciprocity theorem　03.333

互易网络　reciprocal network　03.364

滑动负载　sliding load　04.120

滑动螺钉调配器　slide screw tuner　04.126

滑行时间　slipping time　08.107

滑移带　slip band　13.110

滑移脉冲产生器　sliding pulser　24.042

滑移面　slip plane　13.111

划片　scribing　15.223

化合物半导体　compound semiconductor　13.015

化合物半导体太阳电池　compound semiconductor solar cell　09.110

化合物半导体探测器　compound semiconductor detector　24.123

化学泵浦　chemical pumping　16.013

化学电源　electrochemical power source, electrochemical cell　09.001

化学分析电子能谱［学］ electron spectroscopy for chemical analysis, ESCA 15.320

化学共沉淀工艺 chemical coprecipitation process 15.278

化学机械抛光 chemico-mechanical polishing 15.010

化学激光器 chemical laser 16.075

化学计量 stoichiometry 13.157

化学敏感器 chemical sensor 07.112

化学抛光 chemical polishing 15.011

化学汽相淀积 chemical vapor deposition, CVD 13.181

化学液相淀积 chemical liquid deposition, CLD 15.279

话音激活 voice activation 21.233

环磁导率 toroidal permeability 02.069

环境剂量计 environmental dosemeter 24.043

环境试验 environmental test 18.117

环境因数 environment factor 18.086

环路 loop 03.376

环路增益 loop gain 23.046

环面反射器 toroidal reflector 04.309

环天线 loop antenna 04.242

环形缝隙天线 annular slot antenna 04.277

环形解调器 ring demodulator 03.254

环形振荡器 ring oscillator 14.210

环形阵 ring array 04.264

环行器 circulator 04.150

环状天线测向器 loop direction finder 20.047

环状网 ring network 21.083

缓冲场效晶体管逻辑 buffered FET logic, BFL 14.155

缓冲放大器 buffer amplifier 03.074

换能器 transducer 07.104

灰度 gradation 22.027

灰度级 gray scale 11.066

灰体 grey body 23.208

辉光放电 glow discharge 10.207

辉光放电管 glow discharge tube 10.055

恢复电路 restore circuit 14.211

恢复时间 recovery time 03.149

回波抵消器 echo canceller 21.231

回波损耗 return loss 17.036

回波箱 echo box 04.142

回波抑制器 echo suppressor 21.230

回差现象 backlash phenomena 03.167

回复磁导率 recoil permeability 02.070

回流 reflow 15.218

回扫时间 flyback time, retrace time 03.148

回收指令 recovery command 23.157

回旋磁控管 gyro-magnetron 10.111

回旋放大管 gyro amplifier 10.107

回旋共振加热 cyclotron resonance heating 10.120

回旋管 gyrotron, electron cyclotron maser, ECM 10.106

回旋潘尼管 gyro-peniotron 10.112

回旋频率 cyclotron frequency 10.119

回旋器 gyrator 03.442

回旋速调管 gyroklystron 10.109

回旋行波放大管 gyro-TWA 10.110

回旋振荡管 gyro oscillator 10.108

回旋质谱仪 omegatron mass spectrometer 15.340

＊回转器 gyrator 03.442

惠更斯源 Huygens source 04.172

会话层 session layer 21.377

会聚 convergence 11.068

彗差 coma aberration 12.041

＊彗形象差 coma aberration 12.041

汇接局 tandem exchange 21.334

混叠 aliasing 05.191

混合环 hybrid ring 04.141

混合集成电路 hybrid integrated circuit 08.185

混合继电器 hybrid relay 08.061

混合交换 hybrid switching 21.325

混合接入 hybrid access 21.386

混合接头 hybrid junction 04.136

混合路径 mixed path 20.020

混合排列向列模式 hybrid aligned nematic display structure mode, HAN display structure mode 11.118

混频 mixing 03.191

混频器 mixer 03.192

混响室 reverberation room 22.054

混淆区 confusion region 19.068

混沌 chaos 03.448

活塞 piston, plunger 04.109

活时间 live time 24.044

活性物质 active material 09.015

火花检漏仪 spark leak detector 12.128

火花室 spark chamber 24.113

火花探测器 spark detector 24.099

火花源质谱[术] spark source mass spectrometry, SSMS 15.333

火控雷达 fire control radar 19.115

获能腔 catcher resonator 10.190

或非门 NOR gate 03.177

霍耳迁移率 Hall mobility 13.080

霍耳效应器件 Hall-effect device 07.124

*霍尔特系统 dynamic ECG monitoring system, Holter system 25.097

J

击穿 breakdown, puncture 02.021

击穿电压 breakdown voltage 02.022

击穿强度 breakdown strength 02.023

基板 plaque 09.011

基本接入 basic access 21.387

基本模式 fundamental mode 04.065

基波 fundamental wave 03.036

基带传输 baseband transmission 21.121

基带频率 base band frequency 03.286

基带信号 baseband signal 21.120

基地站 base station 21.293

基尔霍夫定律 Kirchhoff's law 03.330

基极 base 14.080

基间平面 intercardinal plane 04.193

*基鲁普罗斯法 Kyropoulos method 06.087

*基模 fundamental mode 04.065

基片 substrate 08.190

基平面 cardinal plane 04.192

基区 base region 14.081

基群 basic group 21.124

基色单元 primary color unit 10.255

*基台 base station 21.293

基线恢复 baseline restorer 24.045

基线漂移 baseline shift 24.046

奇偶校验 parity check 05.082

机场监视雷达 airport surveillance radar, ASR 19.137

机电耦合系数 electromechanical coupling factor 06.077

机电调向 electronic mechanically steering 04.220

机动性 mobility 21.118

机柜连接器 rack-and-panel connector 08.008

机内测试装置 built-in test equipment, BITE

19.076

机器人 robot 23.023

机器语言 machine language 05.309

机器智能 machine intelligence 05.308

机械电子学 mechatronics 01.021

机械激活电池 mechanically activated battery 09.085

机械抛光 mechanical polishing 15.012

机械品质因数 mechanical quality factor 06.075

机械扫描 mechanical scanning 04.212

机械扇形扫描 mechanical sector scan 25.059

机载雷达 airborne radar 19.127

积分电路 integrating circuit 03.138

积木式布图系统 building-block layout system 14.291

肌磁描记术 magnetomyography 25.032

肌电描记术 electromyography 25.020

激光 laser 16.001

激光泵浦 laser pumping 16.015

激光测距 laser ranging 16.187

激光测云仪 laser ceilometer 16.188

激光传输 laser transmission 16.189

激光打孔 laser drilling 16.190

激光淀积 laser deposition 16.207

激光多普勒雷达 laser Doppler radar 16.191

激光放大器 laser amplifier 16.158

激光分离同位素 laser isotope separation 16.192

激光干涉仪 laser interferometer 16.193

激光感生 CVD laser-induced chemical vapor deposition, LICVD 15.029

激光光谱[学] laser spectroscopy 16.194

激光焊接 laser welding 16.195

激光航道标 laser channel marker 20.115

激光核聚变　laser fusion　16.196

激光加工　laser processing　16.197

激光键合　laser bonding　15.250

激光刻槽　laser grooving　16.198

激光雷达　laser radar　19.108

激光破碎　laser fracturing　16.199

激光器　laser　16.002

TEA CO₂ 激光器　transversely excited atmospheric pressure CO_2 laser　16.073

* CO_2 激光器　carbon dioxide laser　16.063

激光切割　laser cutting　16.200

激光染料　laser dye　16.201

激光损伤　laser damage　16.202

激光探针质量分析仪　laser microprobe mass analyser, LAMMA　15.344

激光通信　laser communication　16.203

激光退火　laser annealing　15.156

激光陀螺　laser gyro　16.204

激光显示　laser display　11.009

激光线宽　laser linewidth　16.022

激光引发等离子体　laser-produced plasma　16.205

激光再结晶　laser recrystallization　15.269

激光振荡器　laser oscillator　16.076

激光振荡条件　laser oscillation condition　16.021

激光蒸发　laser evaporation　16.206

激活　activation　09.016

激活光纤　active optical fiber　16.208

激活媒质　active medium　16.039

激活能　activation energy　15.154

激励[单]元　driving element　04.165

激励函数　excitation function　03.319

激励器　exciter, driver　19.154

吉布斯现象　Gibbs phenomenon　03.128

极　pole　08.043

* 极长波通信　ELF communication　21.005

极大值原理　maximum principle　23.026

极低频通信　ELF communication　21.005

极点　pole　03.324

极高频通信　EHF communication　21.015

极化　polarization　02.020

极化分集　polarization diversity　21.253

极化继电器　polarized relay　08.052

极间电容　interelectrode capacitance　10.237

极零[点]相消　pole-zero cancellation　24.047

极限环　limit cycle　23.047

极限真空　ultimate vacuum　12.054

极限质量　limiting quality　18.044

极性半导体　polar semiconductor　13.023

极性电容器　polar capacitor　07.048

极值控制　extremum control　23.014

集成电感器　integrated inductor　07.074

集成电路　integrated circuit, IC　14.111

CMOS 集成电路　complementary MOS intergrated circuit, CMOSIC　14.135

集成度　integrity　14.228

集成二极管太阳电池　integrated diode solar cell　09.107

集成光电子学　integrated optoelectronics　16.143

集成光学　integrated optics　16.186

集成敏感器　integrated sensor　07.117

集成注入逻辑　integrated injection logic, I²L　14.162

集电极　collector　14.082

集电结　collector junction　14.083

集电区　collector region　14.086

* 集肤效应　skin effect　04.006

集中监控　centralized monitor　23.015

集中控制　centralized control　23.122

集中器　concentrator　21.351

集中衰减器　concentrated attenuator　10.185

集总参数网络　lumped parameter network　03.368

级联码　cascaded code　05.103

级联综合法　cascade synthesis　03.384

挤压　extrusion　15.280

几何码　geometric code　05.104

* 几何因子　geometric dilution of precision　20.016

脊[形]波导　ridge waveguide　04.085

脊髓电描记术　electromyelography　25.026

脊形喇叭　ridged horn　04.181

剂量计　dosemeter　24.049

剂量率计　dose ratemeter　24.050

寄存器　register　03.179

* 寄生[单]元　parasitic element　04.166

寄生电容　parasitic capacitance　02.045

寄生调幅　parasitic amplitude modulation　03.207

寄生发射　parasitic emission　10.005

寄生反馈　parasitic feedback　03.052

寄生回波　parasitic echo　19.031

寄生频率　parasitic frequency　06.076

寄生振荡　parasitic oscillation　03.100

寂静时间　dead time　19.069

计量　metrology　17.006

计量标准　measurement standard　17.013

计量单位　unit of measurement　17.012

计量型检查　inspection by variables　18.033

计数触发器　trigger flip-flop　03.161

*计数管　counter　03.165

计数率表　counting ratemeter　24.051

计数瓶　counting vial　24.159

计数器　counter　03.165

计数器描迹仪　counter hodoscope　24.053

计数器望远镜　counter telescope　24.052

计数型检查　inspection by attributes　18.032

计算机辅助测试　computer aided testing, CAT　14.285

计算机辅助设计　computer aided design, CAD　14.284

计算机辅助制造　computer aided manufacture, CAM　14.286

计算机控制　computer control　23.016

计算机通信网　computer communication network　21.403

X-Y 记录器　X-Y recorder　17.153

记录头　recording head　06.116

记忆电路　memory circuit　03.178

记忆效应　memory effect　09.017

记忆裕度　memory margin　11.078

继电器　relay　08.049

夹断电压　pinch-off voltage　14.088

加密　enciphering　05.164

加密钥　encrypting key　05.165

加权曲线　weighted curve　22.049

加热合成氧化技术　pyrogenic technique of oxidation　15.059

加速常数　acceleration constant　23.048

加速电容　speed-up capacitor　03.134

*加重传输　emphasis transmission, slope transmission　21.197

加重网络　emphasis network　21.141

甲类放大器　class A amplifier　03.060

甲状腺功能仪　thyroid function meter　25.048

假负载　dummy load　04.119

假目标　false target　19.236

假想参考连接　hypothetical reference connection　21.153

价带　valence band　13.047

驾驶员告警指示器　pilot warning indicator, PWI　20.153

监护病室　intensive care unit, ICU　25.090

*监视雷达　surveillance radar, search radar　19.113

坚韧性　robustness　05.147

尖晶石型铁氧体　spinel type ferrite　06.171

间断观察　look-through　19.228

间隔标准　separation standard　20.126

间接带隙半导体　indirect gap semiconductor　13.007

间接复合　indirect recombination　13.087

间热[式]阴极　indirectly-heated cathode　10.018

间隙　interstice　13.124

间隙扩散　interstitial diffusion　15.111

间隙[缺陷]团　interstitial cluster　13.125

间歇放电　intermittent discharge　09.038

间歇振荡器　blocking oscillator　03.156

兼容性　compatibility　21.056

TTL 兼容性　TTL compatibility　14.243

*检波　detection　03.241

检测　detection　03.241

*检测概率　detection probability　19.017

检查批　inspection lot　18.017

检错码　error detection code　05.078

检定　verification　17.010

检流计　galvanometer　17.083

检漏　leak detection　12.126

检漏气体　search gas　12.131

检漏试验　leakage-check test　18.145

检漏仪　leak detector　12.127

检索业务　retrieval service　21.050

检相　phase detection　03.261

检相器　phase detector　03.262

碱性锌空气电池　alkaline zinc-air battery　09.054

碱性锌锰电池　alkaline zinc-manganese dioxide cell

09.055

碱性蓄电池　alkaline storage battery　09.046

简并半导体　degenerate semiconductor　13.005

简并模[式]　degenerate mode　04.066

简约关联矩阵　reduced incidence matrix　14.269

简约信道　reduced channel　05.061

减落因数　disaccommodation factor　06.107

减压氧化　reduced pressure oxidation　15.050

鉴定试验　qualification test　18.116

鉴频　frequency discrimination　03.255

鉴频器　frequency discriminator　03.256

*鉴相　phase detection　03.261

*鉴相器　phase detector　03.262

键盘　keyboard　11.137

键盘开关　keyboard switch　08.035

舰船停靠系统　vessel approach and berthing system　20.151

渐变光纤　graded index fiber　08.130

渐变[截面]波导　tapered waveguide　04.096

渐变折射率　graded index　21.282

渐近稳定性　asymptotic stability　23.049

溅射　sputtering　15.079

溅射离子泵　sputter ion pump　12.085

降额因数　derating factor　18.085

降负荷曲线　derating curve　07.027

降阶状态观测器　reduced-order state observer　23.090

焦平面阵列　focal plane array　14.166

胶片剂量计　film dosemeter, film badge　24.140

交变潮热试验　alternate humidity test　18.130

交叉[点]　crossover　17.049

交叉调制　cross modulation　03.306

交叉极化　cross polarization　04.034

交叉极化干扰　crossed polarization jamming　19.223

交叉极化鉴别　cross-polarization discrimination　21.236

交错定理　alternation theorem　05.231

*交迭点　crossover　17.049

交迭脉冲列　interleaved pulse train　19.255

交付批　consignment lot　18.016

交互式布图系统　interactive layout system　14.292

*交互型图文　videotex　21.041

交互[型]业务　interactive service　21.051

交换　switching　21.310

交换机　exchange, switch　21.326

交换局　exchange　21.327

交换网络　switching network, SN　21.338

交换系统　switching system　21.311

交换子　commutator　23.103

交会雷达　rendezvous radar　19.145

交流　alternating current, AC　03.002

交收检查　receiving inspection　18.040

交替码　alternate code　05.105

*交调　cross modulation　03.306

交织码　interlaced code, interleaved code　05.106

交织文法　plex grammar　05.295

交轴电压　quadrature-axis voltage　08.089

交轴输出阻抗　quadrature-axis output impedance　08.092

搅模器　mode scrambler　08.154

矫顽[磁]力　coercive force　02.076

角[度]噪声　angle noise　19.029

角跟踪　angle tracking　04.214

角位移　angular displacement　08.104

角[形]反射器　corner reflector　04.310

角锥喇叭天线　pyramidal horn antenna　04.188

绞合导线　stranded conductor　08.122

校验位　check digit　05.081

校验指令　checking command　23.172

*校正　correction　17.009

校正网络　correcting network　03.370

校正子　syndrome　05.084

校准　calibration　17.008

校准带　calibration tape　22.085

校准漏孔　calibrated leak　12.130

校准因数　calibration factor　17.039

接触电阻　contact resistance　08.040

接触件　contact　08.017

接触式活塞　contact piston, contact plunger　04.110

接触式曝光法　contact exposure method　15.192

接地平面　ground plane　04.256

接近式曝光法　proximity exposure method　15.193

接口　interface　21.381

接口规范　interface specification　21.382

* 接力站　relay station　21.240

接入　access　21.368

接入规约　access protocol　21.383

接入控制　access control, AC　21.398

接收　acceptance　18.041

接收机　receiver　03.290

接通率　call completing rate　21.370

Y 接头　Y junction　04.103

T 接头　T junction　04.102

阶梯天线　stepped antenna　04.296

阶跃电压　step voltage　03.130

阶跃恢复二极管　step recovery diode　14.016

阶跃折射率　step index　21.283

截获概率　intercept probability　19.200

截尾检查　curtailed inspection　18.039

截止波长　cut-off wavelength　04.074

截止波导　cut-off waveguide　04.087

截止电压　cut-off voltage　10.268

截止阀　break valve　12.139

截止频率　cut-off frequency　03.414

截止式衰减器　cut-off attenuator　04.122

节点　node　03.377

捷变频磁控管　frequency agile magnetron　10.088

洁净室　clean room　15.261

洁净台　clean bench　15.262

PN 结　PN junction　13.205

结点　node　03.378

结点分析法　nodal analysis method　14.270

结电容　junction capacitance　14.084

结电阻　junction resistance　14.085

PN 结二极管　PN junction diode　14.010

PIN 结二极管　PIN junction diode　14.011

PN 结隔离　PN junction isolation　15.072

结构式传感器　structural type transducer　07.109

结环行器　junction circulator　04.151

结深　junction depth　15.136

PN 结探测器　PN junction detector　24.118

结型场效晶体管　junction field effect transistor　14.052

解卷积　deconvolution　05.196

解理　cleavage　13.123

解码　decoding　05.075

解码器　decoder　05.076

解密　deciphering　05.166

解扰[码]器　descrambler　21.135

解调　demodulation　03.240

解吸　desorption　12.172

界面反应率常数　interface reaction-rate constant　15.042

界面态　interfacial state　13.078

界面陷阱电荷　interface trapped charge　15.065

介电常数　dielectric constant, permittivity　02.015

* 介电强度　dielectric strength　02.016

介电损耗　dielectric loss　02.019

介电陶瓷　dielectric ceramic　06.007

* 介入损耗　insertion loss　03.353

* 介质　medium　04.010

介质波导　dielectric waveguide　04.086

介质隔离　dielectric isolation　15.071

介质击穿　dielectric breakdown　15.070

介质极化　dielectric polarization　02.018

介质强度　dielectric strength　02.016

介质天线　dielectric antenna　04.287

介质吸收　dielectric absorption　02.017

金红石瓷　rutile ceramic　06.033

金属－半导体场效晶体管　metal-semiconductor field effect transistor, MESFET　14.063

金属玻璃釉电位器　metal glaze potentiometer　07.020

金属玻璃釉电阻器　metal glaze resistor　07.015

金属带　metal tape　06.134

金属－氮化物－氧化物－半导体场效晶体管　metal-nitride-oxide-semiconductor field effect transistor, MNOSFET　14.064

金属封装　metallic packaging　15.239

金属化　metallization　15.214

金属化孔　plated-through hole　08.171

金属化纸介电容器　metalized paper capacitor　07.052

金属间化合物半导体　intermetallic compound semiconductor　13.017

金属－绝缘体－半导体太阳电池　metal-isolator-semiconductor solar cell, MIS solar cell　09.112

金属空气电池　metal-air cell　09.063

金属膜电位器　metal film potentiometer　07.019

金属膜电阻器 metal film resistor 07.011

金属软磁材料 metal soft magnetic material 06.109

金属-氧化铝-氧化物-半导体场效晶体管 metal-Al₂O₃-oxide-semiconductor field effect transistor, MAOSFET 14.065

*金属-氧化物-半导体场效晶体管 metal-oxide-semiconductor field effect transistor, MOSFET 14.059

金属有机[化合物]CVD metallorganic CVD, MOCVD 13.182

金属蒸气激光器 metal vapor laser 16.077

紧充码 closely-packed code 05.107

进近窗口 approach aperture 20.109

进近着陆系统 approach and landing system 20.092

禁[止]门 inhibit gate 03.171

*禁带 band gap 13.045

近场区 near-field region 04.155

近高斯脉冲成形 near-Gaussian pulse shaping 24.002

近晶相液晶 smectic liquid crystal 11.119

近贴聚焦 proximity focusing 11.052

浸没式电子枪 immersed electron gun 12.005

浸没透镜 immersion lens 12.018

浸没物镜 immersion objective lens 12.019

晶胞 unit cell 13.028

晶锭研磨 ingot grinding 13.140

晶格 lattice 13.029

晶格常数 lattice constant 13.030

晶格结构 lattice structure 13.038

晶格匹配 lattice match 13.032

晶格缺陷 lattice defect 13.031

晶面 lattice plane 13.036

晶片 wafer 15.001

晶体 crystal 13.033

晶体管 transistor 14.028

晶体管-晶体管逻辑 transistor-transistor logic, TTL 14.147

晶体光纤 crystal fiber 16.209

晶体混频器 crystal mixer 03.195

晶体滤波器 crystal filter 03.410

晶体生长 crystal growth 13.034

*晶体生长提拉法 Czochralski method 13.128

晶体振荡器 crystal oscillator 03.104

晶向 lattice orientation 13.035

晶闸管 thyristor 14.048

精密测距器 precision distance measuring equipment, PDME 20.053

精密电位器 precision potentiometer 07.021

精密电阻器 precision resistor 07.010

精密度 precision 17.032

精密伏尔 precise VOR, PVOR 20.044

精密进场雷达 precision approach radar, PAR 19.141

精缩 final minification 15.162

精调同轴磁控管 accutuned coaxial magnetron 10.087

经皮电刺激 transcutaneous electrostimulation 25.111

井型闪烁计数器 well-type scintillation counter 24.086

警旗 flag alarm 20.156

景物 scene 05.247

肼空气燃料电池 hydrazine-air fuel cell 09.066

阱 trap 12.144

N阱CMOS N-well CMOS 14.138

P阱CMOS P-well CMOS 14.141

静磁泵 magnetostatic pump 10.139

静磁表面波 magnetostatic surface wave 06.160

静磁波 magnetostatic wave 02.082

静电保护 electrostatic protection 15.077

静电存储管 electrostatic storage tube 11.102

静电放电损伤 electrostatic discharge damage 15.078

静电计 electrometer 17.084

静电聚焦速调管 electrostatically focused klystron 10.075

静电控制 electrostatic control 10.144

静电透镜 electrostatic lens 12.020

静摩擦力矩 static friction torque 08.105

静态随机[存取]存储器 static random access memory, SRAM 14.172

静态整步转矩特性 static synchronizing torque characteristic 08.101

静止图象广播 still picture broadcasting 22.007

镜频干扰　image frequency interference　03.305
镜象回收混频器　image recovery mixer　19.248
镜象参数　image parameter　03.355
镜象平面　imaging plane　04.257
镜象抑制比　image rejection ratio　03.304
镜象原理　image theory　04.027
径迹探测器　track detector　24.108
径向线　radial transmission line　04.095
净面积　net area　24.048
纠错编码　error correction coding　05.077
纠错码　error correcting code　05.079
纠突发错误码　burst［error］correcting code　05.080
*酒石酸钾钠　potassium sodium tartrate　06.045
*居里点　Curie temperature, Curie point　02.059
居里温度　Curie temperature, Curie point　02.059
局域网　local area network, LAN　21.065
矩角位移特性　torque-angular displacement characteristic　08.111
矩形波导　rectangular waveguide　04.080
矩形窗　rectangular window　05.221
矩形脉冲　rectangular pulse　03.117
矩阵接收机　matrix receiver　19.242
矩阵显示　matrix display　11.031
聚光太阳电池　concentrator solar cell　09.100
*聚合亚碲酸晶体　para-tellurite crystal　06.042
聚焦　focusing　12.028
聚束管　rebatron　10.114
拒绝域　critical region　18.010
拒收　rejection　18.042
巨脉冲激光器　giant pulse laser　16.078
巨脉冲技术　giant pulse technique　16.159

巨屏幕显示　giant scale display　11.022
巨群　giant group　21.127
距离标志　range marker　19.176
距离－方位显示器　range-azimuth display, B-scope　19.161
距离高度显示器　range-height indicator, RHI　19.165
距离［门］欺骗　range gate deception　19.225
距离－仰角显示器　range-elevation display, E-scope　19.163
距离噪声　range noise　19.027
锯齿波形　sawtooth waveform　03.145
卷包式太阳电池　wrap-around type solar cell　09.108
卷积　convolution　05.195
卷积定理　convolution theorem　03.339
卷积码　convolution code　05.108
涓流充电　trickle charge　09.022
*决策　decision　05.142
决策函数　decision function　05.272
决断高度　decision height　20.107
绝对高度　absolute altitude　20.026
绝对真空计　absolute vacuum gauge　12.101
绝缘电阻　insulation resistance　02.014
绝缘电阻表　insulation resistance meter　17.074
绝缘栅场效晶体管　insulated gate field effect transistor, IGFET　14.051
绝缘体　insulator　02.013
绝缘体上硅薄膜　silicon on insulator, SOI　15.271
均衡器　equalizer　03.438
均匀线　uniform line　03.404
均匀展宽　homogeneous broadening　16.025

K

卡尔曼滤波器　Kalman filter　05.235
卡皮管　carpitron　10.097
卡普线　Karp line　10.181
卡塞格伦反射面天线　Cassegrain reflector antenna　04.301
开槽线　slotted line　04.105
开放系统互连参考模型　open systems interconnection reference model　21.372

开关　switch　08.029
Q开关　Q-switching　16.146
开关电路　switching circuit　03.131
开关电容滤波器　switching capacity filter　03.419
开关电容器　switched capacitor　14.229
开关电源变压器　switching mode power supply transformer　07.088
开关二极管　switching diode　14.003

开关晶体管　switching transistor　14.030

开关时间　switching time　14.091

开关损耗　switching loss　14.092

开关网络　switching network　03.373

开关指令　switch command　23.158

开花　blooming　10.256

开环　open loop　03.279

开环控制　open-loop control　23.020

开环频率响应　open-loop frequency response 23.034

开路电压　open circuit voltage　09.044

开路线　open-circuit line　03.405

开路终端　open circuit termination　04.115

凯尔系数　Kell factor　22.025

康复工程　rehabilitation engineering　25.014

康普顿效应　Compton effect　10.134

康索尔系统　Consol sector radio marker　20.051

抗剥强度　peel strength　08.178

抗饱和型逻辑　anti-saturated logic　14.156

抗磁性　diamagnetism　02.055

抗烧毁能量　burn-out energy　14.093

抗噪声传声器　anti-noise microphone, noise-cancelling mic　22.069

抗彗尾枪　anti-comet-tail gun, ACT gun　12.012

可饱和吸收 Q 开关　saturable absorption Q-switching　16.151

可编程横向滤波器　programmable transversal filter, PTF　14.213

可编程逻辑器件　programmable logic device, PLD 14.193

可编程逻辑阵列　programmable logic array, PLA 14.194

可编程遥测　programmable telemetry　23.095

可编程只读存储器　programmable read only memory, PROM　14.175

可变电感器　variable inductor, variometer　07.075

可变电容器　variable capacitor　07.034

可变阈逻辑　variable threshold logic, VTL　14.153

可擦编程只读存储器　erasable programmable read only memory , EPROM　14.176

可达区域　achievable region　05.051

可达信息率　achievable rate　05.048

可达性　accessibility　18.094

可懂度　intelligibility　21.187

可动缺陷　mobile defect　13.118

可观测性　observability　23.058

可焊性试验　solderability test　18.143

＊可及性　accessibility　18.094

可见度系数　visibility factor　19.011

可接收质量水平　acceptable quality level　18.046

可靠度　reliability　18.060

可靠寿命　q-percentile life　18.084

可靠性　reliability　18.059

可靠性认证　reliability certification　18.089

可靠性试验　reliability test　18.113

可控硅整流器　silicon controlled rectifier　14.074

可控性　controllability　23.059

可逆定标器　reversible scaler　24.056

可渗基区晶体管　permeable base transistor　14.041

可视电话　video telephone　21.043

可视区　visible range　04.159

可视图文　videotex　21.041

[可听]清晰度　articulation　21.186

＊可维护性　maintainability　18.061

可信性　dependability　18.058

可用性　availability　18.062

可走动病人监护　ambulatory monitoring　25.098

克尔盒　Kerr cell　16.160

克尔效应　Kerr effect　06.183

克努森数　Knudsen number　12.159

＊克努森真空计　thermo-molecular vacuum gauge 12.108

刻蚀　etching　15.203

空串　empty string　05.279

空分多址　space division multiple access, SDMA 21.225

空分复用　space division multiplexing, SDM 21.102

空分制交换　space division switching　21.323

＊空管　air traffic control, ATC　20.117

空管雷达　air traffic control radar, ATC radar 19.139

空号　space　21.173

空基导航　airborne-based navigation　20.005

空间点阵　space lattice　13.037

空间电荷　space charge　10.010

空间电荷波 space charge wave 10.157
空间电荷栅极 space-charge grid 10.225
空间电荷限制电流 space-charge-limited current 13.214
空间电子学 space electronics 01.025
空间分集 space diversity 21.251
空间通信 space communication 21.212
空间谐波 space harmonics 10.170
空速 air speed 20.029
空位 vacancy 13.093
空位流 vacancy flow 15.120
空位团 vacancy cluster 13.094
空心导线 hollow conductor 08.124
空心电子束 hollow electron beam 12.015
空穴 hole 13.048
空穴陷阱 hole trap 13.092
空域划分 division of airspace 20.123
空中交通管制 air traffic control, ATC 20.117
孔槽形谐振腔 hole and slot resonator 10.193
孔径 aperture 04.317
控制规程 control procedure 21.394
控制论 cybernetics 23.012
控制栅极 control grid 10.224
控制式自整角机 control synchro 08.069
控制指令 control command 23.159
*扣式电池 button cell 09.049
跨导 transconductance 10.257
快波 fast wave 10.158
快离子导电 fast ion conduction 11.058

快时间控制 fast time control, FTC 19.157
快速充电 quick charge 09.024
快速反应能力 quick reaction capability, QRC 19.199
快速分组交换 fast packet switching 21.316
快速傅里叶变换 fast Fourier transform, FFT 05.205
宽带放大器 wide-band amplifier 03.088
宽带综合业务数字网 broadband integrated services digital network, B-ISD 21.062
宽-限-窄电路 Dicke-Fix circuit 19.155
馈线 feed line 04.227
馈源 feed source 04.228
扩频多址 spread spectrum multiple access, SSMA 21.228
扩频通信 spread spectrum communication 21.401
扩频遥控 spread-spectrum remote control 23.121
扩散 diffusion 15.106
扩散泵 diffusion pump 12.081
扩散电容 diffusion capacitance 14.094
扩散工艺 diffusion technology 15.122
扩散激活能 activation energy of diffusion 14.095
扩散控制 diffusion control 15.121
扩散势 diffusion potential 14.096
扩散系数 diffusion coefficient 14.097
扩展电阻 spreading resistance 15.137
扩展码 extended code 05.109
扩展器 expander 03.184

L

拉曼激光器 Raman laser 16.079
拉曼效应 Raman effect 10.133
拉莫尔旋动 Larmor rotation 10.125
拉平计算机 flare computer 20.104
拉平引导单元 flare-out guidance unit 20.103
拉脱强度 pull-off strength 08.177
喇叭 horn 04.180
喇叭反射天线 horn reflector antenna 04.303
喇叭天线 horn antenna 04.186
来复接收机 reflex receiver 03.292
蓝宝石上硅薄膜 silicon on sapphire, SOS 15.270

兰姆凹陷 Lamb dip 16.161
兰姆消噪电路 Lamb noise silencing circuit 19.262
朗道阻尼 Landau damping 10.123
浪涌电流 surge current 07.065
浪涌电压 surge voltage 07.062
劳森判据 Lawson criterion 10.126
劳斯－赫尔维茨判据 Routh-Hurwitz criterion 23.086
老化 ageing 15.274
雷达 radar 19.001
雷达地平线 radar horizon 19.008

离子束抛光 ion beam polishing 15.014

离子束外延 ion beam epitaxy, IBE 15.025

离子束蒸发 ion beam evaporation 15.088

离子探针 ion microprobe 15.304

离子团束淀积 ionized-cluster beam deposition, ICBD 15.026

离子团束外延 ionized-cluster beam epitaxy, ICBE 15.027

离子微分析 ion microanalysis 15.305

离子铣 ion beam milling 15.209

离子源 ion source 15.142

离子振荡 ion oscillation 10.162

离子中和谱[学] ion neutralization spectroscopy, INS 15.323

离子注入 ion implantation 15.143

离子注入机 ion implanter 15.144

LSS 理论 Lindhand Scharff and Schiott theory 15.145

理想媒质 perfect medium 04.017

理想频域滤波器 ideal frequency domain filter, IFDF 03.422

理想时域滤波器 ideal time domain filter, ITDF 03.423

李普曼全息术 Lippmann holography 16.211

李雅普诺夫稳定性判据 Liapunov's stability criterion 23.084

里德二极管 Read diode 14.022

里卡蒂方程 Riccati equation 23.085

锂碘电池 lithium-iodine cell 09.059

锂电池 lithium battery 09.057

锂蓄电池 lithium storage battery 09.058

励磁电压 exciting voltage 08.086

励弧管 excitron 10.057

例行试验 routine test 18.114

[立体]波束效率 solid-beam efficiency 04.163

立体电视 stereoscopic TV 22.017

立体声 stereophone 22.024

立体声唱片 stereophonic record 22.090

立体声电视 stereophonic TV 22.018

立体声广播 stereophonic broadcasting 22.005

立体显示 stereo display 11.029

粒子数反转 population inversion 16.031

粒子数反转分布 distribution for population

inversion 14.107

力矩电[动]机 torque motor 08.084

力矩式自整角机 torque synchro 08.068

力敏感器 force sensor 07.121

力学试验 mechanical test 18.137

联机 on line 21.091

连环码 recurrent code 05.110

连接 connection 21.093

连接力矩 coupling torque 08.027

连接盘 land 08.172

连接器 connector 08.001

连续波磁控管 continuous wave magnetron 10.086

连续波调制 continuous wave modulation 03.230

连续波发射机 continuous wave transmitter, CW transmitter 03.285

连续波雷达 continuous wave radar, CW radar 19.082

连续堵转电流 continuous current at locked-rotor 08.098

连续分布 continuous distribution 18.004

连续指令 continuous command 23.160

链接码 concatenated code 05.111

*链接综合法 cascade synthesis 03.384

链路 link 21.354

链码 chain code 05.113

梁式引线 beam lead 15.235

两性杂质 amphoteric impurity 13.055

量程 span, range 17.028

量子电子学 quantum electronics 01.008

量子阱异质结激光器 quantum well heterojunction laser 14.066

亮度 luminance 11.071

亮度温度 brightness temperature 23.209

列表码 list code 05.112

列译码器 column decoder 14.190

*林汉德-斯卡夫-斯高特理论 Lindhand Scharff and Schiott theory 15.145

磷光 phosphorescence 10.279

磷硅玻璃 phosphorosilicate glass 15.219

磷酸二氘钾 potassium dideuterium phosphate, DKDP 06.046

磷酸二氢铵 ammonium dihydrogen phosphate, ADP 06.048

磷酸二氢钾 potassium dihydrogen phosphate, KDP 06.047

磷酸燃料电池 phosphoric acid fuel cell 09.070

临界波长 critical wavelength 04.073

临界功率 critical power 04.072

临界频率 critical frequency 04.071

临界阻尼 critical damping 23.051

零差检测 homodyne detection 21.274

零带隙半导体 zero gap semiconductor 13.009

零道阈 zero channel threshold 24.057

零点 zero 03.325

零[点]极点法 pole-zero method 23.052

零点型测向 null-type direction finding 23.004

零点移位法 zero-shifting technique 03.383

*零极点相消 pole-zero cancellation 24.047

零记忆信道 zero-memory channel 05.062

零记忆信源 zero-memory source 05.031

零假设 null hypothesis 18.008

零交叉检测器 zero crossing detector 03.251

零阶保持器 zero-order holder 23.055

零任偶 nullor 03.445

零散 spread 11.077

零探测概率 zero detection probability 24.160

零位电压 null voltage 08.088

零位误差 electrical error of null position 08.103

零温度系数点 zero temperature coefficient point 06.078

零稳态误差系统 zero steady-state error system 23.054

零误差系统 zero-error system 23.053

零子 nullator 03.443

*灵敏电流计 galvanometer 17.083

灵敏度 sensitivity 03.298

灵敏度时间控制 sensitivity-time control, STC 19.156

灵巧敏感器 smart sensor 07.118

硫化锑视象管 antimony sulfide vidicon 11.092

硫化镉太阳电池 cadmium sulfide solar cell 09.101

硫酸三甘肽 triglycine sulfide, TGS 06.049

流导 flow conductance 12.152

流导法 flow conductance method 12.153

流动式 CO_2 激光器 flowing gas CO_2 laser 16.085

流光室 streamer chamber 24.114

*流量 throughput 05.070

流量控制 flow control 21.390

流率 flow rate 12.154

流密码 stream cipher 05.167

流星余迹通信 meteoric trail communication 21.246

流阻 flow resistance 12.155

六端口自动网络分析仪 six-port automatic network analyzer, SPANA 17.107

六角晶系铁氧体 hexagonal ferrite 06.172

笼形天线 cage antenna 04.234

漏 leak 12.124

漏波天线 leaky-wave antenna 04.290

漏感 leakage inductance 07.098

漏过功率 leakage power 10.275

漏极电导 drain conductance 14.271

漏警概率 alarm dismissal probability 19.019

漏率 leak rate 12.125

漏失 spillover 04.320

漏同步 missed synchronization 21.165

漏泄同轴电缆 leaky coaxial cable 04.091

漏指令 missing command 23.162

卢瑟福背散射谱[学] Rutherford backscattering spectroscopy, RBS 15.329

卤素计数器 halogen counter 24.131

卤素检漏仪 halide leak detector 12.129

*鲁棒性 robustness 05.147

露点试验 dew point test 18.131

*路径 path 21.148

路由 route 21.355

*路由器 router 21.367

录取标志 extraction mark 19.174

录取显示器 indicator with extracter 19.167

录象带 video tape 06.141

录象机 video tape recorder, VTR 22.076

录象头 video recording head 06.139

录音机 recorder 22.074

录制 recording 22.072

铝电解电容器 aluminium electrolytic capacitor 07.049

铝空气电池 aluminum-air cell 09.064

铝镍钴永磁体 Al-Ni-Co permanent magnet 06.094

铝酸钇激光器　yttrium aluminate laser　16.086
氯化锌型干电池　zinc chloride type dry cell　09.080
滤波电容器　filtering capacitor　07.041
滤波器　filter　03.409
孪晶　twin crystal　13.108
孪晶间界　twin boundary　13.109
螺形位错　screw dislocation　13.104
螺旋电位器　helical potentiometer　07.023
螺旋慢波线　helix slow wave line　10.178
螺旋透镜　spiral lens　12.024
螺旋线耦合叶片线路　helix-coupled vane circuit　10.182
螺旋相位天线　spiral-phase antenna　04.275
罗茨真空泵　Roots vacuum pump　12.076
＊罗尔特　Loran retransmission, LORET　20.070
罗兰　long range navigation, LORAN　20.065
罗兰-C　Loran-C　20.067

罗兰-C授时　Loran-C timing　20.068
罗兰通信　Loran communication　20.069
罗兰转发　Loran retransmission, LORET　20.070
罗坦系统　long range and tactical navigation system, LORTAN　20.071
罗谢尔盐　Rochelle salt, RS　06.045
逻辑摆幅　logic swing　14.231
逻辑电路　logical circuit　03.169
逻辑分析仪　logic analyzer　17.114
逻辑故障测试器　logic trouble-shooting tool　17.144
逻辑模拟　logic simulation　14.272
逻辑特征分析仪　logic signature analyzer　17.116
逻辑状态分析仪　logic state analyzer　17.115
裸导线　plain conductor　08.120
裸规　nude gauge　12.123
络合物　complex　13.158

M

麻醉深度监护仪　anaesthesia depth monitor　25.096
码　code　05.036
PN 码　pseudo noise code, PN code　05.038
码本　codebook　05.041
码长　code length　05.043
码分多址　code division multiple access, CDMA　21.224
码分复用　code division multiplexing, CDM　21.103
码间干扰　intersymbol interference　21.167
码率　code rate　05.042
码生成器　code generator　05.114
码矢[量]　code vector　05.115
码树　code tree　05.049
码元同步　symbol synchronization　21.162
码字　code word　05.116
码字同步　code word synchronization　21.159
码组　code block　21.157
马兰戈尼数　Marangoni number　13.165
埋层　buried layer　15.140
埋沟 MOS 场效晶体管　buried-channel MOSFET　14.062

脉搏描记术　sphygmography　25.037
脉冲　pulse　03.116
脉冲变压器　pulse transformer　07.089
脉冲充电　pulse current charge　09.030
脉冲重复频率　pulse repetition frequency, PRF　19.148
脉冲串　pulse train　05.185
脉冲磁控管　pulsed magnetron　10.085
脉冲电容器　pulse capacitor　07.043
脉冲多普勒雷达　pulse Doppler radar, PD radar　19.088
脉冲发射机　pulse transmitter　03.284
脉冲发生器　pulse generator　17.141
脉冲放大器　pulse amplifier　03.091
脉冲幅度　pulse amplitude　03.119
脉冲功率　pulse power　03.025
脉冲后沿　pulse back edge　03.123
脉冲尖峰　pulse spike　16.040
脉冲检波　pulse detection　03.246
脉冲宽度　pulse width　03.124
脉冲雷达　pulse radar　19.079
脉冲气动激光器　pulsed gasdynamic laser　16.087
脉冲前沿　pulse front edge　03.121

脉冲调制　pulse modulation　03.231

脉冲形状鉴别器　pulse shape discriminator　24.058

脉冲压缩雷达　pulse compression radar　19.080

脉冲引导电路　pulse steering circuit　03.166

脉动场磁控管　rippled field magnetron　10.101

脉幅调制　pulse-amplitude modulation, PAM
　03.232

脉宽调制　pulse-width modulation, PWM, pulse
　duration modulation, PDM　03.233

脉码调制　pulse-code modulation, PCM　03.236

脉码调制遥测　pulse-code-modulation telemetry,
　PCM telemetry　23.096

脉时调制　pulse-time modulation　03.235

脉位调制　pulse-position modulation, PPM　03.234

脉相系统　pulse-phase system　20.041

脉压接收机　pulse compression receiver　19.241

脉泽　maser, microwave amplification by stimulated
　emission of radiation　03.094

慢波比　delay ratio　10.169

慢波结构　slow wave structure　10.165

慢波线　slow wave line　10.164

盲均衡　blind equalization　21.133

盲速　blind speed　19.043

盲相　blind phase　19.044

毛细成形技术　capillary action-shaping technique,
　CAST　15.267

酶电极　enzyme electrode　07.137

酶敏感器　enzyme sensor　07.134

霉菌试验　mould test　18.133

媒质　medium　04.010

镁橄榄石瓷　forsterite ceramic　06.034

镁－镧－钛系陶瓷　magnesia-lanthana-titania
　system ceramic　06.035

门传输延迟　gate propagation delay　14.232

门海　sea of gate　14.196

门控积分器　gated integrator　24.059

门阵列　gate array　14.195

门阵列法　gate array method　14.273

米尔斯交叉天线　Mills cross antenna　04.279

米勒积分电路　Miller integrating circuit　03.153

米氏散射激光雷达　Mie's scattering laser radar
　16.220

秘密密钥　privacy key　05.170

密度递减阵天线　density-tapered array antenna
　04.272

密封性试验　seal tightness test　18.144

密集多路通信　densely packed multichannel
　communication　21.210

密码　cipher code, cipher　05.161

密码分析　cryptanalysis　05.168

密码体制　cryptographic system　05.162

＊密码系统　cryptographic system　05.162

密码学　cryptography　05.156

密文　cryptogram　05.174

密纹唱片　microgroove record, long playing record
　22.091

密钥　cipher key　05.169

密钥分级结构　key hierarchy　05.171

免疫敏感器　immune sensor　07.135

面泵浦　face pumping　16.017

面接触二极管　surface contact diode　14.013

面垒探测器　surface barrier detector　24.119

面缺陷　planar defect　13.117

面天线　surface antenna　04.253

面阵　area array　11.125

描述函数　describing function　23.056

瞄准干扰　spot jamming　19.214

敏感器　sensor　07.101

pH敏感器　pH sensor　07.133

敏感元　sensing element　07.102

＊敏感元件　sensor　07.101

明视觉　photopic vision　11.054

＊E模　transverse magnetic mode, TM mode
　04.070

＊H模　transverse electric mode, TE mode　04.069

＊TE模　transverse electric mode, TE mode
　04.069

＊TEM模　transverse electric and magnetic mode,
　TEM mode　04.068

＊TM模　transverse magnetic mode, TM mode
　04.070

模糊　blur　23.210

模糊度　ambiguity　05.025

模糊函数　ambiguity function　19.041

模糊图　ambiguity diagram　19.042

模糊信息　fuzzy information　05.012

模间色散　inter-modal dispersion　21.269

模内色散　intra-modal dispersion　21.270

模拟乘法器　analog multiplier　14.201

模拟分量录象机　analog component VTR　22.080

模拟集成电路　analog integrated circuit　14.118

模拟交换　analog switching　21.321

模拟能力　analog capability　14.233

*模拟器　simulator　14.275

模拟示波器　analog oscilloscope　17.127

模拟通信　analog communications　21.017

模拟信号　analog signal　05.181

模拟仪器　analog instrument　17.148

模[式]　mode　04.063

模式变换器　mode converter, mode transducer　04.138

模[式]分隔　mode separation　10.161

模式基元　pattern primitives　05.268

模[式]简并　mode degeneracy　16.120

模[式]竞争　mode competition　16.121

模式滤波器　mode filter　04.139

模[式]耦合　mode coupling　08.138

模式匹配　pattern matching　05.267

模[式]牵引效应　mode pulling effect　16.122

模[式]色散　modal dispersion　21.273

模式识别　pattern recognition　05.266

模[式]跳变　mode hopping　16.124

模式噪声　modal noise　21.278

模数转换器　analog to digital converter, A/D converter　03.183

模体积　mode volume　16.123

模型参数提取　extraction of model parameters　14.279

模转换干扰　modes change-over disturbance　20.034

L-B膜　Langmuir-Blodgett film　07.138

膜电阻　film resistance　07.028

膜过滤　membrane filtration　15.268

膜环滤波器　diaphragm-ring filter　04.140

磨边　edging　15.283

磨角染色法　angle lap-stain method　15.255

磨球面　contouring　15.281

磨圆　rounding　15.282

魔T　magic T　04.137

末端电池　end cell　09.075

末端设备　end-equipment　21.297

母版　master mask　15.163

母片　master slice　14.234

目标捕获　target acquisition　19.064

目标电磁特征　target electromagnetic signature　19.016

目标函数　target function　23.057

目标起伏　target fluctuation　19.037

目标容量　target capacity　19.013

目标散射矩阵　target scattering matrix　19.015

目标闪烁　target glint　19.035

目标识别　target identification　19.014

目标[显示]标志　blip　19.040

目标噪声　target noise　19.026

目标照射雷达　target illumination radar　19.118

目视飞行规则　visual flight rules, VFR　20.124

钼栅工艺　molybdenum gate technology　15.104

钼栅MOS集成电路　molybdenum gate MOS integrated circuit　14.136

N

耐久性　durability　18.063

耐久性试验　endurance test　18.112

*奈耳点　Neel temperature, Neel point　02.060

奈耳温度　Neel temperature, Neel point　02.060

奈奎斯特判据　Nyquist criterion　23.088

奈奎斯特速率　Nyquist rate　21.168

奈奎斯特图　Nyquist diagram　23.087

难熔金属硅化物　refractory metal silicide　15.105

难熔金属栅MOS集成电路　refractory metal gate MOS integrated circuit　14.139

脑磁描记术　magnetoencephalography　25.031

脑电分布图测量　electroencephalic mapping　25.065 ·

脑电描记术　electroencephalography　25.017

脑功能仪　brain function meter　25.049

内标准化　internal standardization　24.163

内反射谱[学]　internal reflection spectroscopy, IRS 15.307

内光电效应　internal photoelectric effect 13.198

内建势　built-in potential 14.106

内建诊断电路　built-in diagnostic circuit 14.199

内聚性　cohesion 21.119

内量子效率　internal quantum efficiency 14.101

内气体探测器　internal gas detector 24.101

内腔式气体激光器　intracavity gas laser 16.088

内引线焊接　inner lead bonding 15.233

内阻　internal resistance 10.258

能工作时间　up time 18.102

能量刻度　energy calibration 24.060

*能流密度矢[量]　Poynting vector 04.028

铌酸钡钠　barium sodium niobate, BNN 06.053

铌酸钡锶　strontium barium niobate, SBN 06.054

铌酸钾　potassium niobate, KN 06.051

铌酸锂　lithium niobate, LN 06.052

铌酸盐系陶瓷　niobate system ceramic 06.036

铌钽酸钾　potassium tantalate-niobate, KTN 06.050

逆变器　inverter, invertor 03.133

逆程率　retrace ratio 03.150

逆合成孔径雷达　inverse synthetic aperture radar, ISAR 19.102

逆滤波器　inverse filter 05.237

逆式塔康　inverse TACAN 20.060

逆信道　inverse channel 05.050

逆增益干扰　inverse gain jamming 19.224

粘附概率　sticking probability 12.176

粘结磁体　bonded permanent magnet 06.095

粘滞流　viscous flow 12.161

粘滞真空计　viscosity vacuum gauge 12.106

捏练　pugging 15.284

啮合力　engaging force 08.023

扭波导　waveguide twist 04.104

扭曲　twist 08.182

扭曲向列模式　twisted nematic mode, TN mode 11.082

扭折　kink 15.272

钮子开关　toggle switch 08.031

浓度[剖面]分布　concentration profile 15.134

钕玻璃激光器　neodymium glass laser 16.089

钕晶体激光器　neodymium crystal laser 16.090

O

*欧姆表　ohmmeter 17.082

欧姆定律　Ohm's law 02.039

欧姆加热　ohmic heating 10.124

欧姆接触　ohmic contact 13.221

耦合电容器　coupling capacitor 07.042

耦合度　degree of coupling 03.031

耦合环　coupling loop 04.132

耦合孔　coupling aperture, coupling hole 04.133

耦合腔技术　coupled cavity technique 16.162

耦合腔慢波线　coupled cavity slow wave line 10.183

耦合探针　coupling probe 04.134

耦合阻抗　coupling impedance 10.168

偶极子　dipole 04.168

偶极子天线　dipole antenna 04.184

偶然失效期　accidental failure period 18.070

P

帕邢曲线　Paschen curve 10.219

拍频振荡器　beat frequency oscillator 03.110

排气　evacuating 15.287

潘尼管　peniotron 10.105

潘宁真空计　Penning vacuum gauge 12.115

盘[式磁]带　open reel tape 06.131

盘形激光器　disk laser 16.091

盘锥天线　discone antenna 04.237

判别函数　discriminant function 05.273

判决　decision 05.142

庞加莱球　Poincare sphere 04.226

旁瓣　side lobe 04.197

旁瓣对消　sidelobe cancellation 19.259

旁瓣消隐　sidelobe blanking 19.260

旁联系统　stand-by system　18.096

旁路电容器　by-pass capacitor　07.044

旁热[式]阴极　indirectly-heated cathode　10.018

旁通阀　by-pass valve　12.140

膀胱电描记术　electrocystography　25.028

抛光　polishing　15.009

抛物环面天线　parabolic torus antenna　04.300

抛物面反射器　paraboloidal reflector　04.307

抛物面天线　parabolic antenna　04.299

炮兵侦察校射雷达　artillery reconnaissance and fire-directing radar　19.123

炮位侦察雷达　artillery location radar　19.125

跑道视距　runway visual range　20.108

泡径　bubble diameter　06.149

泡克耳斯盒　Pockels cell　16.163

泡迁移率　bubble [domain] mobility　06.150

陪集首　coset leader　05.117

喷射真空泵　ejector vacuum pump　12.077

喷雾干燥　spray drying　15.285

喷嘴　nozzle　12.143

硼磷硅玻璃　boron-phosphorosilicate glass　15.220

*碰撞雪崩渡越时间二极管　impact avalanche transit time diode, IMPATT diode　14.024

碰撞展宽　collision broadening　16.028

批　lot, batch　18.013

批量　lot size, batch size　18.014

批容许不合格率　lot tolerance percent defective　18.045

劈　wedge　04.123

劈形终端　wedge termination　04.124

皮层电描记术　electrocorticography　25.018

皮肤电阻描记术　electrodermography　25.035

*皮拉尼真空规　Pirani gauge　12.110

皮氏计　Pirani gauge　12.110

匹配　match　03.022

匹配段　matching section　04.128

匹配滤波器　matched filter　03.433

匹配模板　matching template　05.269

匹配终端　matched termination　04.118

偏磁　biasing　06.130

偏离指示器　deviation indicator　20.154

偏压　bias　10.259

*偏振　polarization　02.020

*偏振分集　polarization diversity　21.253

偏转　deflection　12.034

偏转电极　deflecting electrode　10.228

偏转后加速　post-deflection acceleration　12.035

偏转畸变　deflection distortion　12.036

偏转系数　deflection coefficient　17.044

片式电感器　chip inductor　07.073

片式电容器　chip capacitor　07.033

片式电阻器　chip resistor　07.009

片式元件　chip component　07.004

漂移　drift　17.061

漂移空间　drift space　10.154

漂移迁移率　drift mobility　13.081

漂移区　drift region　14.108

漂移室　drift chamber　24.149

漂移速调管　drift klystron　10.076

频带参差　frequency staggering　21.194

频带倒置　frequency inversion　21.193

频分多址　frequency division multiple access, FDMA　21.222

频分复用　frequency division multiplexing, FDM　21.100

频分遥测　frequency division telemetry　23.097

频分指令　frequency division command　23.163

频率　frequency　03.004

频率变换　frequency translation　21.195

频率存储　frequency memory　19.227

频率抖动　frequency jitter　03.203

频率分集　frequency diversity　21.250

频率分集雷达　frequency diversity radar　19.085

频率合成器　frequency synthesizer　17.138

频率计　frequency meter　17.088

频率阶跃　frequency step　03.276

频率捷变　frequency agility　19.258

频率捷变雷达　frequency-agile radar　19.084

频率牵引　frequency pulling　03.101

频率去相关　frequency decorrelation　19.256

频率上转换　frequency up-conversion　16.138

频率特性　frequency characteristic　03.046

频率跳变　frequency hopping　19.258

频率稳定度　frequency stability　03.202

频率响应　frequency response　17.050

频偏　frequency deviation　03.225

频偏表　frequency deviation meter　17.064

频谱　frequency spectrum　03.035

频谱纯度　spectral purity　17.051

频谱分析仪　spectrum analyzer　17.108

频扫雷达　frequency-scan radar　19.096

频数直方图　frequency histogram　18.001

频移键控　frequency shift keying, FSK　03.216

频域测量　frequency domain measurement　17.003

频域均衡器　frequency-domain equalizer　21.128

频域自动网络分析仪　frequency-domain automatic network analyzer, FDANA　17.105

•品质因数　quality factor, Q-factor　03.356

坪　plateau　24.147

坪斜　plateau slope　24.148

平板电视　panel TV　22.020

平板法兰[盘]　flat flange, plain flange　04.098

平板显示　[flat] panel display　11.020

平带电压　flat-band voltage　13.216

平顶降落　flattop decline　03.125

平顶天线　flattop antenna　04.239

平方律检波　square-law detection　03.247

平方余割天线　cosecant-squared antenna　04.295

平衡不平衡变换器　balanced to unbalanced transformer　17.147

平衡点　balance point　24.169

平衡混频器　balanced mixer　03.193

平衡检波器　balanced detector　03.253

平衡载流子　equilibrium carrier　13.069

平接关节　plain joint　04.100

平均功率　average power　03.027

平均功率计　average power meter　17.092

* 平均故障间隔时间　mean time between failures, MTBF　18.079

平均检出质量　average outgoing quality　18.047

平均无故障工作时间　mean time between failures, MTBF　18.079

* 平均无故障时间　mean time to failure, MTTF　18.081

平流层传播　stratospheric propagation　04.016

平面波　plane wave　04.044

平面二极管　planar diode　14.004

平面工艺　planar technology　15.073

平面极化　plane polarization　04.029

平面晶体管　planar transistor　14.031

平面网络　planar network　03.345

平面位置显示器　plan position indicator, PPI　19.160

平面型铁氧体　planar ferrite　06.173

平面阵　planar array　04.263

平嵌天线　flush-mounted antenna　04.288

平视显示器　head-up indicator　19.168

平稳信道　stationary channel　05.063

平行极化　parallel polarization　04.037

屏蔽系数　shielding factor　10.260

屏栅极　screen grid　10.226

破译时间　break time　05.172

蹼状晶体　web crystal　13.142

谱估计　spectrum estimation　05.223

α谱仪　alpha spectrometer　24.001

谱仪放大器　spectroscope amplifier　24.061

谱指数　spectrum index　24.167

Q

欺骗性干扰　deception jamming　19.218

鳍线　fin line　04.094

奇点　singularity　03.326

齐纳二极管　Zener diode　14.023

齐纳击穿　Zener breakdown　13.217

起动惯频特性　starting inertial-frequency characteristic　08.114

起动矩频特性　starting torque-frequency characteristic　08.112

起动隙缝　starter gap, trigger gap　10.220

起伏干扰　scintillation interference　19.039

起伏误差　scintillation error　19.038

起始符　starting symbol　05.282

启发式布线　heuristic routing　14.289

气动激光器　gasdynamic laser　16.093

气流探测器　gas flow detector　24.100

气泡室　bubble chamber　24.112

气态源扩散　gas source diffusion　15.119

气体电离　gas ionization　10.202

气体电离电位　gas ionization potential　10.200

气体放大　gas amplification　10.201

气体放电　gas discharge　10.199

气体放电辐射计数管　gas discharging radiation counter tube　24.137

气体放电管　gas discharge tube　10.053

气体激光器　gas laser　16.080

气[体]敏感器　gas sensor　07.130

*气相传质系数　gas-phase mass transfer coefficient　15.041

气相质量转移系数　gas-phase mass transfer coefficient　15.041

气象穿越　weather penetration　20.127

气象回避　weather avoidance　20.128

气象雷达　meteorological radar, weather radar　19.121

气压计　manometer　12.099

气镇真空泵　gas ballast vacuum pump　12.073

汽相外延　vapor phase epitaxy, VPE　13.172

牵引分子泵　molecular drag pump　12.079

铅蓄电池　lead accumulator, lead storage battery　09.061

迁移率　mobility　13.079

迁徙　migration　12.177

前导　predecessor　05.118

前导码　lead code　23.123

前级管路　backing line　12.093

前级压力　backing pressure　12.094

前馈控制　feedfoward control　23.060

前向波　forward wave　10.172

前向纠错　forward error correction, FEC　21.176

前置保护放电管　pre-TR tube　10.063

前置放大器　preamplifier　03.070

前缀码　prefix code　05.119

箝位　clamping　03.143

箝位二极管　clamping diode　14.009

箝位器　clamper　03.144

潜望镜天线　periscope antenna　04.293

浅结工艺　shallow junction technology　15.138

浅能级　shallow energy level　13.049

欠会聚　under-convergence　12.032

欠热发射　underheated emission　10.006

欠阻尼响应　underdamped response　23.036

腔倒空　cavity dumping　16.164

强反型　strong inversion　13.213

强流电子光学　high density electron beam optics　12.001

强迫振荡　forced oscillation　03.099

壳体太阳电池阵　body mounted type solar cell array　09.115

翘曲　warp　08.181

切比雪夫滤波器　Chebyshev filter　03.436

切连科夫辐射　Cerenkov radiation　10.137

切连科夫探测器　Cerenkov detector　24.106

切片　slicing　15.005

窃听　eavesdropping　05.173

轻掺杂漏极技术　lightly doped drain technology, LDD technology　14.230

氢闸流管　hydrogen thyratron　10.043

清洁真空　clean vacuum　12.055

清晰度　definition　10.261

清洗　cleaning　15.006

*丘克拉斯基法　Czochralski method　13.128

球差　spherical aberration　12.038

球焊　ball bonding　15.231

球面波　spherical wave　04.043

球面阵　spherical array　04.265

趋肤效应　skin effect　04.006

区域描绘　region description　05.262

区域熔炼　zone melting　13.130

曲折滤波器　zigzag filter　03.416

曲折线慢波线　folded slow wave line, zigzag slow wave line　10.179

驱动力　actuating force　08.046

驱动器　actuator　07.107

取消指令　cancelling command　23.164

取样　sampling　05.188

取样控制　sampling control　23.018

取样器　sampler, sampling head　17.151

取样示波器　sampling oscilloscope　17.126

取样数据系统　sampled data system　14.293

*去极化　depolarization　04.039

去加重网络　de-emphasis network　21.142

去胶　stripping of photoresist　15.199

去蜡　dewaxing　15.286

去离子水　deionized water　15.265

去耦滤波器　decoupling filter　03.432

全反转　total inversion, complete inversion　16.030

全耗尽半导体探测器　totally depleted semiconductor detector　24.120

全景接收机　panoramic receiver　19.243

全景频谱分析仪　panoramic spectrum analyzer　17.109

全景显示器　panoramic indicator　19.170

全球定位系统　global positioning system, GPS　20.136

全色显示　full color display　11.026

全身γ谱分析器　whole-body gamma spectrum analyser　24.063

全身辐射计　whole-body radiation meter　24.062

全数字接入　total digital access　21.384

全天候自动着陆　all-weather automatic landing　20.091

全通网络　all-pass network　03.372

全息术　holography　16.210

全息图　hologram　16.215

全息显示　holographical display　11.019

全息信息存储　holographic information storage　16.221

全息掩模技术　holographic mask technology　16.214

全向传声器　omnidirectional microphone　22.063

全向天线　omnidirectional antenna　04.244

全向信标　omnidirectionai range　20.113

缺陷　defect　13.115

确认　acknowledgement, ACK　21.145

群聚空间　bunching space　10.153

群控　group control　23.118

群路信令　group signalling　21.345

群时延　group delay　03.403

群速　group velocity　03.401

群同步　group synchronization　21.161

R

燃料电池　fuel cell　09.065

染料池　dye cell　16.216

染料激光器　dye laser　16.095

染料 Q 开关　dye Q-switching　16.147

染色　decoration　13.186

扰码器　scrambler　21.134

绕杆式天线　turnstile antenna　04.248

绕接接触件　wrap contact　08.022

热壁反应器　hot wall reactor　15.040

热补偿合金　thermal compensation alloy　06.112

热超声焊　thermosonic bonding　15.228

热冲击试验　thermal shock test　18.123

热传导真空计　thermal conductivity vacuum gauge　12.109

热磁写入　thermomagnetic writing　06.147

热点缺陷　thermal point defect　13.121

热电器件　thermoelectric device　14.069

热电效应　thermoelectric effect　02.085

热电子　hot electron　13.224

热电子晶体管　hot electron transistor　14.042

热对流　thermal convection　13.159

热分解淀积　thermal decomposition deposition　15.030

热分子真空计　thermo-molecular vacuum gauge　12.108

热光伏器件　thermo-photovoltaic device　09.125

热击穿　thermal breakdown　14.098

热激活电池　thermally activated battery　09.082

热挤压　hot extrusion　15.290

热继电器　thermal relay　08.056

热解外延　thermal decomposition epitaxy　13.178

热解吸质谱[术]　thermal desorption mass spectrometry, TDMS　15.326

热离子发电器　thermionic energy generator　09.130

热离子阴极　thermionic cathode　10.016

热量输运　heat transportation　13.160

热流逸　thermal transpiration　12.163

＊热敏成象法　thermography　25.075

热敏电阻　thermistor　07.125

热敏铁氧体　heat sensitive ferrite　06.177

热偶真空计　thermocouple vacuum gauge　12.111

热疲劳　thermal fatigue　18.150

热屏阴极　heat-shielded cathode　10.019

热设计　thermal design　18.088

热[释]电晶体　pyroelectric crystal　06.024

热[释]电视象管　pyroelectric vidicon　11.094

热[释]电陶瓷　pyroelectric ceramic　06.025

热探针法　thermoprobe method　13.190

热透镜补偿　thermal-lensing compensation　16.042

热象图成象　thermography　25.075

热象仪　thermal imager　23.198

热压　hot pressing　15.289

热压焊　thermocompression bonding　15.227

热压铸　injection moulding　15.288

热氧化　thermal oxidation　15.046

热阴极磁控真空计　hot cathode magnetron gauge
　12.121

热阴极电离真空计　hot cathode ionization gauge
　12.114

热载流子二极管　hot carrier diode　14.017

热致变色　thermochromism　11.059

热致发光剂量计　thermoluminescent dosemeter
　24.064

热致发光探测器　thermoluminescence detector
　24.102

热子　heater　10.235

人工神经网络　artificial neural net, artificial neural
　network, ANN　03.450

人工指令　manual command　23.165

人机通信　man-machine communication　11.060

任务故障率　mission failure rate　18.082

任意单元法　arbitrary cell method　14.277

任意子　norator　03.444

韧致辐射　bremsstrahlung　10.122

刃形位错　edge dislocation　13.103

日光泵浦　solar pumping　16.016

熔断电阻器　fusing resistor　07.016

熔盐法　molten-salt growth method　06.086

容错　fault tolerant　15.020

容积扫描系统　VOLSCAN system　20.096

容抗　capacitive reactance　03.012

容量区域　capacity region　05.071

绒面电池　textured cell　09.122

冗余[度]　redundancy　05.022

冗余技术　redundant technique　14.236

冗余信息　redundant information　05.013

柔韧印制板　flexible printed board　08.161

柔性太阳电池阵　flexible solar cell array　09.118

乳胶版　emulsion plate　15.166

入境链路　inbound link　21.218

入库检验　warehouse-in inspection　18.054

软波导　flexible waveguide　04.088

软磁材料　soft magnetic material　06.101

软磁铁氧体材料　soft magnetic ferrite　06.102

软导线　flexible conductor　08.123

软管调制器　soft-switch modulator　19.150

软件定义网　software defined network　21.075

软失效率　soft error rate　14.237

瑞利区　Rayleigh region　06.108

瑞利数　Rayleigh number　13.166

弱流电子光学　low density electron beam optics
　12.002

S

*塞格涅特盐　Seignette salt　06.045

三端网络　three-terminal network　03.313

三氟化硼计数器　boron trifluoride counter　24.133

三基色　three primary colors　22.040

三角[形]窗　triangular window　05.219

三能级系统　three-level system　16.043

三态缓冲器　tristate buffer　14.197

三态逻辑　tristate logic, TSL　14.157

三探针法　three-probe method　13.188

三通道单脉冲　three-channel monopulse　19.062

三维集成电路　three dimensional integrated circuits
　14.128

三维显示　three dimensional display　11.028

三叶草慢波线　cloverleaf slow wave line　10.184

三坐标雷达　three-dimensional radar, 3-D radar
　19.099

伞形反射天线　umbrella reflector antenna　04.304

伞形天线　umbrella antenna　04.249

散焦　defocusing　12.033

散射　scatter　04.023

散射计 scatterometer 23.199

散射通信 scatter communication 21.241

散射系数 scattering coefficient 03.352

扫描 sweep, scan 03.146

扫描电子显微镜[学] scanning electron microscopy, SEM 15.325

扫描俄歇电子能谱[学] scanning Auger electron spectroscopy, SAES 15.324

扫描发生器 sweeping generator 03.151

扫描角 scan angle 04.211

扫描扩展透镜 scan expansion lens 11.131

扫描扇形 scan sector 04.213

扫描时间 sweep time 03.147

扫描微波频谱仪 scanning microwave spectrometer, SCAMS 23.187

扫描转换管 scan converter tube 11.101

扫频发生器 swept [frequency] generator 17.136

扫频反射计 swept frequency reflectometer 17.098

扫频干涉仪 swept frequency interferometer 23.009

扫频宽度 scan width, frequency span 17.041

扫频振荡器 sweep frequency oscillator 03.109

色差信号 color difference signal 22.043

色场 color field 10.262

色纯度容差 color purity allowance 10.264

色调 hue 22.041

色度 chrominance 22.029

色度学 colorimetry 11.038

色键 chroma key 22.046

色散特性 dispersion characteristics 10.167

色同步信号 burst signal 22.042

色温 color temperature 22.030

色[象]差 chromatic aberration 12.037

色心激光器 color center laser 16.096

色元 color cell 10.263

沙尘试验 sand and dust test 18.121

*沙尔帕克室 Charpak chamber 24.116

筛分析法 sieve analysis 15.291

筛选 screening 18.149

栅瓣 grating lobe 04.198

钐钴磁体 samarium-cobalt magnet 06.097

删除信道 erasure channel 05.065

删信码 expurgated code 05.120

闪烁 flicker, scintillation 11.040

闪烁谱仪 scintillation spectrometer 24.067

闪烁探测器 scintillation detector 24.124

闪烁体 scintillator 24.126

闪烁体溶液 scintillator solution 24.157

闪烁误差 glint error 19.036

闪烁正比探测器 scintillation proportional detector 24.125

闪锌矿晶格结构 zinc blende lattice structure 13.040

扇出 fan-out 14.239

*扇区无线电指向标 Consol sector radio marker 20.051

扇入 fan-in 14.238

扇形波束天线 fan-beam antenna 04.284

扇形塔康 sector TACAN, SETAC 20.059

扇形显示 sector display 19.173

熵 entropy 05.015

熵功率 entropy power 05.016

上边带 upper sideband 03.221

上变频 up-conversion 03.200

上冲 overshoot 03.126

上升时间 rise time 03.120

上下文无关文法 context free grammar 05.300

上下文有关文法 context constraint grammar 05.299

上限类别温度 upper category temperature 07.002

上行链路 up link 21.216

*上行线路 up link 21.216

上釉 glazing 15.292

上阈 upper-level threshold 24.065

烧穿距离 burn-through range 19.067

烧结 sintering 15.225

烧孔效应 hole-burning effect 16.045

少数载流子 minority carrier 13.068

舌簧继电器 reed relay 08.063

舍入 rounding 05.189

摄象管 camera tube, pickup tube 11.090

射程分布 range distribution 15.147

射极输出器 emitter follower 03.076

射频放大器 radio frequency amplifier 03.086

射频溅射 radio frequency sputtering 15.082

射频离子镀 RF ion plating 15.023

射频质谱仪 radio frequency mass spectrometer 15.341

X 射线管 X-ray tube 10.047

X 射线光电子能谱［学］ X-ray photoelectron spectroscopy, XPS 15.314

X 射线光刻 X-ray lithography 15.185

X 射线光刻胶 X-ray resist 15.179

X 射线激光器 X-ray laser 16.052

X 射线计算机断层成象 X-ray computerized tomography, X-CT 25.066

γ 射线谱仪 gamma-ray spectrometer 24.036

X 射线探测器 X-ray detector 24.096

α 射线探测器 α-ray detector 24.097

β 射线探测器 β-ray detector 24.098

γ 射线探测器 γ-ray detector 24.094

X 射线微分析 X-ray microanalysis 15.327

X 射线形貌法 X-ray topography 13.192

X 射线正比计数器 X-ray proportional counter 24.128

射线准直器 ray collimator 24.089

设计评审 design review 18.090

砷化镓 PN 结注入式激光器 GaAs PN junction injection laser 16.097

砷化镓太阳电池 gallium arsenide solar cell 09.102

砷酸二氘铯 cesium dideuterium arsenate, DCSDA 06.055

深度分布 depth distribution 15.148

深能级 deep energy level 13.050

深能级瞬态谱［学］ deep level transient spectroscopy, DLTS 15.330

深能级中心 deep level center 13.051

深紫外光刻 deep-UV lithography 15.188

神经电描记术 electroneurography 25.019

神经网络 neural net, neural network 03.449

神经网络计算机 neural network computer 25.007

神经网络模型 neural network model 25.006

＊甚长波通信 VLF communication 21.008

甚长基线干涉仪 very long baseline interferometer, VLBI 23.001

甚低频通信 VLF communication 21.008

＊甚高频全向信标 very high frequency omnidirectional range, VOR 20.042

甚高频通信 VHF communication 21.012

甚小［孔径］地球站 very small aperture terminal, VSAT 21.215

肾功能仪 nephros function meter 25.050

渗透 permeation 12.167

渗透率 permeability 12.168

声光 Q 开关 acoustooptic Q-switching 16.148

声光调制 acoustooptic modulation 11.079

声光接收机 acoustooptical receiver, Bragg-cell receiver 19.246

声光晶体 acoustooptic crystal 06.022

声光陶瓷 acoustooptic ceramic 06.023

声码器 vocoder 21.308

声敏感器 acoustic sensor 07.128

声阻抗测听术 acoustic impedance audiometry 25.036

生产批 production lot 18.015

生长率 growth rate 15.054

生长丘 growth hillock 13.145

生长取向 growth orientation 13.146

生成态晶体 as-grown crystal 13.144

生存性 survivability 21.116

生物磁学 biomagnetics 25.001

生物电 bioelectricity 25.118

生物电池 bio-battery 25.008

生物电放大器 bioelectric amplifier 25.116

生物电子学 bioelectronics 01.013

生物电阻抗 bio-electrical impedance 25.003

生物反馈 bio-feedback 25.005

生物分子电子学 biomolecular electronics 01.015

生物分子器件 biomolecular device 25.010

生物光电元件 biophotoelement 25.012

生物计算机 bio-computer 25.013

生物控制论 biological cybernetics 25.004

生物敏感器 biosensor 07.114

生物芯片 biochip 25.011

生物遥测 biotelemetry 25.002

生物医学传感器 biomedical transducer 25.042

生物医学电子学 biomedical electronics 01.014

生物医学换能器 biomedical transducer 25.041

升华泵 sublimation pump 12.087

升压高电平时钟发生器 boosted-high level clock generator 14.221

剩磁 residual magnetism 02.074

294

剩余电压　residual voltage　07.063

剩余响应　residual response　17.042

失步　[falling] out of synchronism　08.118

*失调　detuning　03.033

失调电压　offset voltage　03.055

*失调角　angular displacement　08.104

失会聚　misconvergence　11.069

失落　dropout　22.098

失配　mismatch　03.023

失配误差　mismatch error　17.027

失配终端　mismatched termination　04.117

失锁　losing lock　03.268

失效　failure　18.064

失效率　failure rate　18.078

失效前平均时间　mean time to failure, MTTF　18.081

失谐　detuning　03.033

失真　distortion　05.054

失真测度　distortion measure　05.055

失真分析仪　distortion analyzer　17.099

失真信息率函数　distortion rate function　05.056

施密特触发器　Schmidt trigger　03.160

施主　donor　13.057

湿[度]敏感器　humidity sensor　07.131

湿度试验　humid test　18.126

湿热试验　humid heat test　18.127

湿氧氧化　wet-oxygen oxidation　15.048

石墨承热器　graphite susceptor　15.057

石英反应室　quartz reaction chamber　15.056

石英晶体　quartz crystal　06.041

石英谐振器　quartz resonator　03.287

拾音器　pick-up　22.095

时变系统　time-varying system　23.063

时不变系统　time-invariant system　23.062

时差定位　time-of-arrival location, TOA location　19.251

时分多址　time division multiple access, TDMA　21.223

时分复用　time division multiplexing, TDM　21.101

时分话音内插　time assignment speech interpolation, TASI　21.234

时分遥测　time-division telemetry　23.099

时分指令　time-division command　23.167

时分制交换　time division switching　21.324

时基　time base　17.045

时基电路　time-base circuit　03.152

时间常数　time constant　03.040

时间抖动　time jitter　24.071

时间分集　time diversity　21.252

时间分析器　time analyser　24.068

时间－幅度变换器　time-amplitude converter, TAC　24.069

时间符合指令　time-coincidence command　23.166

时间继电器　time relay　08.062

时间扩展室　time expansion chamber　24.150

时间投影室　time projection chamber　24.072

时间消隐　time blanking　19.183

时间压缩　time compression　19.180

时间最优控制　time optimal control　23.022

时频码　time-frequency code　23.119

时隙内信令　in-slot signalling　21.347

时隙外信令　out-slot signalling　21.346

时序波瓣控制　sequential lobing　04.200

时序模拟　timing simulation　14.278

时延常数　delay constant　03.397

时延均衡器　delay equalizer　21.131

时域测量　time domain measurement　17.004

时域均衡器　time-domain equalizer　21.129

时域响应　time-domain response　23.037

时域自动网络分析仪　time-domain automatic network analyzer, TDANA　17.106

时滞系统　time-lag system　23.061

时钟发生器　clock generator　14.198

时钟脉冲　clock pulse　03.181

实时示波器　real time oscilloscope　17.125

实时通信　real time communication　21.021

实时信号处理　real time signal processing　05.180

实时遥测　real-time telemetry　23.098

实时指令　real-time command　23.168

实心导线　solid conductor　08.121

实心电子束　solid electron beam　12.014

识别　recognition　05.154

识别置信度　recognition confidence　19.254

史密斯－珀塞尔效应　Smith-Purcell effect　10.136

史密斯圆图　Smith chart　04.057

矢量导抗测量仪　vector immittance meter　17.101

矢量发生器　vector generator　11.132

矢量网络分析仪　vector network analyzer, VNA　17.104

使用寿命　useful life　18.072

示波管　oscilloscope tube　11.105

示波器　oscilloscope　17.124

示值　indication, indicated value　17.015

事务处理　transaction　21.058

势垒　potential barrier　13.211

势垒高度　barrier height　14.099

势越二极管　barrier injection and transit time diode, BARITT diode　14.025

适应系数　accommodation factor　12.174

释放力　release force　08.047

市内电话　local telephone　21.030

视场　visual field　23.211

视角　visual angle　23.212

视盘　video disk　22.092

视频处理器　video processor　14.214

视频磁迹　video track　06.142

视频磁头　video head　06.138

视频放大器　video amplifier　03.090

视频信号处理电路　video processing circuit　14.215

视频压缩　video compression　19.158

视网膜电描记术　electroretinography　25.023

视象管　vidicon　11.091

视轴　boresight　04.216

试探性路由选择　heuristic routing　21.357

试验信道　test channel　05.053

试验样品　test piece　18.118

收附　sorption　12.169

手术室监护仪　operational room monitor　25.095

寿命试验　life test　18.111

受激布里渊散射　stimulated Brillouin scattering, SBS　16.140

受激发射　stimulated emission　16.048

受激拉曼散射　stimulated Raman scattering, SRS　16.141

受激吸收　stimulated absorption　16.050

受夹介电常量　clamped dielectric constant　06.079

受控对象　controlled object　23.146

受主　acceptor　13.058

梳齿滤波器　comb filter　03.435

输出电阻　output resistance　03.044

输出腔　output cavity　10.191

输出阻抗　output impedance　03.045

输入电阻　input resistance　03.042

输入阻抗　input impedance　03.043

疏化阵天线　thinned array antenna　04.276

书写电话机　telemail-telephone set　21.034

树　tree　05.304

树表示　tree representation　05.303

树根　tree root　05.305

树结构　tree structure　05.302

树码　tree code　05.122

树文法　tree grammar　05.292

树叶　tree leaves　05.306

树语言　tree language　05.293

树缘　tree frontier　05.307

束点　spot　10.277

束射屏　beam confining electrode　10.239

束引示管　beam index tube　11.107

束注入正交场放大管　beam-injected crossed-field amplifier　10.095

束着屏误差　beam-landing screen error　12.048

H 数　H number　24.168

数传机　data set　21.305

数据安全　data security　21.396

数据报　datagram　21.320

数据采集系统　data acquisition system　17.145

数据处理　data processing　05.234

数据电话机　data phone　21.033

数据电路端接设备　data circuit terminating equipment, DCE　21.303

* 数据电路终接设备　data circuit terminating equipment, DCE　21.303

数据发生器　data generator　17.146

数据分析仪　data analyzer　17.118

数据广播　data broadcasting　22.010

数据记录仪　data logger　17.117

数据加密标准　data encryption standard, DES　21.402

数据链路层　data link layer　21.374

数据链路控制规程　data link control procedure　21.391

数据通信　data communication　21.019

数据通信网　data communication network　21.090

数据完整性　data integrity　21.397

数据稳定平台　data stable platform　20.105

数据误差分析仪　data error analyzer　17.119

数据压缩　data compression　23.106

数[据]域测量　data domain measurement　17.005

数据指令　data command　23.170

数据终端设备　data terminal equipment, DTE　21.302

数模转换器　digital to analog converter, D/A converter　03.182

数值孔径　numerical aperture, NA　21.276

数字电路　digital circuit　03.168

数字电路测试器　digital circuit tester　17.143

数字电压表　digital voltmeter, DVM　17.068

数字多用表　digital multimeter, DMM　17.066

数字分用器　digital demultiplexer　21.110

数字复用　digital multiplexing　21.105

数字复用器　digital multiplexer　21.109

数字复用系列　digital multiplexing hierarchy　21.154

数字话音内插　digital speech interpolation, DSI　21.235

数字集成电路　digital integrated circuit　14.117

数字交换　digital switching　21.322

数字录象机　digital VTR　22.077

数字录音机　digital recorder　22.075

数字滤波器　digital filter　03.417

数字扫描变换器　digital scan convertor, DSC　25.061

数字示波器　digital oscilloscope　17.128

数字通信　digital communication　21.018

数字系统损伤　digital system impairment　21.150

数字显示　digital display　11.017

数字信号　digital signal　05.182

数字仪器　digital instrument　17.149

数字用户线滤波器　digital subscriber filter　14.216

数字指令　digital command　23.169

刷洗　scrubbing　15.180

刷新周期　refresh cycle　14.240

衰减　attenuation　03.020

衰减常数　attenuation constant　03.395

衰减器　attenuator　03.440

衰落信道　fading channel　21.248

衰落裕量　fading margin　21.247

＊衰逝模　evanescent mode　04.067

甩胶　spinning　15.181

闩锁效应　latch-up　14.242

双伴音电视　TV with dual sound programmes　22.019

双臂谱仪　double-arm spectrometer　24.073

双边带调制　double-sideband modulation　03.229

双边序列　two-sided sequence　05.187

双电层电容器　double electric layer capacitor　07.053

双工　duplex　21.201

双工器　duplexer　04.145

双光子吸收　two-photon absorption　16.217

双光子荧光法　two-photon fluorescence method　16.218

双基地雷达　bistatic radar　19.104

双极存储器　bipolar memory　14.180

双极晶体管　bipolar transistor　14.034

双极型电池　bipolar cell　09.074

双极型集成电路　bipolar integrated circuit　14.124

双聚焦质谱仪　double-focusing mass spectrometer　15.339

＊双口网络　two-port network　03.316

双扩散　double diffusion　15.110

双列直插式封装　dual in-line package, DIP　14.241

双面板　double sided board　08.159

双面研磨　two-sided lapping　15.007

双模行波管　dual mode traveling wave tube　10.079

双频气体激光器　two-frequency gas laser　16.082

双曲透镜　hyperbolic lens　12.026

双曲线导航系统　hyperbolic navigation system　20.038

双栅场效晶体管　dual gate field effect transistor　14.055

双探针法　two-probe method　13.187

双通道单脉冲　two-channel monopulse　19.061

双稳[触发]电路　flip-flop circuit, bistable trigger-action circuit　03.158

双线性变换　bilinear transformation　05.213

双向[性] bilateral 03.328

双向二极管 bidirectional diode 14.006

双向晶闸管 bidirectional thyristor 14.049

双向通信 both-way communication 21.023

双异质结激光器 double heterojunction laser 16.098

双音多频 dual-tone multifrequency, DTMF 21.350

双折射 birefringence 04.025

双锥天线 biconical antenna 04.232

双阱 CMOS dual-well CMOS 14.142

水负载 water load 04.121

水平极化 horizontal polarization 04.035

水汽氧化 steam oxidation 15.049

水热法 hydro-thermal method 06.084

水下激光雷达 underwater laser radar 16.219

瞬间充电 momentary charge 09.026

瞬时测频接收机 instantaneous frequency measurement receiver, IFM receiver 19.247

瞬时功率 instantaneous power 03.026

瞬时视场 instantaneous field of view, IFOV 23.213

瞬态 transient state 03.039

顺磁性 paramagnetism 02.054

斯蒂潘诺夫方法 Stepanov method 13.135

丝网印刷 screen printing 08.192

死区 dead zone 23.065

四波混频 four-wave mixing 16.139

四端网络 four-terminal network 03.314

四分之一波长变换器 quarter-wave transformer 04.106

四极透镜 quadrupole lens 11.129

四极质谱仪 quadrupole mass spectrometer, QMS 15.343

四能级系统 four-level system 16.044

四探针法 four-probe method 13.189

四线制 four-wire system 21.143

伺服电[动]机 servomotor 08.080

伺服放大器 servo amplifier 03.093

伺服机构 servomechanism 23.067

伺服系统 servo system 23.066

似然比 likelihood ratio 05.148

搜索雷达 surveillance radar, search radar 19.113

速调管 klystron 10.070

速度渐变 velocity tapering 10.176

速度控制 speed control 23.068

速度[门]欺骗 velocity gate deception 19.226

速度跳变 velocity jump 10.175

速度跳变电子枪 velocity jump gun 12.007

速高比 velocity/height ratio 23.214

塑封 plastic package 15.242

塑封晶体管 epoxy transistor 14.036

塑料膜电容器 plastic film capacitor 07.054

酸性蓄电池 acid storage battery 09.060

算术逻辑部件 arithmetic logic unit, ALU 14.170

算术码 arithmetic code 05.046

随机[存取]存储器 random asccess memory, RAM 14.171

随机控制理论 stochastic-control theory 23.027

随机码 random code 05.052

随机脉冲产生器 random pulser 24.074

随机扫描 random scan 19.178

随机误差 random error 17.020

随路信令 channel associated signalling 21.344

隧穿 tunneling 13.218

隧道二极管 tunnel diode 14.019

隧道效应 tunnel effect 13.200

损耗函数 loss function 23.064

损伤 damage 13.112

损伤感生缺陷 damage induced defect 15.019

损伤吸杂工艺 damage gettering technology 15.018

锁定 lock-in 03.267

锁模 mode locking 16.165

锁相 phase-lock 03.264

锁相环[路] phase-locked loop, PLL 03.265

锁相鉴频器 phase-locked frequency discriminator 03.260

锁相振荡器 phase-locked oscillator 03.288

T

他激振荡器　driven oscillator　03.102

塔康　tactical air navigation system, TACAN　20.058

胎儿监护仪　fetal monitor　25.092

台对　pair of stations　20.074

台阶覆盖　step-coverage　15.044

台卡　Decca　20.088

台卡计　decometer　20.089

台面晶体管　mesa transistor　14.035

太阳电池组合板　solar cell panel　09.119

太阳电池组合件　solar cell module　09.120

太阳级硅太阳电池　solar grade silicon solar cell　09.111

太阳[能]电池　solar cell　09.089

太阳微波干涉成象系统　solar microwave interferometer imaging system, SMIIS　23.188

钛酸钡　barium titanate, BT　06.056

钛酸钡陶瓷　barium titanate ceramic　06.037

钛酸镧　lanthanium titanate, LT　06.057

弹性劲度常量　elastic stiffness constant　06.081

弹性顺服常量　elastic compliance constant　06.080

碳膜电阻器　carbon film resistor　07.012

探测率　detectivity　23.215

探测器　detector　07.106

炭粒传声器　carbon microphone　22.067

汤森放电　Townsend discharge　10.206

羰基铁　carbonyl iron　06.110

陶瓷电容器　ceramic capacitor　07.055

陶瓷封装　ceramic packaging　15.240

陶瓷换能器　ceramic transducer　06.063

陶瓷滤波器　ceramic filter　06.062

陶瓷敏感器　ceramic sensor　07.116

套筒短柱天线　sleeve-stub antenna　04.190

套筒偶极子天线　sleeve-dipole antenna　04.189

*特长波通信　ULF communication　21.007

特低频通信　ULF communication　21.007

特高频通信　UHF communication　21.013

特斯拉计　teslameter　06.200

特性阻抗　characteristic impedance　03.359

特征参数　characteristic parameter　03.354

*特征抽取　feature extraction　05.271

特征频率　characteristic frequency　14.100

特征提取　feature extraction　05.271

特征文法　characteristic grammar　05.290

梯度模板　gradient template　05.270

梯型网络　ladder network　03.341

梯形波　trapezoidal wave　03.154

梯形畸变　trapezoidal distortion, keystone distortion　12.043

提升传输　emphasis transmission, slope transmission　21.197

体表电位分布图测量　body surface potential mapping　25.064

体积比功率　volumetric specific power　09.005

体积比能量　volumetric specific energy　09.006

体内复合　bulk recombination　13.089

体系结构　architecture　21.114

体效应　bulk effect　13.196

替代误差　substitution error　17.026

替位扩散　substitutional diffusion　15.112

替位杂质　substitutional impurity　13.056

天波　sky wave　04.012

天然气候试验　natural climate test　18.120

天线　antenna　04.153

天线方向图　antenna pattern　04.219

天线共用器　antenna multicoupler　21.255

天线基准轴　reference boresight of antenna　04.221

天线罩　radome　04.313

天线阵　antenna array　04.258

填充脉冲　filler pulse　20.062

填充因数　fill factor　09.088

条件熵　conditional entropy　05.019

条形激光器　slab laser, stripe type laser　16.092

条柱显示　bargraph display　11.037

调幅　amplitude modulation, AM　03.206

调幅度表　amplitude modulation meter　17.063

调幅发射机　amplitude modulated transmitter, AM transmitter　03.281

调幅广播　AM broadcasting　22.002

调幅器　amplitude modulator　03.212

调角　angle modulation　03.208

调节控制器　conditioning controller　09.127

调配反射计　tuned reflectometer　17.097

E-H 调配器　E-H tuner　04.127

调频　frequency modulation, FM　03.209

调频发射机　frequency modulated transmitter, FM transmitter　03.282

调频广播　FM broadcasting　22.003

调频激光器　frequency-modulating laser　16.099

调频雷达　frequency-modulation radar　19.083

调频失真　frequency modulation distortion　17.055

调相　phase modulation, PM　03.210

调相发射机　phase modulated transmitter, PM transmitter　03.283

调相器　phase modulator　03.213

调谐　tuning　03.032

调谐放大器　tuned amplifier　03.084

调谐销钉　tuning screw pin　10.198

调谐振荡器　tuned oscillator　03.105

调压器　voltage regulator　07.085

调压自耦变压器　regulating autotransformer　07.086

调整　adjustment　17.011

调整带　alignment tape　22.084

调整时间　settling time　23.069

调制　modulation　03.205

调制掺杂场效晶体管　modulation-doped field effect transistor, MODFET　14.056

调制传递函数　modulation transfer function, MTF　11.051

调制解调器　modem　21.304

调制器　modulator　03.211

调制失真　modulation distortion　17.054

调制型[电离]真空计　modulator vacuum gauge　12.117

调制指数　modulation index　03.226

跳　hop　21.199

跳模　mode jump　10.160

*跳频　frequency hopping　19.258

跳周　cyclic skipping　03.273

铁磁弹性体　ferromagneto-elastic　06.179

铁磁共振　ferromagnetic resonance　06.187

铁磁共振线宽　ferromagnetic resonance linewidth　06.157

铁磁示波器　ferrograph　06.201

铁磁显示　ferromagnetic display　11.012

铁磁性　ferromagnetism　02.056

铁电半导体釉　ferroelectric semiconducting glaze　06.016

铁电场效晶体管　ferro-electric field effect transistor, FEFET　14.057

铁电电滞回线　ferroelectric hysteresis loop　06.082

铁电晶体　ferroelectric crystal　06.010

铁电陶瓷　ferroelectric ceramic　06.011

铁电显示　ferroelectric display　11.011

铁镍蓄电池　iron-nickel storage battery　09.053

铁氧磁带　ferrooxide tape　06.135

铁氧体　ferrite　06.168

铁氧体磁芯存储器　ferrite core memory　06.144

铁氧体记忆磁芯　ferrite memory core　06.145

铁氧体天线　ferrite antenna　06.114

铁氧体永磁体　ferrite permanent magnet　06.096

听力测试室　audiometric room　22.055

停靠表　parking meter　20.152

通　on　08.041

通带　pass band　03.411

通导孔　access hole　08.173

通道　path　21.148

通道[式]电子倍增器　channel electron multiplier　11.115

通断键控　on-off keying, OOK　03.214

通过式功率计　feed-through type power meter　17.095

通孔　via hole, through hole　08.191

*通路　channel　21.147

通信保密　communication security　21.395

通信保密设备　communication security equipment　21.400

通信对抗　communication countermeasures　19.190

通信媒介　communication medium　21.095

通信情报　communication intelligence, COMINT　19.196

通信网[络]　communication network　21.059

通信卫星　communication satellite　21.213

通信系统　communication system　21.206

通信系统工程　communication system engineering　21.207

通信[学]　communication　21.001

通信业务工程　teletraffic engineering　21.362

[通信]业务量　traffic　21.361

通用计数器　universal counter　17.121

通用接口总线　general-purpose interface bus, GPIB　17.156

通用示波器　general-purpose oscilloscope　17.129

同步　synchronism, synchronization　03.274

同步传递方式　synchronous transfer mode, STM　21.317

同步传输　synchronous transmission　21.096

同步带　hold-in range　03.272

同步光纤网　synchronous optical network, SONET　21.063

同步广播　synchronized broadcasting　22.006

同步基线　synchronous baseline　20.076

同步检波器　synchronous detector　03.252

同步离散地址信标系统　synchronized discrete address beacon system　20.120

同步器　synchronizer　03.275

同步数字系列　synchronous digital hierarchy, SDH　21.064

同步速度　synchronizing speed　10.174

同步卫星导航系统　navigation system of synchronous satellite　20.138

*同步转移方式　synchronous transfer mode, STM　21.317

同态　homomorphy　05.241

同态处理　homomorphic processing　05.243

同态系统　homomorphic system　05.242

*同相抑制比　common-mode rejection ratio　03.056

同心导线　concentric conductor　08.125

同址计算　in-place computation　05.217

同质结激光器　homojunction laser　16.100

同质结太阳电池　homojunction solar cell　09.104

同质外延　homoepitaxy　13.169

同轴磁控管　coaxial magnetron　10.092

同轴电缆　coaxial cable　04.090

同轴继电器　coaxial relay　08.058

同轴全息术　in-line holography　16.213

同轴天线　coaxial antenna　04.235

同轴线　coaxial line　04.089

桶形畸变　barrel distortion　12.044

统计检验　statistical test　18.007

统计判决　statistical decision　05.143

统计容许区间　statistical tolerance interval　18.005

统计容许限　statistical tolerance limits　18.006

统计时分复用器　statistical time division multiplexer　21.111

统计通信理论　statistical communication theory　05.003

投放器　dispenser　19.237

投影电视　projection TV　22.015

投影管　projection tube　11.098

投影光刻机　projection mask aligner　15.190

投影射程　projected range　15.149

头盔显示　helmet-mounted display　11.036

透红外晶体　infrared transmitting crystal　06.026

透红外陶瓷　infrared transmitting ceramic　06.027

透镜天线　lens antenna　04.291

透明版　see-through plate　15.167

*透明度　transparency　21.203

透明陶瓷　transparent ceramic　06.028

透明铁电陶瓷　transparent ferroelectric ceramic　06.012

透明[性]　transparency　21.203

透射高能电子衍射　transmission high energy electron diffraction, THEED　15.312

透水深度　underwater penetration　20.018

突变光纤　step index fiber　08.129

突变结　abrupt junction　13.206

突发差错　burst error　21.181

突发长度　burst length　05.123

图文电视　teletext　21.040

图文电视广播　teletext broadcasting　22.008

图文法　graph grammar　05.291

图象编码　image encoding　05.250

图象变换　image transform　05.251

图象处理　image processing　05.249

图象分割　image segmentation　05.255

图象恢复 image restoration 05.261
图象畸变 picture distortion 12.045
图象平滑 image smoothing 05.253
图象平均 image averaging 05.248
图象锐化 image sharpening 05.260
图象通道 image channel 22.034
图象退化 image degradation 05.254
图象显示 image display 11.018
图象形成 image formation 05.258
图象旋转 image rotation 05.252
图象压缩 image compression 05.256
图象抑制混频器 image rejection mixer 14.212
图象运动补偿 image motion compensation 23.216
图象增强 image enhancement 05.259
图象重建 image reconstruction 05.257
图形发生器 pattern generator 15.141

图形畸变 pattern distortion 15.160
图形显示 graphical display 11.032
涂胶 photoresist coating 15.182
推挽功率放大器 push-pull power amplifier 03.066
退磁器 demagnetizer 06.133
退磁曲线 demagnetization curve 02.075
退火 annealing 15.153
退极化 depolarization 04.039
*退卷积 deconvolution 05.196
退缩性溶解度 retrograde solubility 13.155
吞吐量 throughput 05.070
*脱附 desorption 12.172
脱机 off line 21.092
椭偏仪法 ellipsometry method 15.253
椭圆波导 elliptic waveguide 04.082
椭圆极化 elliptical polarization 04.032

W

外标准 external standard 24.165
外部接口 peripheral interface 21.385
外差检测 heterodyne detection 21.275
外差接收机 heterodyne receiver 03.296
外差振荡器 heterodyne oscillator 03.197
外反射谱[学] external reflection spectroscopy, ERS 15.308
外光电效应 external photoelectric effect 13.199
外扩散 outdiffusion 15.109
外量子效率 external quantum efficiency 14.102
外延 epitaxy 13.168
外延堆垛层错 epitaxy stacking fault, ESF 13.180
外延隔离 epitaxial isolation 15.069
外延缺陷 epitaxy defect 13.179
外引线焊接 outer lead bonding 15.234
弯束型[电离]真空计 bent beam ionization gauge 12.120
弯月面 meniscus 13.151
*完备电信业务 teleservice 21.026
完美晶体 perfect crystal 13.095
完全位错 perfect dislocation 13.101
网格栅 grid 08.163
网关 gateway 21.365
网路 router 21.367

网络层 network layer 21.375
网络分析仪 network analyzer, NA 17.102
网络函数 network function 03.318
网络综合 network synthesis 03.382
网桥 bridge 21.366
网文法 web grammar 05.294
网纹干扰 moire 22.028
网状网 mesh network 21.080
网状阴极 mesh cathode 10.031
往复真空泵 piston vacuum pump 12.067
威胁等级 threat level 19.253
微奥米伽[系统] micro Omega 20.081
微波 microwave 04.058
微波磁学 microwave magnetics 06.152
微波单片集成电路 microwave monolithic integrated circuit, MMIC 14.131
微波电子学 microwave electronics 01.012
微波辐射计 microwave radiometer, MR 23.193
微波管 microwave tube 10.065
微波航道信标 microwave course beacon 20.116
微波混合集成电路 microwave hybrid integrated circuit 14.132
*微波激射[器] maser, microwave amplification by stimulated emission of radiation 03.094

微波集成电路 microwave integrated circuit 14.130

*微波接力通信 microwave radio relay communication 21.239

微波气体放电天线开关 microwave gas discharge duplexer 10.103

微波全息雷达 microwave hologram radar 23.191

微波热象图成象 microwave thermography 25.076

微波散射计 microwave scatterometer 23.190

微波铁氧体 microwave ferrite 06.153

微波通信 microwave communication 21.016

微波统一载波系统 microwave united carrier system 23.007

微波网络 microwave network 03.374

[微波]吸收材料 microwave absorbing material 19.240

微波有源频谱仪 microwave active spectrometer, MAS 23.194

微波中继通信 microwave radio relay communication 21.239

微波着陆系统 microwave landing system, MLS 20.095

微处理器 microprocessor 14.167

微带 microstrip 04.093

微带偶极子 microstrip dipole 04.171

微带天线 microstrip antenna 04.243

微带阵 microstrip array 04.262

微电机 electrical micro-machine 08.066

微电子学 microelectronics 01.018

微动开关 sensitive switch 08.032

微分电路 differential circuit 03.137

微分迁移率 differential mobility 13.082

微分相位 differential phase 22.044

微分增益 differential gain 22.045

微封装 micropackaging 15.244

微功耗集成电路 micropower integrated circuit 14.129

微光电视 low-light level television, LLLTV 22.022

微光夜视仪 low-light level night vision device 23.189

微坑 dimple 13.097

微缺陷 microdefect 13.120

微扫接收机 microscan receiver 19.244

微生物敏感器 microbial sensor 07.136

微调电感器 trimming inductor 07.076

微调电容器 trimmer capacitor 07.035

微调电位器 trimmer potentiometer 07.024

微调阀 micro-adjustable valve 12.141

微通道板 microchannel plate, MCP 10.049

微通道板示波管 microchannel plate cathode-ray tube, MCPCRT 11.103

微通道板探测器 micro-channel plate detector 24.156

*微组装 micropackaging 15.244

危重病人监护系统 critical patient care system 25.091

韦伯效应 Weber effect 10.138

围产期监护仪 perinatal monitor 25.093

维持 sustaining 11.074

维持真空泵 holding vacuum pump 12.063

*维护 maintenance 18.098

维护时间 preventive maintenance time 18.109

维纳滤波器 Weiner filter 05.236

维修 maintenance 18.098

维修性 maintainability 18.061

伪彩色 pseudo-color 05.263

伪彩色[密度]分割 pseudo-color slicing 05.264

伪随机码测距 pseudo-random code ranging 23.008

伪随机序列 pseudo-random sequence 05.037

伪噪声码 pseudo noise code, PN code 05.038

伪装码 camouflage code 23.171

胃电描记术 electrogastrography 25.025

位 position 08.045

位错 dislocation 13.098

位错环 dislocation loop 13.099

位错密度 dislocation density 13.100

位同步 bit synchronization 21.163

位线 bit line 14.244

位移传感器 displacement transducer 07.143

位移电流 displacement current 04.008

位置报告系统 position location reporting system 20.158

位置传感器 position transducer 07.144

位置灵敏探测器 position sensitive detector 24.107

位置线 position line, PL, line of position, LOP 20.032

*卫导 satellite navigation 20.134

卫星导航 satellite navigation 20.134

卫星覆盖区 satellite coverage 20.142

卫星跟踪站 satellite tracking station 20.143

卫星广播 satellite broadcasting 22.009

卫星监视雷达 satellite surveillance radar 19.144

卫星通信 satellite communication 21.211

*温差电效应 thermoelectric effect 02.085

温差电致冷器 thermoelectric refrigerator 14.075

温差发电器 thermoelectric generator 09.128

*温差热偶真空规 thermocouple vacuum gauge 12.111

温度补偿电容器 temperature compensating capacitor 07.036

温度－电压切转充电 temperature voltage cut-off charge 09.032

温度敏感器 temperature sensor 07.127

温度湿度红外辐射计 temperature humidity infrared radiometer, THIR 23.195

温度循环试验 temperature cycling test 18.122

文法推断 grammatical inference 05.301

纹波电流 ripple current 07.066

纹波电压 ripple voltage 07.064

纹理分析 texture analysis 05.265

稳定 stabilization 17.047

稳定电源 stabilized power supply 17.131

稳定谐振腔 stable resonator 16.125

稳频管 stabilitron 10.100

稳谱器 spectrum stabilizer 24.075

稳压变压器 voltage stabilizing transformer 07.090

稳压二极管 voltage stabilizing didoe 14.008

涡流 eddy current 04.005

涡轮分子泵 turbomolecular pump 12.080

*沃尔斯康系统 VOLSCAN system 20.096

乌兰韦伯天线 Wullenweber antenna 04.280

无差错信道 error free channel 05.066

无逗点码 comma-free code 05.045

无方向性信标 nondirectional beacon, NDB 20.112

无放回抽样 sampling without replacement 18.031

无辐射复合 nonradiative recombination 13.090

无惯性扫描 inertialess scanning 04.218

无耗网络 lossless network 03.363

无机光刻胶 inorganic resist 15.176

无极性接触件 hermaphroditic contact 08.020

无极性连接器 hermaphroditic connector 08.007

无级网 non-hierarchical network 21.079

无记忆信源 memoryless source 05.030

无人增音站 unattended repeater 21.238

无人值守 unattended operation 21.295

无绳电话 cordless telephone 21.291

无位错晶体 dislocation free crystal 13.096

无险触发器 hazard-free flip-flop 03.163

无限冲激响应 infinite impulse response, IIR 05.201

无线传声器 radio microphone 22.068

无线电磁指示器 radio magnetic indicator 20.155

无线电电子学 radioelectronics 01.002

无线电浮标 radio-beacon buoy 20.114

无线电干涉仪 radio interferometer 23.010

无线电技术 radiotechnics 01.003

无线电罗盘 radio compass 20.048

无线电信标 radio beacon 20.111

无线电寻呼 radio paging 21.053

无线电遥测 radio telemetry 23.100

无线接入 tetherless access 21.292

无线通信 radio communication 21.004

无油真空 oil-free vacuum 12.056

无油真空系统 oil-free pump system 12.090

无源[单]元 parasitic element 04.166

无源干扰 passive jamming 19.212

无源跟踪 passive tracking 19.052

无源探测 passive detection 19.050

无源网络 passive network 03.347

无源谐振腔 passive cavity 16.126

无源元件 passive component 14.249

无源制导 passive guidance 19.058

无噪编码定理 noiseless coding theorem 05.035

无噪信道 noiseless channel 05.067

无阻塞交换 non-blocking switch 21.339

戊类放大器 class E amplifier 03.064

物理层 physical layer 21.373

物理电源 physical power source 09.086

物理电子学 physical electronics 01.006

物理敏感器　physical sensor　07.111

物理汽相淀积　physical vapor deposition, PVD
13.183

物体波　object wave　16.222

误比特率　bit error rate　05.136

误差　error　17.019

误差场　error field　20.014

误差几何放大因子　geometric dilution of precision
20.016

误差椭圆　error ellipse　20.012

误差显示器　error display, F-scope　19.164

误差圆半径　error-circular radius　20.013

误符　erratum　05.073

误句概率　sentence error probability　05.138

误码率　error rate　05.135

误判失效　misjudgement failure　18.068

误用失效　misuse failure　18.067

误字概率　word error probability　05.137

X

* 吸除　gettering　15.016

吸附　adsorption　12.170

吸附泵　sorption pump　12.082

吸附阱　sorption trap　12.146

吸气剂泵　getter pump　12.086

吸气剂离子泵　getter ion pump　12.083

吸收　absorption　12.171

吸杂　gettering　15.016

稀土半导体　rare earth semiconductor　13.021

稀土磁体　rare earth magnet　06.098

稀土钴永磁体　rare earth-cobalt permanent magnet
06.099

希尔伯特变换　Hilbert transform, HT　05.210

熄火　extinction　10.214

* C³ 系统　command, control and communication
system, C³ system　21.404

* C³I 系统　command, control, communication and
intelligence system, C³I system　21.405

GPS 系统　global positioning system, GPS　20.136

ρ-θ 系统　direction-range measurement system
20.039

系统电压表　system voltmeter　17.069

系统误差　systematic error　17.021

匣钵　sagger　15.293

下边带　lower sideband　03.222

下变频　down-conversion　03.201

下冲　undershoot　03.127

下滑信标　glide path beacon　20.098

下降时间　fall time　03.122

下限类别温度　lower category temperature　07.003

下行链路　down link　21.217

* 下行线路　down link　21.217

下阈　lower-level threshold　24.066

纤芯　fiber core　08.133

显示板　display panel　11.109

显示屏　display screen　11.110

显示器件　display device　11.001

显象管　picture tube, kinescope　11.087

显影　development　15.197

显著性结果　significant result　18.012

显著性水平　significance level　18.011

现场试验　field test　18.115

限边馈膜生长　edge defined film-fed growth, EFG
13.147

限幅　amplitude limiting, limiting　03.139

限幅放大器　limiting amplifier　03.065

限幅器　amplitude limiter, limiter　03.140

限累模式　limited space charge accumulation mode,
LSA mode　14.103

线对　line pairs　11.065

线极化　linear polarization　04.030

线间变压器　line transformer　07.092

线宽　linewidth　15.198

线扩展函数　line spread function　11.042

线缺陷　line defect　13.119

线栅透镜天线　wire-grid lens antenna　04.298

线天线　wire antenna　04.252

线性缓变结　linear graded junction　13.207

线性集成电路　linear integrated circuit　14.121

线性检波　linear detection　03.242

线性率表　linear ratemeter　24.076

线性码　linear code　05.125

线性失真　linear distortion　03.360
线性泰勒分布　linear Taylor distribution　04.316
线性调频 Z 变换　chirp Z-transform　05.212
线性调制　linear modulation　03.227
线性网络　linear network　03.366
线性相位滤波器　linear phase filter　03.421
线性旋转变压器　linear revolver　08.076
线性预测　linear prediction　05.226
线源　line source　04.173
线状网　linear network　21.082
相对高度　relative altitude　20.027
相对论磁控管　relativistic magnetron　10.115
相对论群聚　relativistic bunching　10.149
相对真空计　relative vacuum gauge　12.102
相干光通信　coherent optical communication　21.263
相干检波器　coherent detector　03.248
相干检测　coherent detection　05.144
相干脉冲雷达　coherent pulse radar　19.087
相干探测　coherent detection　16.223
相干应答器　coherent transponder　19.075
相关检测器　correlation detector　03.249
相关接收机　correlation receiver　05.246
相容性　compatibility　21.056
相控阵　phase array　04.259
相控阵雷达　phased array radar　19.097
相敏放大器　phase sensitive amplifier　03.081
相频特性　phase-frequency characteristic　03.048
相扫雷达　phase-scan radar　19.095
相时延　phase delay　03.402
相速　phase velocity　03.400
相位　phase　03.008
相位比较器　phase comparator　03.263
相位超前网络　phase-lead network　23.071
相位抖动　phase jitter　03.204
相位共轭　phase conjugation　16.142
相位基准电压　phase reference voltage　08.087
相位计　phase meter　17.090
相位阶跃　phase step　03.277
相位均衡器　phase equalizer　21.130
相位匹配角　phase matching angle　16.137
相位谱估计　phase spectrum estimation　05.225
相位群聚　phase bunching　10.150

相位裕量　phase margin　23.072
相位噪声　phase noise　17.052
相位滞后网络　phase-lag network　23.070
相移　phase shift　03.009
相移常数　phase-shift constant　03.396
相移鉴频器　phase-shift discriminator　03.258
相移键控　phase shift keying, PSK　03.217
相移网络　phase-shift network　03.371
香农理论　Shannon theory　05.004
香农熵　Shannon entropy　05.005
箱法扩散　box diffusion　15.116
响应函数　response function　03.320
响应时间　response time　11.041
响应式干扰　responsive jamming, adaptive jamming　19.221
巷道　lane　20.085
巷道识别　lane identification　20.087
巷宽　lane width　20.086
向列相液晶　nematic liquid crystal　11.120
象差　aberration　12.039
象散　astigmation　12.040
象素　pixel, picture element　11.039
象增强器　image intensifier　11.095
削波　clipping　03.141
削波器　clipper　03.142
＊消磁　erasure　06.129
消磁器　demagnetizer　06.133
消电离　deionization　02.025
消光比　extinction ratio　16.167
消声室　anechoic chamber　22.052
＊消失模　evanescent mode　04.067
消息　message　05.006
消息处理系统　message handling system, MHS　21.047
消旋天线　despun antenna　04.286
小岛效应　island effect　10.011
小规模集成电路　small scale integrated circuit, SSI　14.112
小平面　facet　13.114
小扰动理论　small perturbance theory　23.028
小信号分析　small-signal analysis　10.145
小信号增益　small-signal gain　16.032
肖特基集成注入逻辑　Schottky integrated injection

25.056

E 型器件　E-type device　10.068

M 型器件　M-type device　10.066

O 型器件　O-type device　10.067

V 形槽 MOS 场效晶体管　V-groove MOS field effect transistor, VMOSFET　14.061

V 形槽隔离　V-groove isolation　15.068

形式语言　formal language　05.275

V 形天线　V antenna　04.250

行波　traveling wave　04.052

行波管　travelling wave tube, TWT　10.077

行波速调管　twystron　10.073

行波天线　traveling-wave antenna　04.246

性能特性　performance characteristic　17.058

修复率　repair rate　18.083

修复时间　repair time　18.108

修复性维修　corrective maintenance　18.100

修理实施时间　active repair time　18.107

修理准备时间　administrative time　18.106

修整　trimming　15.294

修正　correction　17.009

需求时间　required time　18.101

虚电路　virtual circulit　21.319

虚警概率　false alarm probability　19.018

虚警时间　false alarm time　19.021

虚漏　virtual leak　12.166

虚设单元　dummy cell　14.246

虚同步　false synchronization　21.164

虚阴极　virtual cathode　10.033

虚指令　false command　23.173

蓄电池　storage battery, secondary battery　09.045

[蓄意]干扰　jamming　19.209

旭日式谐振腔系统　rising-sun resonator system　10.192

序贯检测器　sequential detector　05.150

序贯取样　sequential sampling　18.038

序贯译码　sequential decoding　05.124

M 序列　M-sequence　05.040

m 序列　m-sequence　05.039

序列分割调制遥测　sequence division modulation telemetry　23.101

悬浮区熔法　floating-zone method　13.132

悬浮区熔硅　floating-zone grown silicon, FZ-Si

13.133

旋磁比　gyromagnetic ratio　06.155

旋磁滤波器　gyromagnetic filter　06.162

旋磁媒质　gyromagnetic medium　04.020

旋磁器件　gyromagnetic device　04.149

旋磁限幅器　gyromagnetic limiter　06.163

旋磁效应　gyromagnetic effect　06.154

旋磁振荡器　gyromagnetic oscillator　06.164

旋电媒质　gyroelectric medium　04.021

旋片真空泵　sliding vane rotary vacuum pump　12.068

旋转变压器　revolver　08.073

旋转关节　rotary joint, rotating joint　04.148

* 旋转活塞真空泵　rotary piston vacuum pump　12.065

旋转开关　rotary switch　08.030

旋转调谐磁控管　spin tuned magnetron　10.089

旋转制交换机　rotary switch　21.329

漩涡缺陷　swirl defect　13.122

选粒　granulation　15.299

选模技术　mode selection technique　16.169

选频电平表　selective level meter　17.071

选频放大器　frequency selective amplifier　03.083

选通标志　strobe marker　19.182

选通脉冲　strobe pulse　19.181

选择掺杂　selective doping　15.126

选择扩散　selective diffusion　15.113

选择外延　selective epitaxy　13.171

选择性　selectivity　03.301

选择氧化　selective oxidation　15.053

雪崩击穿　avalanche breakdown　13.219

循环乘积码　cyclic product code　05.126

循环卷积　circular convolution　05.197

循环码　cyclic code　05.127

循环冗余码　cyclic redundancy code, CRC　21.183

循环寿命　cycle life　09.019

循环图　cycle graph　05.199

循迹误差　tracking error　22.099

循纹失真　tracking distortion　22.100

询问模式　interrogation mode　20.056

询问器　interrogator　20.054

寻峰　peak searching　24.077

寻象管　view finder tube　11.097

Y

有线遥控　wired remote control　23.114

有向图　directed graph　05.286

有效磁导率　effective permeability　02.071

有效全向辐射功率　effective isotropic radiated
　power, EIRP　21.220

有效纤芯　effective core　08.139

有效效率　effective efficiency　17.038

有效值　effective value　03.007

有源干扰　active jamming　19.213

有源跟踪　active tracking　19.051

有源矩阵　active matrix　11.127

有源探测　active detection　19.049

有源网络　active network　03.348

有源微波遥感　active microwave remote sensing
　23.180

有源元件　active component　14.250

有源阵　active array　04.267

有源制导　active guidance　19.056

有载品质因数　loaded quality factor　10.196

有质动力　ponderomotive force　10.132

右特性　right characteristic　10.267

诱发电位　evoked potential　25.120

迂回路由　alternate route　21.356

余摆线聚焦质谱仪　trochoidal focusing mass
　spectrometer　15.342

余摆线真空泵　trochoidal vacuum pump　12.072

余辉　persistence, after glow　10.282

余脉冲　after pulse　10.266

余误差函数分布　complementary error function
　distribution　15.135

余隙　clearance　20.110

余象　after image　10.269

鱼骨天线　fishbone antenna　04.238

与非门　NAND gate　03.174

与或堆栈寄存器　and/or stack register　14.186

与或门　AND-OR gate　03.175

与门　AND gate　03.173

宇宙射线探测器　cosmic ray detector　24.093

语声信号处理　speech signal processing　05.232

语音编码　speech coding　21.309

语音网络　speech network　14.252

阈　threshold　05.152

阈电流密度　threshold current density　16.047

阈逻辑电路　threshold logic circuit, TLC　14.150

阈探测器　threshold detector　24.105

阈译码　threshold decoding　05.129

阈值波长　threshold wavelength　10.014

阈值电流　threshold current　14.090

阈值电压　threshold voltage　14.089

预充电周期　precharge cycle　14.251

预处理　pretreatment　18.119

*预防性维护　preventive maintenance　18.099

预防性维修　preventive maintenance　18.099

预分配　preassignment　21.227

预加重网络　preemphasis network　03.375

预警雷达　early warning radar　19.114

预扩散　prediffusion　15.107

预热时间　warm-up time　17.062

预烧　calcination　15.295

预调电容器　pre-set capacitor　07.046

预压　prepressing　15.297

元件面　component side　08.169

元素靶　element target　15.091

元素半导体　elemental semiconductor　13.014

原电池　galvanic cell　09.078

原电子　primary electron　10.007

原型滤波器　prototype filter　03.430

原子　atom　02.001

原子层外延　atomic layer epitaxy, ALE　13.177

原子频标　atomic frequency standard　03.115

圆顶相控阵天线　dome phase array antenna
　04.274

圆极化　circular polarization　04.031

*圆片　wafer　15.001

圆扫描　circular scanning　04.210

圆－双曲线系统　circle-hyperbolic system　20.040

圆[形]波导　circular waveguide　04.081

圆柱形蓄电池　cylindrical cell　09.048

圆锥阵　conical array　04.260

远场区　far-field region　04.154

远程会议　teleconference　21.045

*远程通信　telecommunication　21.002

*远程[无线电]导航　long range navigation,
　LORAN　20.065

*远程战术导航系统　long range and tactical
　navigation system, LORTAN　20.071

远动学 telemechanics 23.115
远端站 remote terminal 21.336
远红外激光器 far-infrared laser 16.103
约定真值 conventional true value 17.018
约瑟夫森隧道逻辑 Josephson tunneling logic 14.158
约束长度 constraint length 05.130
云雾室 cloud chamber 24.111
匀相成核 homogeneous nucleation 13.184

允许误差 permissible error 17.025
运流电流 convection current 04.009
运输层 transport layer 21.376
运输试验 transport test 18.136
运算放大器 operational amplifier 03.080
运行矩频特性 running torque-frequency characteristic 08.113
晕光放电管 corona discharge tube 10.054

Z

匝比 turn ratio 07.100
杂波 clutter 19.033
杂波间可见度 inter-clutter visibility 19.046
杂波内可见度 intra-clutter visibility 19.047
杂波图 clutter map 19.034
杂波下可见度 subclutter visibility 19.045
杂化频率 hybridization frequency 10.121
杂散响应 spurious response 17.043
杂质带 impurity band 13.052
杂质扩散 diffusion of impurities 15.130
杂质能级 impurity energy level 13.053
杂质浓度 impurity concentration 15.129
杂质团 impurity cluster 13.054
载波 carrier 03.219
载波传输 carrier transmission 21.122
载波电报 carrier telegraph 21.285
载波电话 carrier telephone 21.284
载波频移 carrier frequency shift 17.056
载波提取 carrier extract 21.205
载流子 carrier 13.065
载漏 carrier leak 21.139
载频纯度 purity of carrier frequency 21.140
载频恢复 carrier recovery 21.189
载频同步 carrier frequency synchronization 21.137
载噪比 carrier-to-noise ratio 21.192
再流焊 reflow welding 08.196
再生接收机 regenerative receiver 03.293
再生燃料电池 regenerative fuel cell 09.068
*再现性 reproducibility 17.035
*暂态 transient state 03.039
早期失效期 early failure period 18.071

噪声发生器 noise generator 17.152
噪声干扰 noise jamming 19.216
噪声管 noise tube 10.116
噪声雷达 noise radar 19.090
噪声容限 noise margin 14.253
噪声温度 noise temperature 03.300
噪声系数 noise factor, noise figure 03.299
噪声系数测试仪 noise figure meter 17.100
*择多译码 majority decoding 05.091
择优取向 preferred orientation 15.158
增幅管 amplitron 10.099
增量调制 delta modulation 03.238
增密工艺 thickening technology 15.037
增强－耗尽型逻辑 enhancement-depletion mode logic 14.159
增强型场效晶体管 enhancement mode field effect transistor 14.058
增信码 augmented code 05.121
增压真空泵 booster vacuum pump 12.075
增益 gain 03.021
增益饱和 gain saturation 16.033
增益裕量 gain margin 23.074
增值网 value-added network 21.088
闸阀 gate valve 12.132
闸流管 thyratron 10.042
窄带放大器 narrow-band amplifier 03.089
窄带滤波器 narrow band filter 03.428
窄带隙半导体 narrow gap semiconductor 13.008
窄沟效应 narrow channel effect 14.280
斩波器 chopper 03.057
占空比 duty ratio 03.129

正向损耗　forward loss　06.158

正性光刻胶　positive photoresist　15.175

正余弦旋转变压器　sine-cosine revolver　08.074

帧定位　frame alignment　21.166

帧输出变压器　frame output transformer　07.094

证实　authentication, verification　05.176

＊枝蔓晶体　dendritic crystal　13.143

枝状生长晶体　dendritic crystal　13.143

直观存储管　direct viewing storage tube　11.100

直滑电位器　linear sliding potentiometer　07.025

直接带隙半导体　direct gap semiconductor 13.006

直接复合　direct recombination　13.086

直接检波式接收机　direct-detection receiver
　03.291

＊直接禁带半导体　direct gap semiconductor
　13.006

直接耦合放大器　direct coupled amplifier　03.078

直接耦合晶体管逻辑　direct-coupled transistor logic,
　DCTL　14.148

直径研磨　diameter grinding　15.008

直拉法　Czochralski method　13.128

直流　direct current, DC　03.001

直流放大器　direct current amplifier　03.053

直流继电器　direct current relay　08.051

直流溅射　direct current sputtering　15.080

直漏干扰　leakage noise　20.033

＊直耦放大器　direct coupled amplifier　03.078

直热[式]阴极　directly-heated cathode　10.017

直射速调管　straight advancing klystron　10.071

[直]线阵　linear array　04.266

直线阵列扫描　linear array scan　25.058

植入式电极　implanted electrode　25.114

执行机构　actuator　23.075

执行码　actuating code　23.142

执行器　actuator　07.107

执行指令　execution command　23.178

指点信标　marker beacon　20.099

指挥控制通信与情报系统　command, control,
　communication and intelligence system, C^3I system
　21.405

指挥控制与通信系统　command, control and
　communication system, C^3 system　21.404

指令　command　23.125

指令编码　command coding　23.135

指令表　command list　23.141

指令产生器　command generator　23.131

指令长度　command length　23.134

指令格式　command format　23.133

指令功能　command function　23.137

指令监测　command monitoring　23.130

指令间隔　command interval　23.136

指令链　command chain　23.127

指令码　command code　23.128

指令码元　command code element　23.129

指令容量　command capacity　23.138

指令时延　command time delay　23.132

指令误差　command error　23.140

指令系统　command system　23.139

指令遥控　command remote control　23.116

指令字　command word　23.126

指示管　indicator tube　11.106

指数线　exponential line　03.408

＊指向性　directivity　04.224

只读存储器　read-only memory, ROM　14.174

纸板干电池　paper-lined dry cell　09.081

纸带复凿机　paper tape reperforator　21.301

纸带键盘凿孔机　keyboard tape punch　21.300

掷　throw　08.044

致命缺陷　critical defect　18.027

置乱　scrambling　05.175

置位－复位触发器　set-reset flip-flop　03.162

NTSC 制　National Television System Committee
　system, NTSC system　22.031

PAL 制　Phase Alternation Line system, PAL system
　22.032

SECAM 制　Sequential Color and Memory system,
　SECAM system　22.033

制版工艺　mask-making technology　15.159

制导雷达　guidance radar　19.116

智能机器人　intelligent robot　23.024

智能敏感器　intelligent sensor　07.119

智能时分复用器　intelligent time division multiplexer
　21.112

智能网　intelligent network　21.077

＊智能仪表　intelligent instrument, smart
　instrument　17.154

贮藏寿命　shelf life　09.018

贮存期　storage period　18.075

贮存寿命　storage life　18.073

注浆　slip-casting　15.300

注入　injection　13.084

注入电致发光　injection electroluminescence
　11.050

注入式泵浦　injection pumping　16.014

注入锁定技术　injection locking technique　16.172

注入站　injection station　20.144

驻波　standing wave　04.050

驻波比　standing-wave ratio, SWR　04.054

驻波比表　standing-wave meter　17.072

驻波天线　standing-wave antenna　04.247

驻极体传声器　electret microphone　22.066

专线　private line　21.057

专用集成电路　application specific IC, ASIC
　14.127

专用网　private network　21.074

专用小交换机　private branch exchange, PBX
　21.333

专用自动小交换机　private automatic branch
　exchange, PABX　21.332

转播车　outside broadcast van, OB van　22.057

转发式干扰　repeater jamming　19.219

转换率　transfer ratio　14.255

转换器　transducer　07.105

*A/D 转换器　analog to digital converter, A/D
　converter　03.183

*D/A 转换器　digital to analog converter, D/A
　converter　03.182

转换时间　transit time　08.039

转接连接器　adaptor connector　08.002

转镜式 Q 开关　rotating mirror Q-switching
　16.149

转移电子器件　transferred electron device, TED
　14.068

装架工艺　mounting technology　15.236

装置瓷　ceramic for mounting purposes　06.006

状态变量　state variable　03.380

状态反馈　state feedback　23.077

状态方程　state equation　23.076

状态空间法　state-space method　23.079

状态转移矩阵　state-transition matrix　23.078

*锥面波导　tapered waveguide　04.096

锥扫跟踪　conical-scan tracking　19.055

准分子激光器　excimer laser　16.109

准确度　accuracy　17.031

准稳态　quasi-stable state　03.157

准沿面排列　quasi-homogeneous alignment　11.123

准直透镜　collimating lens　12.023

着火　firing　11.073

着火电压　firing voltage, ignition voltage　10.215

着火时间　ignition time　10.216

着陆标准　landing standard　20.106

着陆雷达　landing radar　19.140

紫光太阳电池　violet solar cell　09.105

紫外光电子能谱[学]　UV photoelectron
　spectroscopy, UPS　15.313

紫外激光器　ultraviolet laser, UV laser　16.107

籽晶　seed crystal　13.136

子宫电描记术　electrohysterography　25.027

*子轨迹　subtrack　20.148

子午仪卫导系统　transit navigation system　20.135

子样本　subsample　18.023

自保持继电器　latching relay　08.053

自差接收机　autodyne receiver　03.294

自掺杂　autodoping　15.124

自持放电　self-maintained discharge　10.203

自淬灭计数器　self-quenched counter　24.136

*自动版图设计系统　layout design automation
　system, DA system　14.290

自动布局布线　automatic placement and routing
　14.288

自动布图设计系统　layout design automation
　system, DA system　14.290

自动测量系统　automatic measuring system　17.159

自动测试设备　automatic test equipment　17.158

自动电话　automatic telephone　21.032

自[动定]相阵　self-phasing array　04.268

自动化指挥系统　automated command system
　21.068

自动机　automaton　05.277

自动激活电池　automatically activated battery
　09.083

自动检测器　automatic detector　05.149

自动检错重发 automatic error request, ARQ 05.132

自动控制 automatic control 23.031

自动频率控制 automatic frequency control, AFC 03.311

自动请求重发 automatic repeat request, ARQ 21.175

自动调节 automatic regulation 23.080

自动脱落连接器 umbilical connector 08.011

自动音量控制 automatic volume control, AVC 03.309

自动增益控制 automatic gain control, AGC 03.310

自动指令 automatic command 23.176

自动着陆 automatic landing 20.090

自对准隔离工艺 self-aligned isolation process 15.076

自对准 MOS 集成电路 self-aligned MOS integrated circuit 14.143

自发发射 spontaneous emission 16.049

自发辐射放大 amplification of spontaneous emission 16.051

自放电 self-discharge 09.033

自感 self inductance 07.099

自感[应] self induction 04.003

自隔离 self-isolation 15.075

自给能中子探测器 self-powered neutron detector 24.104

自恢复自举驱动电路 self-restoring bootstrapped drive circuit 14.220

自会聚 auto-convergence 11.070

自激振荡 self-oscillation 03.096

自建电场 built-in field 13.210

自举电容器 bootstrap capacitor 14.222

自聚焦 self-focusing 16.224

自聚焦光纤 self-focusing optical fiber 16.225

自扩散 self-diffusion 15.108

自耦变压器 autotransformer 07.096

自然线宽 natural linewidth 16.024

自然语言 natural language 05.274

自适应差分脉码调制 adaptive differential pulse-code modulation, ADPCM 03.237

自适应检测器 adaptive detector 05.151

自适应均衡 adaptive equalization 21.132

自适应控制 adaptive control 23.032

自适应雷达 adaptive radar 19.107

自适应路由选择 adaptive routing 21.359

自适应遥测 adaptive telemetry 23.093

自适应遥控 adaptive remote control 23.117

自适应增量调制 adaptive delta modulation 03.239

自锁模 self mode-locking 16.171

自信息 self information 05.020

自旋反转拉曼激光器 spin-flip Raman laser 16.105

自由电子激光器 free electron laser, FEL 16.106

自由端连接器 free connector 08.006

自由空间损耗 free-space loss 04.156

自由振荡 free oscillation 03.097

自整角变压器 synchro transformer 08.072

自整角发送机 synchro transmitter 08.070

自整角机 synchro 08.067

自整角接收机 synchro receiver 08.071

自制动时间 self breaking time 08.106

自主导航 self-contained navigation 20.002

字符发生器 character generator 11.133

字符显示 alphanumeric display 11.016

字符显示器 character indicator 19.166

字节 byte 21.158

字线 word line 14.256

*综合孔径 synthetic aperture 04.223

综合数字网 integrated digital network, IDN 21.060

综合卫星系统 hybrid satellite system 20.140

综合显示 synthetic display 19.172

综合业务数字网 integrated services digital network, ISDN 21.061

总压力 total pressure 12.058

纵波 longitudinal wave 04.048

纵横杆式变换器 crossbar transformer 04.107

纵横交换机 crossbar switch 21.330

纵模 longitudinal mode 16.119

纵模选择 longitudinal mode selection 16.170

Ⅲ-Ⅴ族化合物半导体 Ⅲ-Ⅴ compound semiconductor 13.016

阻带 stop band 03.412

阻抗 impedance 03.015

阻抗匹配变压器　impedance matching transformer
　07.081

阻抗容积描记术　impedance plethysmography
　25.039

阻抗心动描记术　impedance cardiography　25.038

阻抗圆图　impedance chart　04.055

阻尼系数　damping factor　23.081

阻尼振荡　damped oscillation　03.098

阻容耦合放大器　RC coupling amplifier　03.071

*阻塞放电管　ATR tube　10.041

阻塞干扰　barrage jamming　19.215

阻值微调　resistance trimming　07.029

阻值允差　resistance tolerance　07.030

阻止本领　stopping power　15.151

阻止距离　stopping distance　15.150

组合干扰　combination interference　21.190

组合指令　combined command　23.177

组重复间隔　group repetition interval, GRI　20.077

组装技术　packaging technology, mounting
　technology, assembling technology　08.194

组装密度　packaging density　08.195

钻蚀　undercutting　15.211

最大超调量　maximum overshoot　23.082

最大功率传输定理　maximum power transfer
　theorem　03.336

最大相位系统　maximum phase system　05.238

最大熵估计　maximum entropy estimation　05.228

最佳接收机　optimum receiver　05.245

最佳滤波器　optimum filter　05.244

最平幅度逼近　maximally flat amplitude
　approximation　03.385

最平时延逼近　maximally flat delay approximation
　03.389

最小二乘[方]逼近　least square error approximation
　03.386

最小检测信噪比　minimum detectable signal-to-noise
　ratio　19.010

最小可探测温差　minimum detectable temperature
　difference　23.220

最小熵估计　minimum entropy estimation　05.229

最小熵译码　minimum-entropy decoding　05.134

最小时间问题　minimum-time problem　23.030

最小相位网络　minimum-phase network　23.029

最小相位系统　minimum phase system　05.239

最优控制理论　optimal control theory　23.025

最终检查　final inspection　18.021

左特性　left characteristic　10.270

坐标转换计算机　coordinate conversion computer
　20.157